westermann

W0276696

ERLEBNIS
Mathematik

5

Arbeitsbuch Inklusion

SB S. 8–9

1 Zahlen und Daten

Die Schulleitung möchte herausfinden, ob die Schülerinnen und Schüler mit dem Schulhof zufrieden sind. Beschreibe das Ergebnis der Klasse 6a.

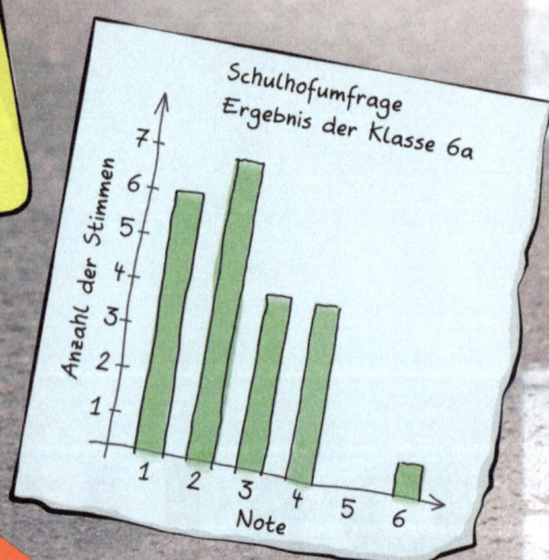

In diesem Kapitel lernst du, ...

... wie du Anzahlen in Strichlisten, Tabellen, Diagrammen und anderen Schaubildern darstellst.

... wie du Zahlen am Zahlenstrahl darstellst und abliest.

... wie du Zahlen in eine Stellenwerttafel einträgst.

... wie du Zahlen vergleichst, ordnest und rundest.

... wie du große Anzahlen schätzen kannst.

Wie viele Schülerinnen und Schüler haben in der Klasse 6a abgestimmt?

Diagramme

So kannst du Daten in **Diagrammen** darstellen:

① Beschrifte die Hochachse.
② Beschrifte die Rechtsachse.
③ Zeichne die Säulen und Balken jeweils gleich breit (1 Kästchen oder 1 cm).
④ Trage die Daten ein.

Säulendiagramm

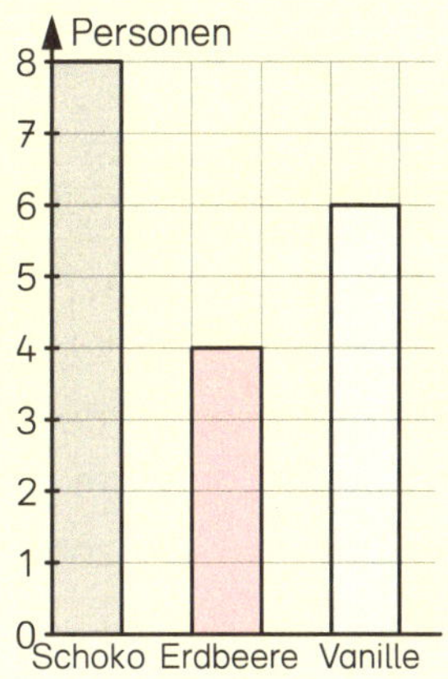

Balkendiagramm

Video

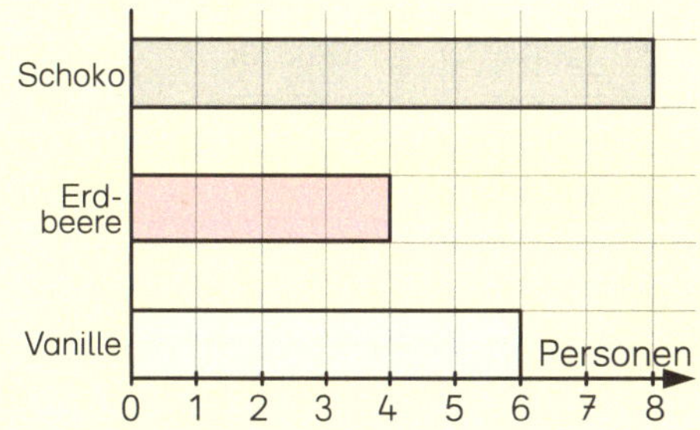

1. Aus der Klasse 5b gehen 6 Kinder in den Sportverein.

Anton	Kea	Adele	Matteo	Moritz	Liam
12 Jahre	11 Jahre	10 Jahre	12 Jahre	12 Jahre	10 Jahre
Fußball	Handball	Schwimmen	Fußball	Schwimmen	Fußball

a) Erstelle ein Balkendiagramm für die Verteilung auf die Sportarten.

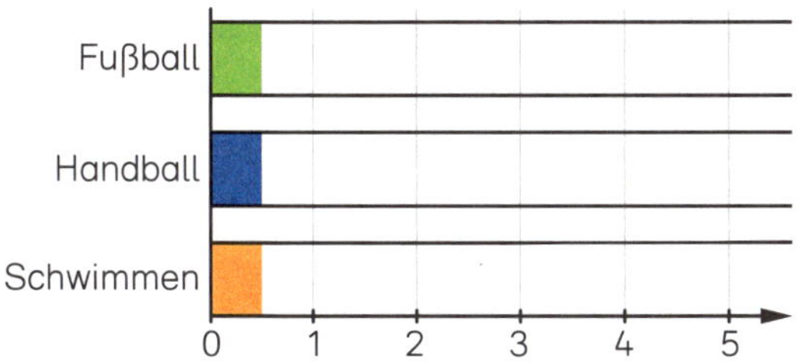

b) Erstelle ein Balkendiagramm für das Alter.

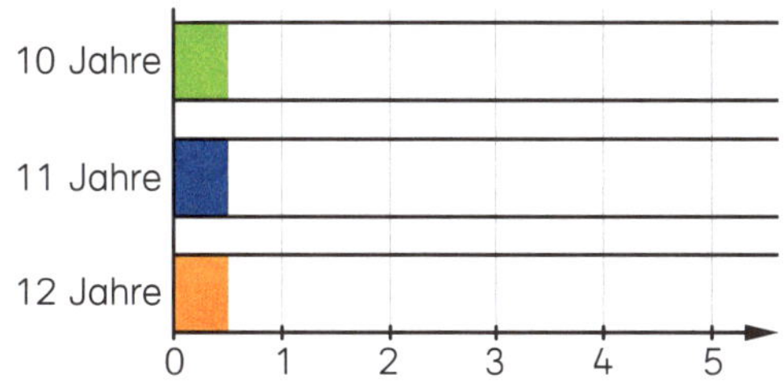

2. Die Strichliste zeigt, wie viele Kinder jeweils in der Sportabteilung sind.
a) Entnimm die Daten der Strichliste und übertrage sie in die Tabelle.
b) Zeichne ein Balkendiagramm.

Fußball
Handball
Schwimmen

Fußball	
Handball	
Schwimmen	

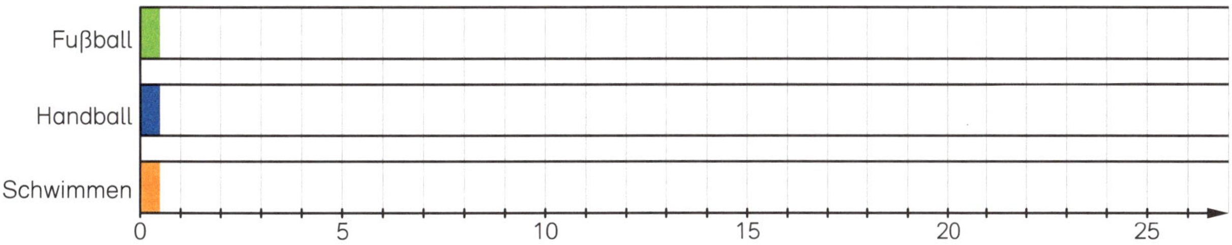

3. Bei einer Umfrage haben Kinder ihr Lieblingshaustier auf einen Zettel geschrieben.

Katze	Katze	Vogel	Hamster	~~Hund~~	~~Hund~~	Katze	~~Hund~~
~~Hund~~	Hamster	Vogel	Katze	Katze	~~Hund~~	Katze	
~~Hund~~	Hamster	~~Hund~~	~~Hund~~	Vogel	~~Hund~~	~~Hund~~	
Katze	Hamster	Hamster	Katze	Vogel	Katze	Vogel	Hamster

a) Erfasse in einer Strichliste, wie oft jedes Tier genannt wurde. Vervollständige die Tabelle.
b) Stelle das Ergebnis der Umfrage in einem Säulendiagramm dar.

Lieblingstier	Anzahl der Stimmen	
Hund	卌 卌	10
Vogel		
Katze		
Hamster		

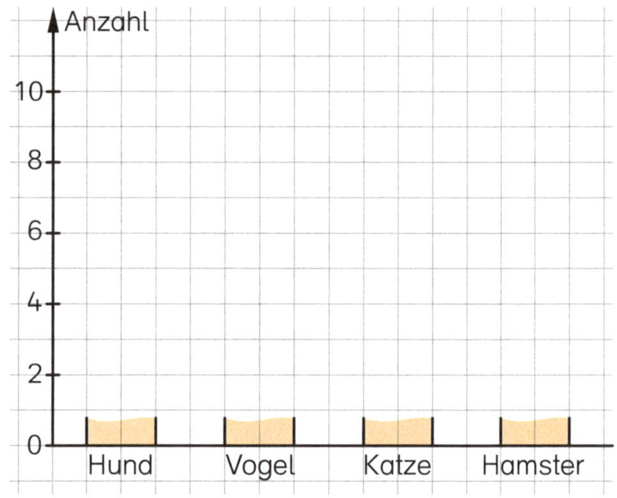

4. Nach einem Besuch im Zoo wurden Jugendliche nach ihrem liebsten Zootier gefragt.
Das Ergebnis der Befragung ist im Balkendiagramm dargestellt.

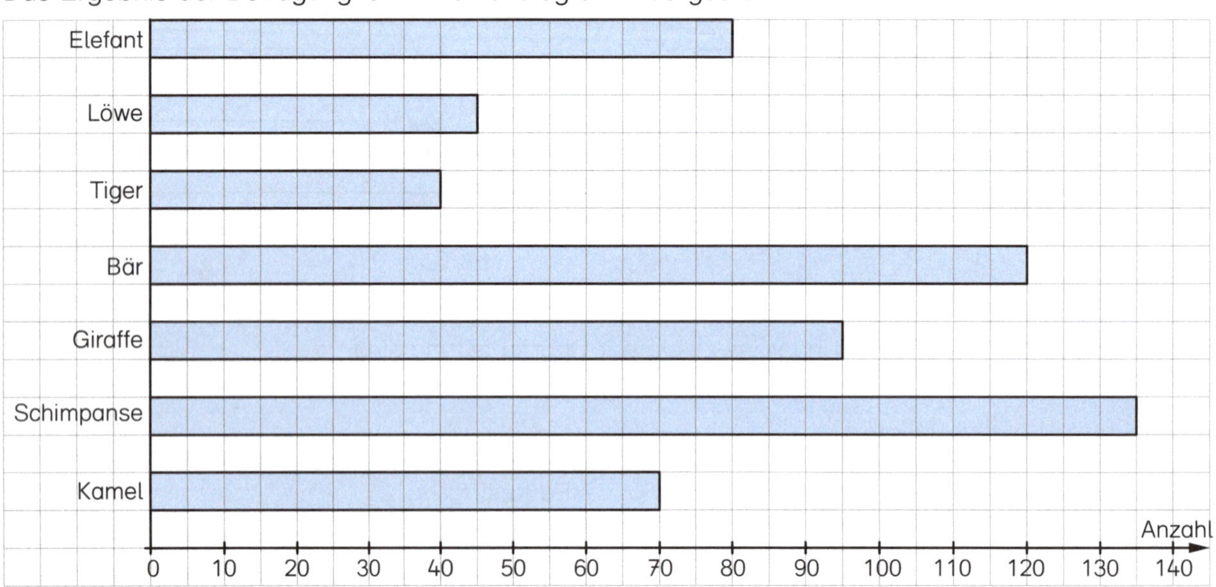

a) Lies die Zahlen im Balkendiagramm ab und trage sie in die Liste ein.
b) Ordne die Tiere nach der Anzahl der Stimmen. Beginne mit dem beliebtesten Tier.

Tier	Elefant	Löwe	Tiger	Bär	Giraffe	Schimpanse	Kamel
Anzahl der Stimmen							

b) Ordne die Tiere nach der Anzahl der Stimmen. Beginne mit dem beliebtesten Tier.

Ein **Bilddiagramm** ist eine besonders anschauliche Art der Darstellung. So erstellst du ein Bilddiagramm:

① Wähle passende Symbole aus.
② Lege fest, für welche Anzahl jedes Symbol steht.
③ Zeichne die passende Anzahl von Symbolen.

Video

Beliebte Autofarben

Legende:  = 50 Autos

5. In der Tabelle sind die Besucherzahlen im Freibad dargestellt.
a) Für wie viele Besucher steht eine Symbol? Trage ein.
b) Ergänze die fehlenden Besucherzahlen.
c) Vervollständige das Balkendiagramm

 steht für ______ Besucher.		
Montag	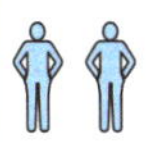	200
Dienstag	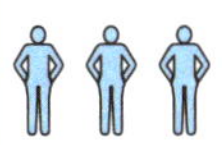	
Mittwoch	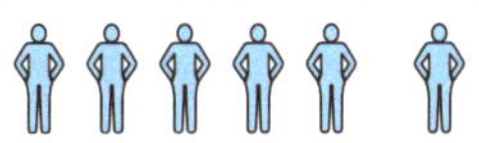	
Donnerstag	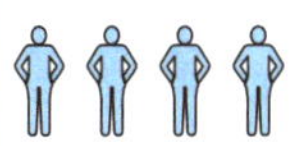	
Freitag	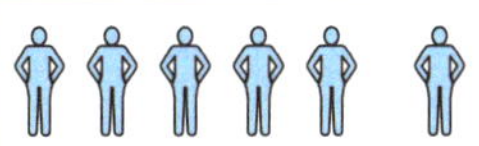	
Samstag	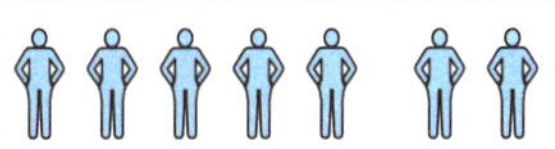	
Sonntag	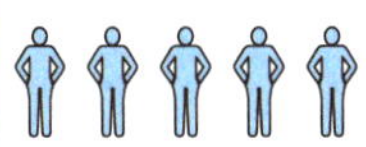	

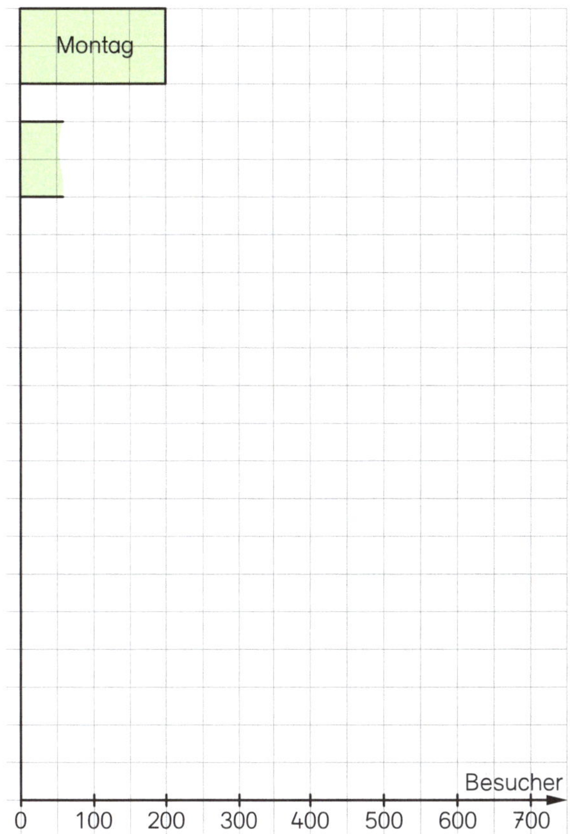

6. In der Tabelle stehen Besucherzahlen im Klettergarten.
Ergänze die fehlenden Symbole.

 = 100 Besucher

Mai		800
Juni		900
Juli		1 100
August		1 000
September		700
Oktober		500

7. So alt können Tiere werden. Erstelle zu den Daten ein Säulendiagramm.

Tier	Alter
Gorilla	50 Jahre
Wal	110 Jahre
Schaf	15 Jahre
Elefant	70 Jahre
Hund	20 Jahre
Aal	50 Jahre
Bär	45 Jahre

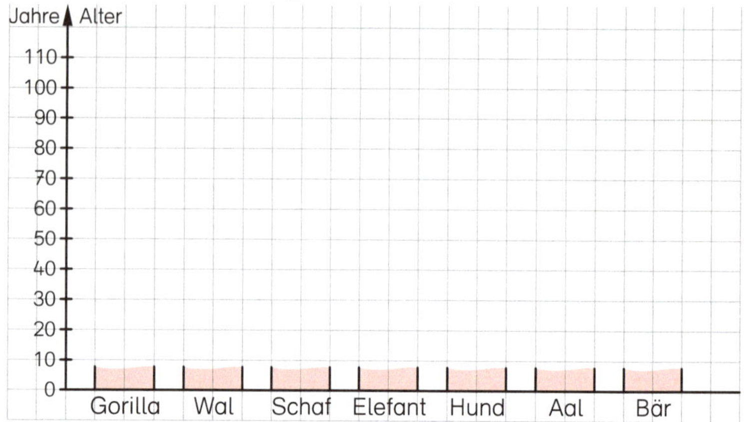

8. Das schnellste Landtier ist der Gepard. Bei der Jagd erreicht er eine Geschwindigkeit von 120 $\frac{km}{h}$. In der Tabelle stehen Höchstgeschwindigkeiten anderer Tiere.

Tier	Antilope	Elefant	Gepard	Igel	Löwe	Nashorn	Pferd
Geschwindigkeit	90 $\frac{km}{h}$	40 $\frac{km}{h}$	120 $\frac{km}{h}$	7 $\frac{km}{h}$	50 $\frac{km}{h}$	40 $\frac{km}{h}$	70 $\frac{km}{h}$

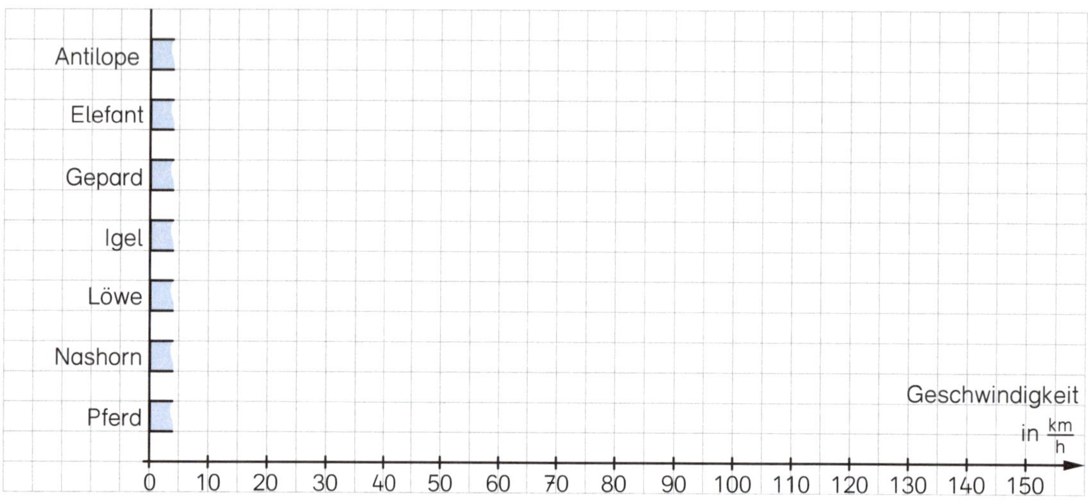

9. In der Tabelle steht für einige Tierarten das Höchstgewicht, das weibliche und männliche Tiere erreichen können. Stelle die Daten der Tabelle in einem Balkendiagramm dar.

	Gorilla	Zebra	Löwe	Tiger	Strauß
weiblich	100 kg	320 kg	160 kg	180 kg	100 kg
männlich	260 kg	320 kg	220 kg	320 kg	140 kg

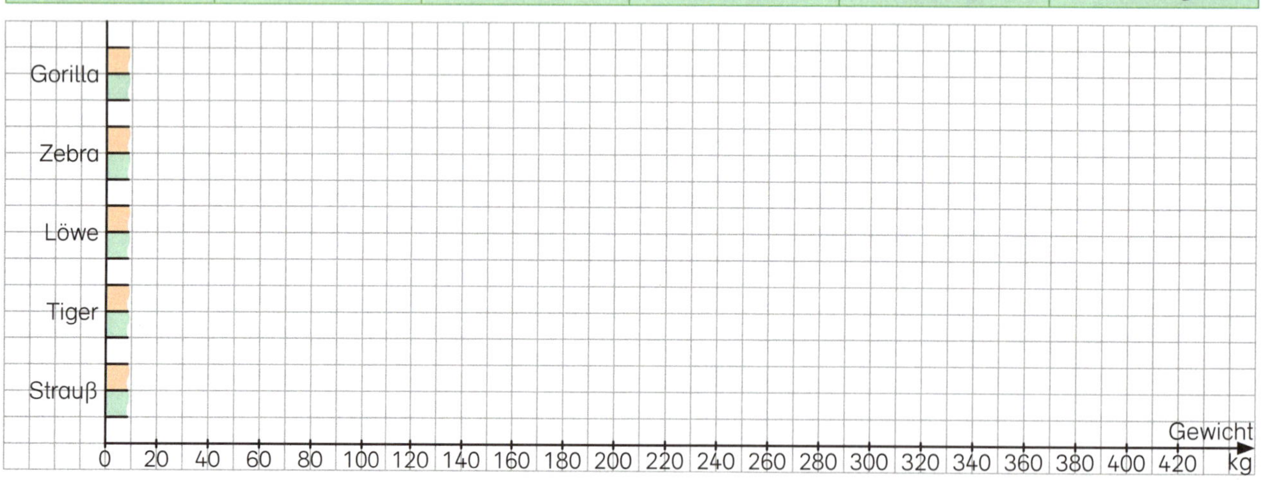

10. Familie Müller plant eine Fahrradtour mit 4 Tagesstrecken.

Montag	Dienstag	Mittwoch	Donnerstag
40 km	24 km	50 km	38 km

Erstelle ein Balkendiagramm zur Länge der Tagesstrecken.

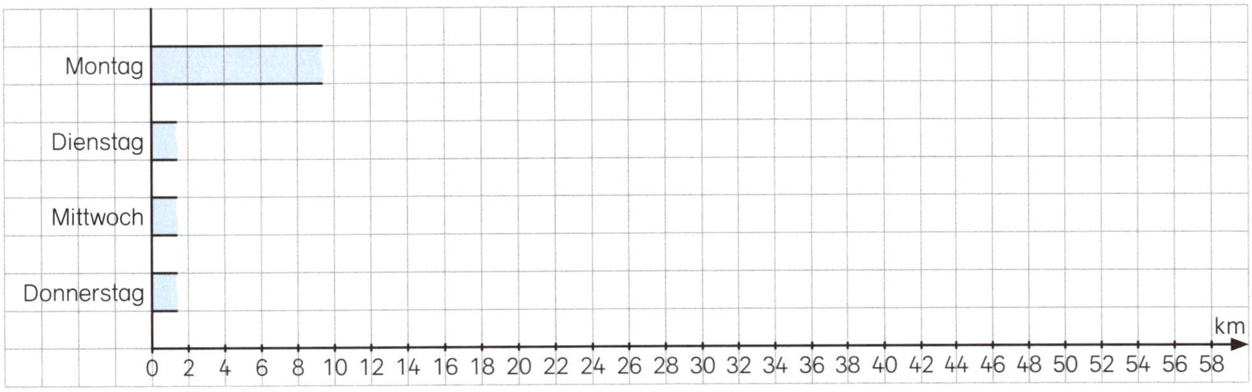

11. Im Bilddiagramm ist dargestellt, wie die Zuschauerinnen und Zuschauer eines Handballspiels zur Sporthalle kommen.

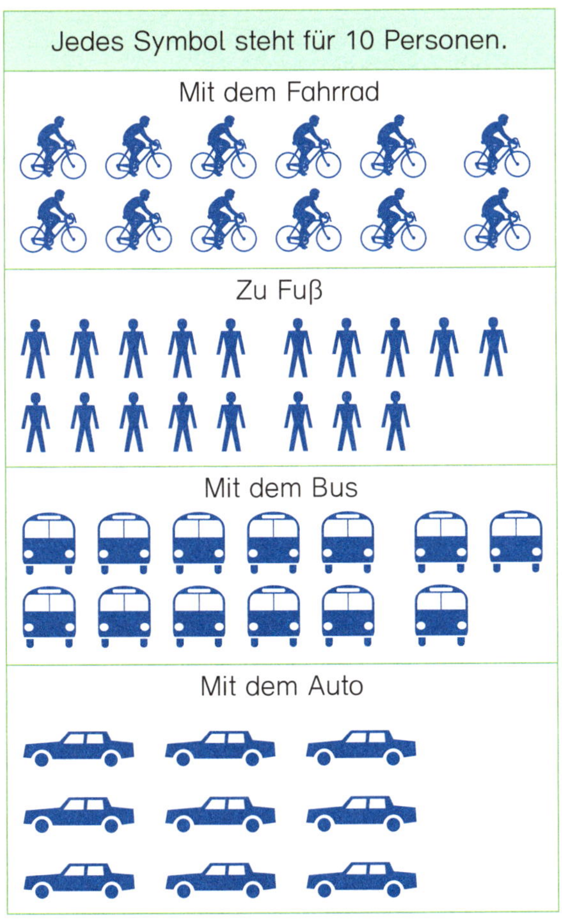

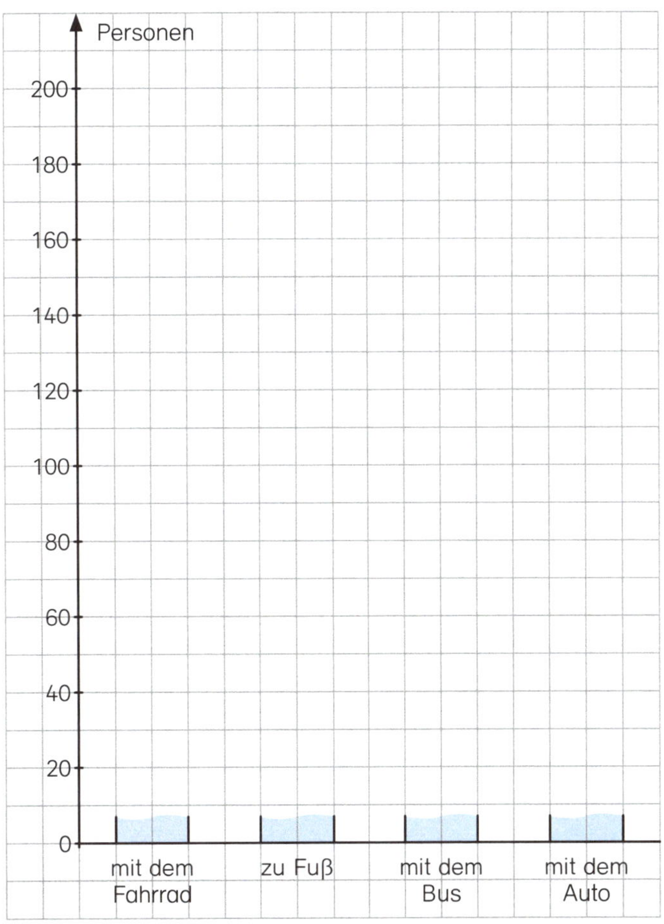

a) Trage die Zahlen in die Tabelle ein.

Mit dem Fahrrad	Zu Fuß	Mit dem Bus	Mit dem Auto

b) Stelle die Zahlen im Säulendiagramm dar.

 SB S. 16–17

Tabellen und Diagramme mit Tabellenkalkulation

So ist das Rechenblatt bei einem Computer eingestellt:

TIPP

Die **Spalten** sind mit Buchstaben beschriftet.

Die **Zeilen** sind mit Zahlen beschriftet.

	A	B	C	D	E	F
1			+			14
2					✉	
3		♥				
4	33					✈
5			19	☺		
6	@					
7						

Wo sich eine **Spalte** und eine **Zeile** kreuzen, entsteht eine Zelle.
Hier kreuzt die Spalte **C** die Zeile **3**. Die Zelle hat deshalb den Namen **C3**.

1. Suche in der Tabelle das Herz. Notiere die Spalte, die Zeile und die Zelle.

Spalte: ________ Zeile: ________ Zelle: ________

2. Notiere den Namen der Zelle, in der sich das Zeichen oder die Zahl befindet.

a) ☺ ________ b) @ ________ c) ✈ ________ d) 33 ________

e) ✉ ________ f) + ________ g) 14 ________ h) 19 ________

3. Trage die Zahl in die angegebene Zelle ein.
a) 5 in Zelle B2 b) 7 in Zelle D6 c) 8 in Zelle E7 d) 0 in Zelle F5

4.

	A	B	C	D	E	F	G
1	Ergebnisse beim Dart						
2							
3		Ayla	Lea	Marc	Kim	Annika	Tom
4	1. Runde	49	67	56	42	58	71
5	2. Runde	54	45	68	58	47	40
6	3. Runde	69	63	72	49	61	55
7							
8	Endstand	172					

ANLEITUNG

Die Inhalte der Zellen B4, B5 und B6 sollen addiert werden, das Ergebnis soll in Zelle B8 stehen.
- ☐ 1. Schritt: Das Gleichheitszeichen eingeben. [=]-Taste
- ☐ 2. Schritt: Die Rechnung eingeben. B4 [+] B5 [+] B6
- ☐ 3. Schritt: Eingabe mit [↵] bestätigen.

a) Erstelle die Tabelle am Computer.
b) Berechne den Endstand beim Dartspiel für jeden Spieler wie im Beispiel.
Trage für jeden Spieler den Endstand in die Tabelle ein.

5. Mehrere Schulen führen ein Sportturnier durch.
Jede Schule meldet, wie viele Schülerinnen und Schüler an den einzelnen Wettbewerben teilnehmen.

Übertrage die Tabelle auf einen Computer.

	A	B	C
1	Umfrage Sportturnier		
2			
3	Sportart	Schüler	
4	Fußball	125	
5	Volleyball	86	
6	Basketball	56	
7	Völkerball	153	

6. So erstellst du auf dem Computer Diagramme zum Ergebnis der Umfrage:

ANLEITUNG

☐ 1. Schritt: Markiere deine Tabelle. Klicke dann auf Einfügen und anschließend auf diese Schaltfläche: Empfohlene Diagramme

	A	B
1	Umfrage Sportturnier	
2		
3	Sportart	Schüler
4	Fußball	125
5	Volleyball	86
6	Basketball	56
7	Völkerball	153
8		
9		
10		

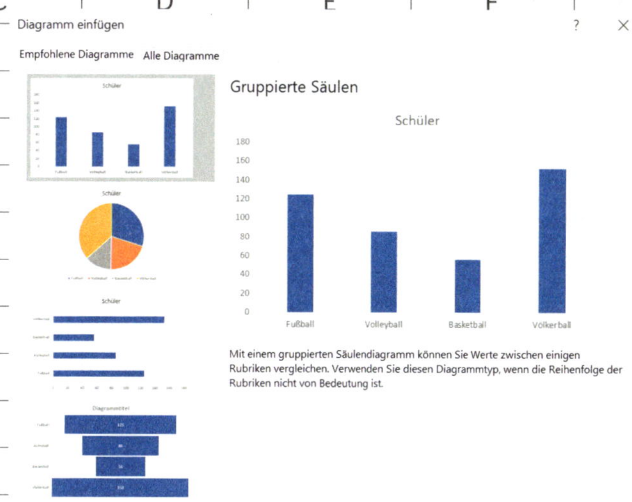

☐ 2. Schritt: Wähle einen Diagrammtyp aus. Dann klicke auf OK.

☐ 3. Schritt: Zum Ändern der Überschrift klicke auf + und anschließend auf Legende. Dann klicke auf den Text, den du ändern möchtest.

	A	B
1	Umfrage Sportturnier	
2		
3	Sportart	Schüler
4	Fußball	125
5	Volleyball	86
6	Basketball	56
7	Völkerball	153
8		
9		
10		

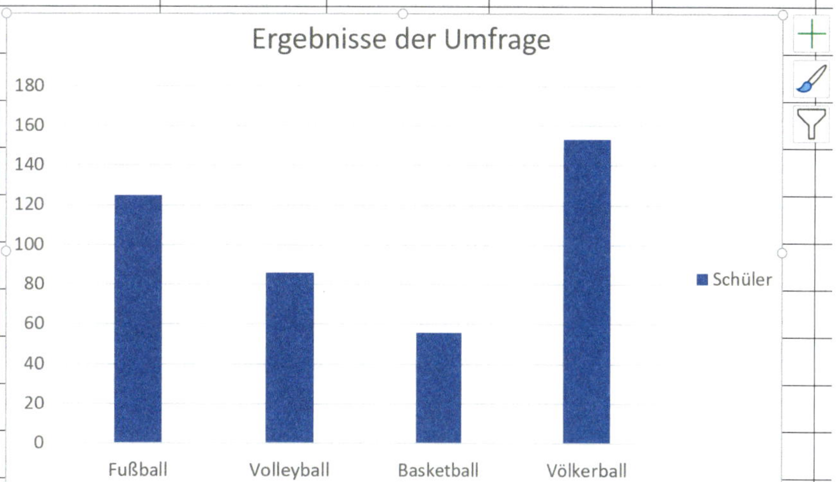

Mit und kannst du die Farbe der Säulen ändern und weitere Änderungen vornehmen.

Natürliche Zahlen am Zahlenstrahl

Video

0, 1, 2, 3, 4, … heißen **natürliche Zahlen**. Es gibt unendlich viele natürliche Zahlen.

Auf dem Zahlenstrahl stehen die natürlichen Zahlen nach der Größe geordnet.
Nach rechts werden die Zahlen größer.

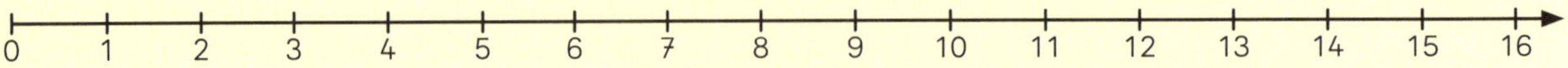

1. Wie heißen die Zahlen?

a)

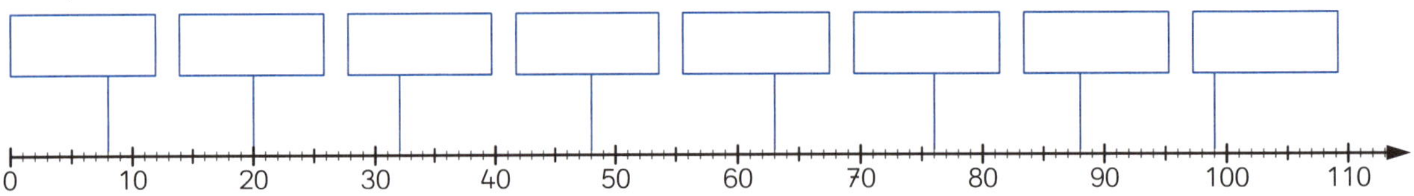

b)

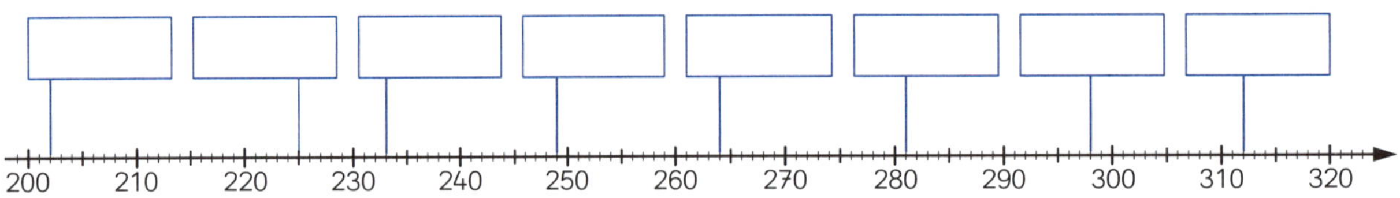

2. Ordne die Zahlen zu.

408 415 430 451 467 478 494 509

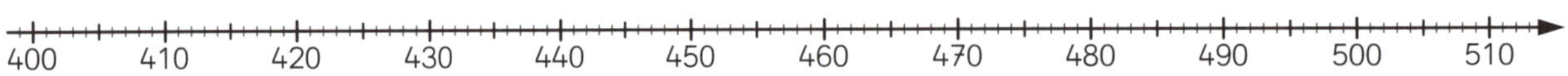

3. Wie heißen die Zahlen?

a)

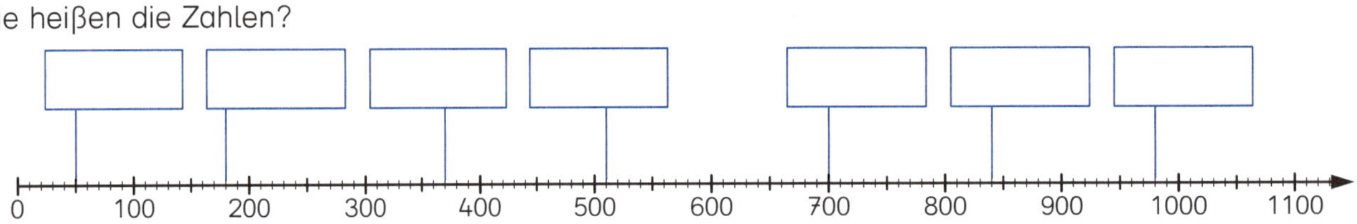

b)

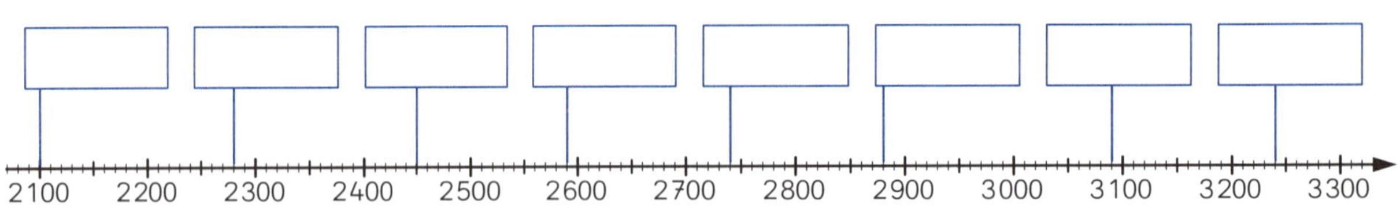

4. Wie heißt die Zahl in der Mitte?

a)

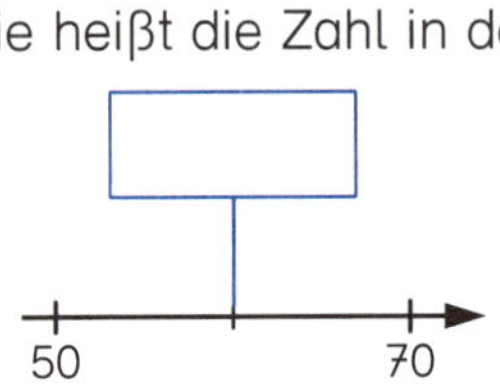

b)

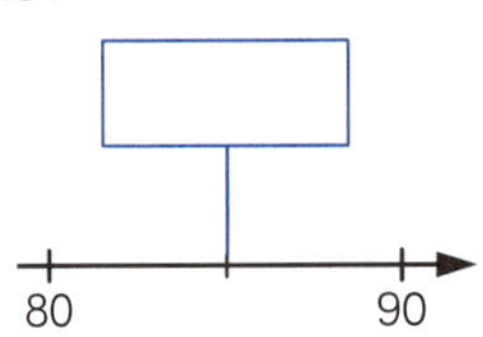

c)

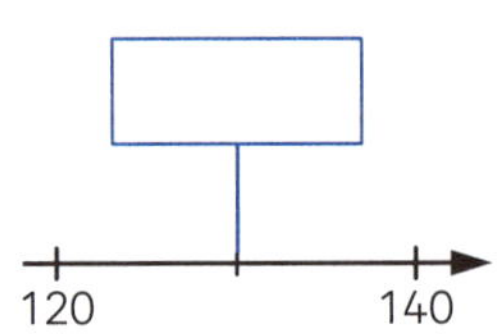

d)

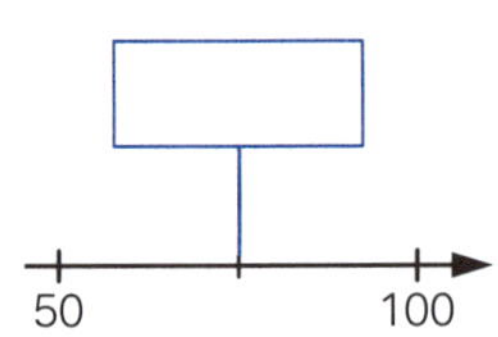

e)

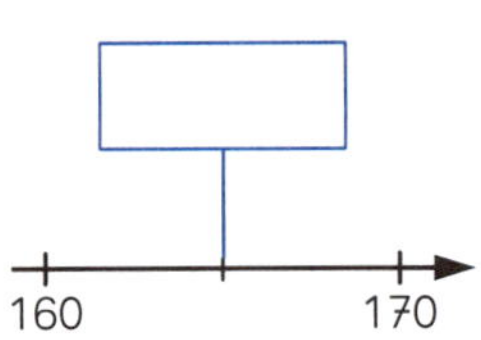

f)

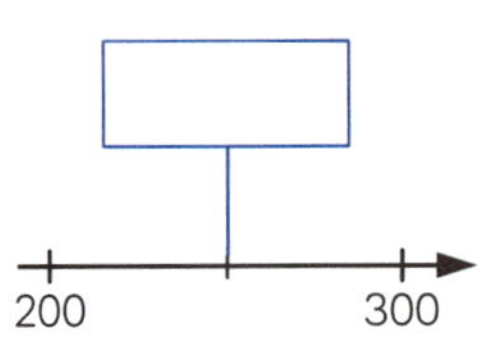

g)

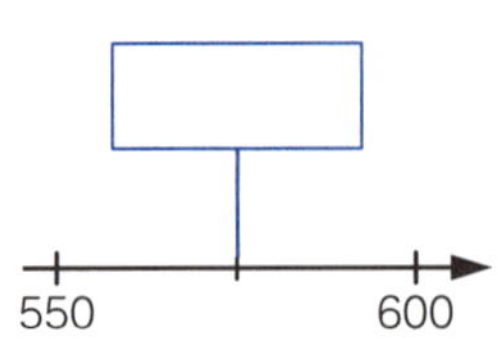

h)

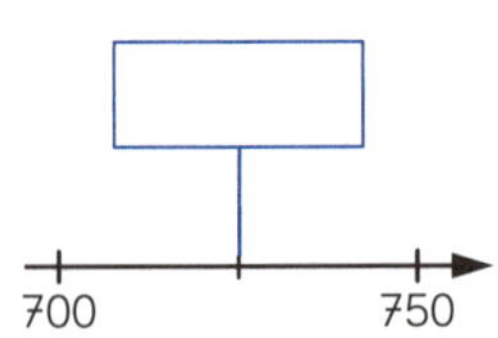

Stellenwerttafel

Video

Natürliche Zahlen kannst du in eine **Stellenwerttafel** eintragen.
So lassen sich Zahlen übersichtlich darstellen.

1 Tausender (T) = 10 Hunderter (H)
1 Hunderter (H) = 10 Zehner (Z)
1 Zehner (Z) = 10 Einer (E)

Summenschreibweise:
4 208 = 4 T + 2 H + 8 E

T	H	Z	E
4	2	0	8

Zahlwort: viertausendzweihundertacht

1. Ergänze wie im Beispiel.

			H	Z	E	Zahl
4 0 0	1 0	7	4	1	7	417
2 0 0		3	2	0	3	
			6	3	5	
						526
						350
8 0 0	7 0	8				
			7	4	9	
						953

2. Trage in die Stellenwerttafel ein. Wie heißt die Zahl?

	T	H	Z	E	Zahl
a) 9T + 5H + 3E	9	5	0	3	9 503
b) 4T + 3H + 8Z + 4E					
c) 6H + 2Z + 7E					
d) 6T + 4H + 3Z + 8E					
e) 3T + 3Z + 4E					
f) 2T + 5H + 6Z					
g) 9T					
h) 5H + 5E					
i) 7T + 7E					

3. Bilde Zahlen mit den Ziffern auf den Karten.

4 6 7 1

______ ______ ______ ______ ______ ______

______ ______ ______ ______ ______ ______

4. Bilde mit den Ziffern auf den Karten die kleinste und die größte Zahl.

5 2 9 3

kleinste Zahl ______ größte Zahl ______

5. Zerlege die Zahl in Tausender, Hunderter, Zehner und Einer und trage sie in die Stellenwerttafel ein.

a) 5 793 5T + 7H + 9Z + 3E
b) 4 805
c) 2 641
d) 5 068
e) 587
f) 6 849
g) 3 251
h) 5 795
i) 8 003
j) 700

T	H	Z	E

6. Immer zwei Karten gehören zusammen. Färbe sie in derselben Farbe.

4269	9 H + 5 Z	325	3 T + 2 Z + 5 E
3025	6924	9500	6 T + 9 H + 2 Z + 4 E
4 T + 2 H + 6 Z + 9 E	9 T + 5 H	950	3 H + 2 Z + 5 E

7. Was gehört zusammen? Ordne zu.

fünftausendvierhundert	9318
dreihundertsiebenundzwanzig	5038
neuntausenddreihundertachtzehn	5400
fünftausendachtunddreißig	981
dreitausendsechshundertzehn	3610
neunhunderteinundachtzig	327

8. Hier wurden Fehler gemacht. Berichtige.

a) 3T + 4H + 6Z + 7E = 7643
8T + 5H + 9Z + 6E = 8569
5T + 3H + 7Z + 9E = 5397

b) 5T + 3H + 9E = 539
3T + 4Z + 2E = 3420
7T + 5Z + 1E = 157

Zahlen vergleichen und ordnen

Vergleichen am Zahlenstrahl: Video
Nach rechts werden die Zahlen größer.

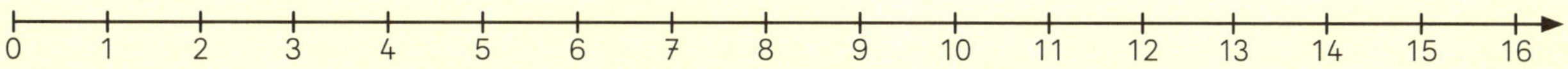

4 < 12
4 ist kleiner als 12.

14 > 5
14 ist größer als 5.

1. Kleiner, größer oder gleich? Setze ein: <, > oder =

a) 704 ☐ 7040
8267 ☐ 827
1000 ☐ 111
824 ☐ 2048

b) 94 ☐ 108
563 ☐ 365
334 ☐ 339
740 ☐ 470

c) 405 ☐ 450
450 ☐ 504
405 ☐ 405
550 ☐ 505

2. Ordne die Zahlen nach der Größe. Beginne mit der kleinsten Zahl.
Du erhältst ein Lösungswort.

a) 7200 P, 8702 R, 8270 E, 7280 A, 7802 P, 8207 I

b) 2319 I, 1923 S, 2193 T, 3219 E, 3192 T, 3129 F

3. Trage den Vorgänger und den Nachfolger ein.

a)

673	674	675
	7392	
	4099	
	8000	

b)

	239	
	6455	
	3214	
	7529	

c)

	400	
	9600	
	5210	
	4327	

4. Trage die fehlenden Zahlen in die Tabelle ein.

a)

Vorgänger	Zahl	Nachfolger
4725		
		5890
	3199	
5309		

b)

Vorgänger	Zahl	Nachfolger
2768		
	4399	
		6001
7209		

Zahlen runden

Natürliche Zahlen runden		Video
Runden auf **Tausender:**	6**4**97 ≈ 6000	8**7**13 ≈ 9000
Runden auf **Hunderter:**	48**2**9 ≈ 4800	32**6**4 ≈ 3300
Runden auf **Zehner:**	576**3** ≈ 5760	523**8** ≈ 5240
	Abrunden bei 0, 1, 2, 3, 4	**Aufrunden bei 5, 6, 7, 8, 9**

1. Runde auf Tausender.

a) 2200 ≈ ______ b) 2090 ≈ ______ c) 2370 ≈ ______ d) 7830 ≈ ______
2300 ≈ ______ 2330 ≈ ______ 2760 ≈ ______ 1430 ≈ ______
2500 ≈ ______ 2650 ≈ ______ 2970 ≈ ______ 9810 ≈ ______

2. Runde auf Hunderter.

a) 4080 ≈ ______ b) 4120 ≈ ______ c) 4490 ≈ ______ d) 3630 ≈ ______
4420 ≈ ______ 4180 ≈ ______ 4980 ≈ ______ 9450 ≈ ______
4760 ≈ ______ 4690 ≈ ______ 4010 ≈ ______ 5530 ≈ ______

3. Runde auf Zehner.

a) 3618 ≈ ______ b) 3671 ≈ ______ c) 3699 ≈ ______ d) 5734 ≈ ______
3642 ≈ ______ 3685 ≈ ______ 3612 ≈ ______ 7237 ≈ ______
3666 ≈ ______ 3647 ≈ ______ 3654 ≈ ______ 1498 ≈ ______

4. a)

Runde auf Tausender	
4266	
948	
8499	

b)

Runde auf Hunderter	
2308	
4371	
769	

c)

Runde auf Zehner	
523	
3259	
7702	

5. Wo ist das Runden nicht sinnvoll? Kreuze an.

○

○

○

Große Zahlen

Zahlwörter für große Zahlen Video

Milliarden (Mrd)			Millionen (Mio)			Tausender (T)					
HMrd	ZMrd	Mrd	HMio	ZMio	Mio	HT	ZT	T	H	Z	E
		3	8	7	1	0	8	6	4	9	3

- Gliederung in Dreierpäckchen: 3 871 086 493
- mit Abkürzungen: 3 Mrd 871 Mio 86 T 493
- Zahlwort: drei Milliarden achthunderteinundsiebzig Millionen sechsundachtzigtausendvierhundertdreiundneunzig

1. Trage in die Stellenwerttafel ein. Wie heißt die Zahl?

	Mio	HT	ZT	T	H	Z	E	Zahl
a) 2 Mio + 4 HT + 2 ZT + 5 T + 3 H								
b) 7 HT + 3 ZT + 6 H + 4 Z + 8 E								
c) 4 Mio + 5 ZT + 3 T + 8 H + 6 E								
d) 9 HT + 6 ZT + 2 T								
e) 9 Mio + 4 ZT + 8 T + 7 E								

2. Wie heißt die Zahl?

a) 3 Mio + 6 HT + 5 ZT + 2 T + 4 Z + 8 E = ____________

b) 7 HT + 8 ZT + 1 T + 6 H + 2 Z + 1 E = ____________

c) 9 Mio + 2 HT + 7 T + 5 H + 8 Z = ____________

d) 1 Mio + 9 ZT + 7 T + 4 H + 8 E = ____________

3. Verbinde die Zahlen nach der Größe.

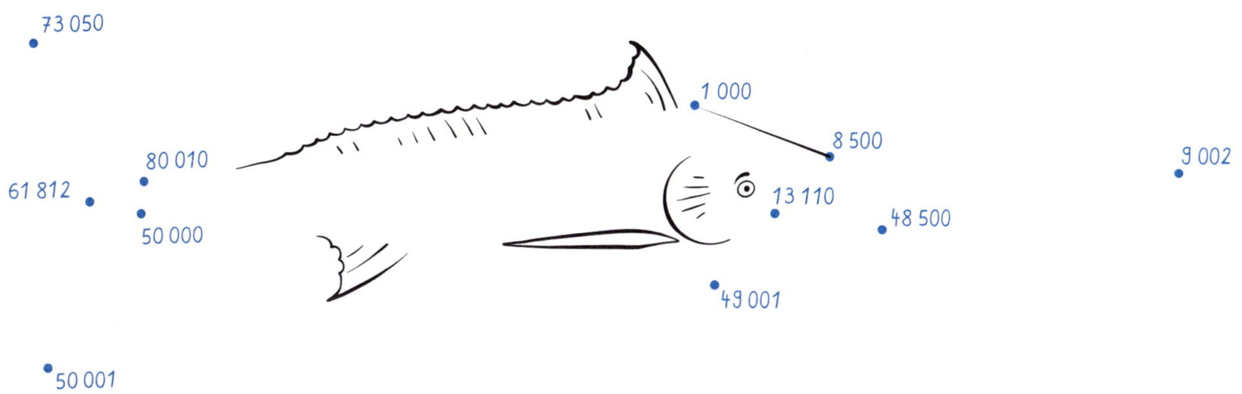

4. Kleiner, größer oder gleich? Setze ein: <, > oder =

a) 63 498 ☐ 128 715
40 215 ☐ 440 215
13 140 ☐ 140 103

b) 356 000 ☐ 456 000
580 398 ☐ 518 260
805 613 ☐ 806 513

c) 1 245 676 ☐ 1 245 667
7 384 221 ☐ 7 438 212
5 002 405 ☐ 5 204 005

Schätzen

Video

Beim Schätzen erhältst du einen **Näherungswert**.

Dazu zählst du zunächst die Anzahl in einem Teilbereich. Dann schätzt du das Gesamte.

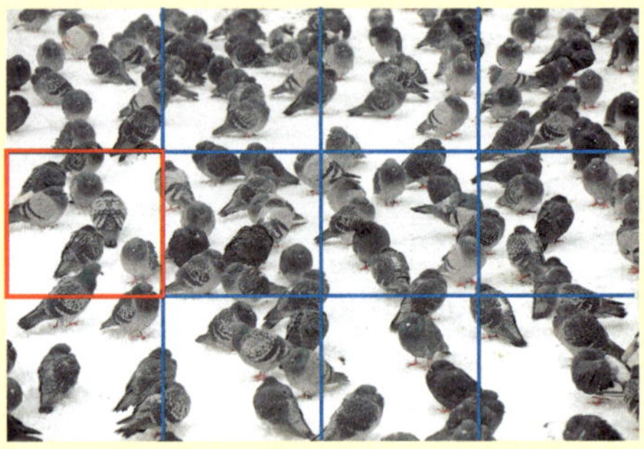

Das Bild ist in 12 gleich große Rasterfelder unterteilt.

In dem rot markierten Feld sind 8 Tauben.
12 · 8 = 96

Auf dem Bild sind insgesamt etwa 96 Tauben.

1. Bei welchem Bild kannst du die Anzahl besser bestimmen? Begründe.

Ⓐ

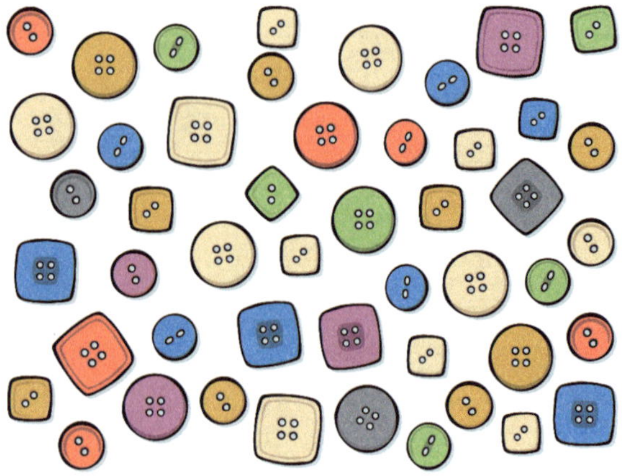

______ Knöpfe

Ⓑ

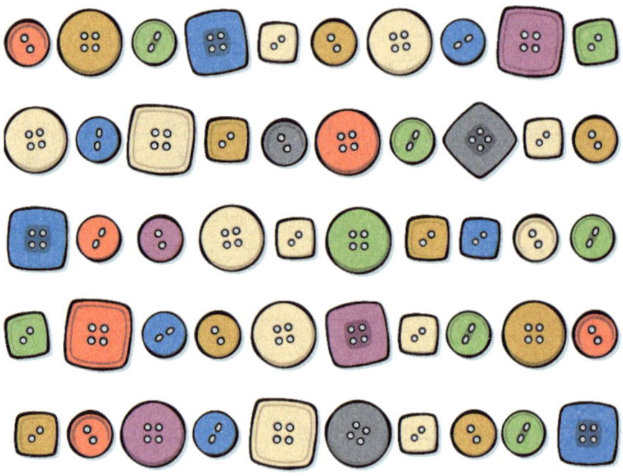

______ Knöpfe

In Bild ____ kann ich die Anzahl besser bestimmen, weil ______________________

____

2. Wie viele Gegenstände sind abgebildet?

a)

geschätzt: ______

gezählt: ______

b)

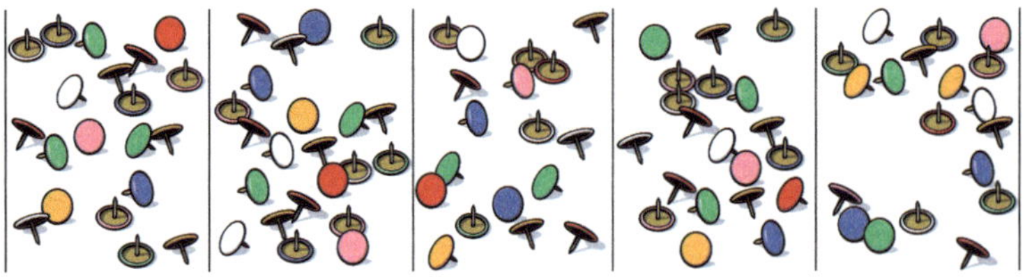

geschätzt: ______

gezählt: ______

SB S. 30–31

Römische Zahlen

Bei der römischen Zahlschreibweise gelten folgende Regeln:

- Es gibt 7 römische Zahlzeichen:
  I = 1 V = 5 X = 10 L = 50 C = 100 D = 500 M = 1 000
- Die Werte der Zahlzeichen werden addiert.
- Ein Zahlzeichen darf höchstens dreimal hintereinander geschrieben werden.
- Steht I, X oder C links vor einem der beiden nächstgrößeren Zeichen, wird subtrahiert.

M C L X X X I = 1 181

1 000 + 100 + 50 + 10 + 10 + 10 + 1 = 1 181

M C M L = 1 950

1 000 + (1 000 – 100) + 50 = 1 950

1. Setze die Zahlenreihe mit römischen Zahlzeichen fort.

I	II	III	IV	V	VI	VII	VIII	IX	X
XI				XV					XX

2. Welche Zahl ist es?

______ ______ ______

3. Schreibe mit römischen Zahlzeichen.

a) 4 = ______ 15 = ______ 14 = ______ 22 = ______ 30 = ______

b) 9 = ______ 19 = ______ 29 = ______ 40 = ______ 49 = ______

4. Ordne zu.

a)

LX	99
XC	110
IC	60
CX	90

b)

DXL	450
CMV	540
CDL	49
XLIX	905

5. Notiere mit römischen Zahlzeichen.

a) das Zehnfache von II ______

b) das Zehnfache von V ______

c) das Zehnfache von CC ______

d) das Zehnfache von IX ______

e) das Doppelte von VIII ______

f) das Fünffache von VI ______

1. In der Bergschule findet ein Sportfest statt. Das Säulendiagramm zeigt für Mädchen und Jungen der Klasse 5a die Verteilung der Urkunden.

a) Lies die Zahlen im Säulendiagramm ab. Trage sie in die Tabelle ein.
b) Vervollständige die Tabelle.

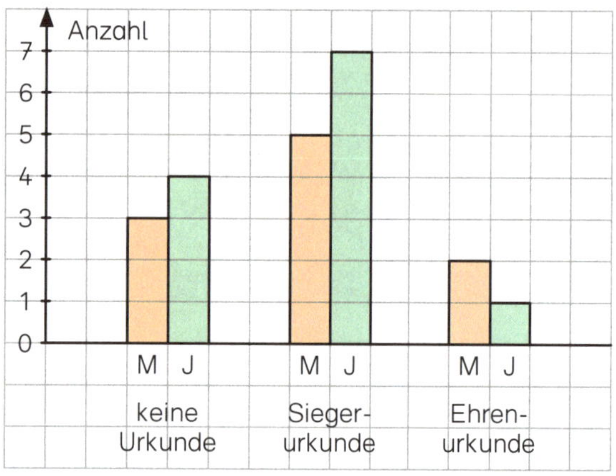

Klasse 5a	Mädchen	Jungen	insgesamt
keine Urkunde			
Sieger-urkunde			
Ehren-urkunde			

c) Wie viele Mädchen und wie viele Jungen der Klasse 5a erhalten eine Urkunde?

A: ______

2. a) Erstelle ein Säulendiagramm zur Tabelle für die Klasse 5b.
b) Vervollständige die Tabelle.

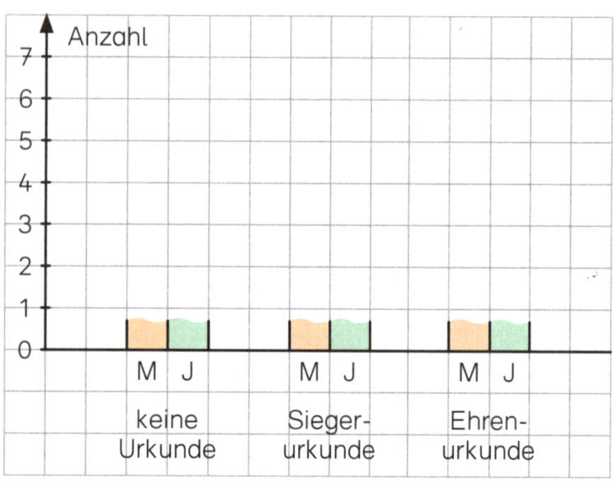

Klasse 5b	Mädchen	Jungen	insgesamt
keine Urkunde	4	6	
Sieger-urkunde	5	3	
Ehren-urkunde	3	4	

c) Wie viele Mädchen und wie viele Jungen der Klasse 5b erhalten eine Urkunde?

A: ______

3. Bei einer Umfrage wurden Schülerinnen und Schüler der 5. Klassen nach ihrem liebsten Pausensnack gefragt. Erstelle zu den Zahlen in der Tabelle ein Balkendiagramm.

Schokoriegel	8
belegtes Brot	14
Obst	15

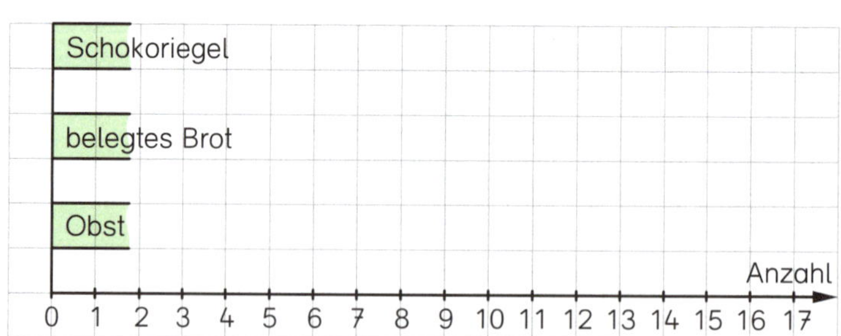

4. Wie heißen die Zahlen?

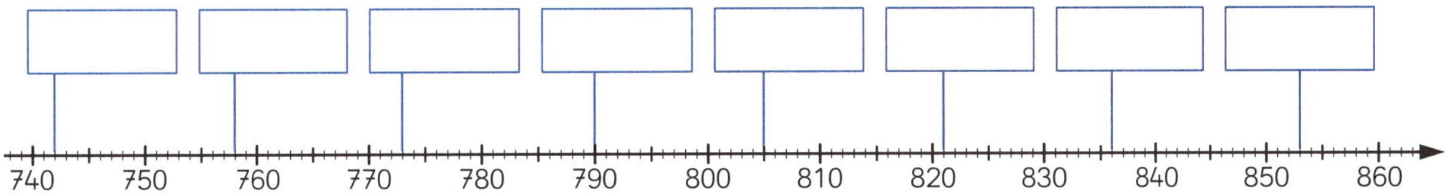

5. Ordne die Zahlen zu.

965 | 978 | 999 | 1012 | 1028 | 1044 | 1063 | 1072

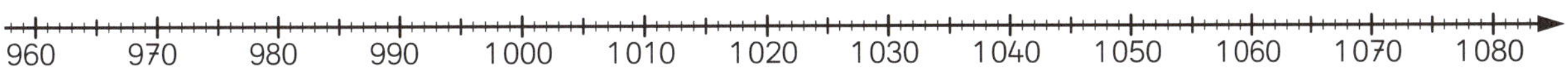

6. Ergänze die fehlenden Angaben.

	T	H	Z	E	Zahl
	4	3	7	8	
					5093
6T + 4H + 7Z + 3E					
8T + 9Z + 7E					
	7	5	0	6	
					2553

7. Ordne die Zahlen. Beginne mit der kleinsten Zahl. Du erhältst ein Lösungswort.

a) 389 U, 4398 A, 499 M, 286 P

b) 8550 W, 8555 E, 8055 L, 8505 Ö

c) 5088 L, 805 O, 5805 F, 508 W

8. Runde auf Hunderter.

a) 754 ≈ ____ 838 ≈ ____

b) 985 ≈ ____ 407 ≈ ____

c) 7354 ≈ ____ 2983 ≈ ____

d) 2222 ≈ ____ 60 ≈ ____

9. Runde auf Tausender.

a) 3719 ≈ ____ 9210 ≈ ____

b) 3056 ≈ ____ 6713 ≈ ____

c) 3333 ≈ ____ 8888 ≈ ____

d) 875 ≈ ____ 2199 ≈ ____

10. Kleiner, größer oder gleich? Setze ein: <, > oder =

a) 51497 ☐ 15974
30318 ☐ 81002

b) 543219 ☐ 453921
810670 ☐ 709106

c) 4222229 ☐ 4222292
3289875 ☐ 3189999

SB S. 38–39

2 Addieren und Subtrahieren

In diesem Kapitel lernst du, ...

... wie du geschickt im Kopf addierst und subtrahierst.

... wie du beim Addieren und Subtrahieren Rechenvorteile nutzt.

... wie du mit Klammern rechnest.

... wie du mehrere Zahlen schriftlich addierst und subtrahierst.

... wie du beim Rechnen einen Überschlag nutzt.

Bei Bauer Gräter holt das Milchauto 840 Liter Milch ab. Auf den beiden Nachbarhöfen sind es 700 Liter und 1050 Liter. Die gesamte Milch wird an eine Molkerei geliefert.

Im Kopf addieren und subtrahieren

Video

Die **Addition** (Plusrechnen)

Summand + Summand = Summe
245 + 130 = 375

Die Summe von 245 und 130 ist 375.

Die **Subtraktion** (Minusrechnen)

Minuend − Subtrahend = Differenz
375 − 245 = 130

Die Differenz von 375 und 245 ist 130.

1. a) 23 + 5 = ____
34 + 3 = ____
62 + 6 = ____
75 + 4 = ____

b) 30 + 40 = ____
60 + 20 = ____
10 + 70 = ____
40 + 60 = ____

c) 35 − 3 = ____
56 − 4 = ____
87 − 2 = ____
99 − 7 = ____

d) 50 − 40 = ____
70 − 30 = ____
60 − 20 = ____
40 − 10 = ____

2. Die Summe der Zahlen in zwei nebeneinander liegenden Steinen steht im Stein darüber.

a)
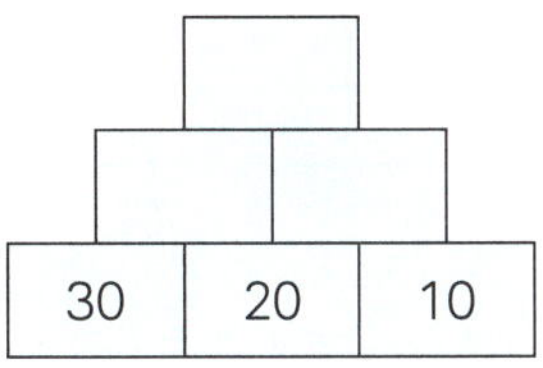

b)
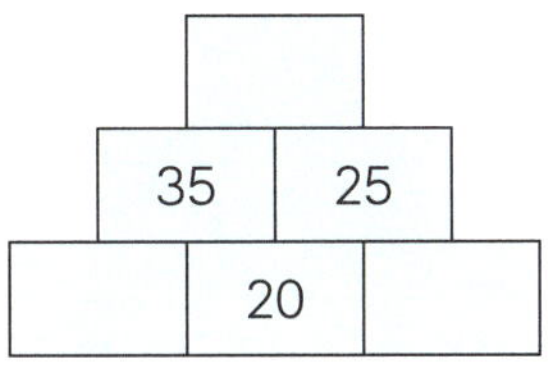

c)
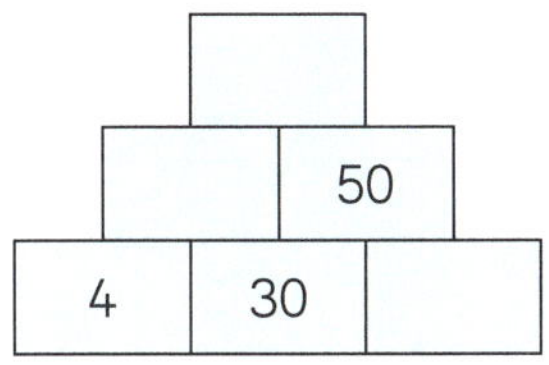

d)
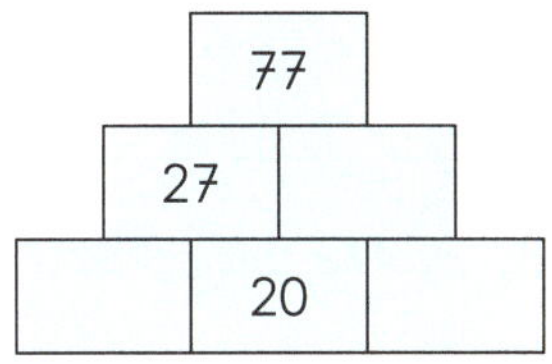

3. a) 64 + 10 = ____
22 + 30 = ____
53 + 20 = ____

b) 20 + 35 = ____
42 + 46 = ____
61 + 27 = ____

c) 120 + 70 = ____
280 + 10 = ____
460 + 30 = ____

d) 141 + 30 = ____
412 + 60 = ____
328 + 40 = ____

4. a) 49 − 20 = ____
54 − 30 = ____
78 − 40 = ____

b) 88 − 28 = ____
72 − 51 = ____
46 − 15 = ____

c) 200 − 80 = ____
500 − 70 = ____
600 − 50 = ____

d) 162 − 50 = ____
253 − 20 = ____
345 − 40 = ____

5. Notiere die Aufgabe mit Ergebnis.

a) Addiere die Zahlen 300 und 200.
____

b) Subtrahiere die Zahl 100 von 800.
____

c) Addiere zu 400 die Zahl 500.
____

d) Subtrahiere von 650 die Zahl 50.
____

e) Bilde die Summe von 780 und 200.
____

f) Bilde die Differenz von 900 und 700.
____

6. a) 28 + 5 = ____
47 + 4 = ____
59 + 6 = ____

b) 36 + 6 = ____
13 + 9 = ____
64 + 7 = ____

c) 43 − 5 = ____
82 − 4 = ____
31 − 5 = ____

d) 25 − 9 = ____
95 − 7 = ____
44 − 8 = ____

SB S. 40–43

So rechnest du geschickt im Kopf:

Schrittweise rechnen

65 + 18 = 83	73 − 17 = 56
65 + 10 = 75	73 − 10 = 63
75 + 8 = 83	63 − 7 = 56

Hilfsaufgabe nutzen

49 + 39 = 88	84 − 29 = 55
49 + 40 = 89	84 − 30 = 54
89 − 1 = 88	54 + 1 = 55

7. a) 37 + 14 = ___
37 + 10 = ___
___ + ___ = ___

b) 38 + 25 = ___
38 + 20 = ___
___ + ___ = ___

c) 56 + 37 = ___
56 + ___ = ___
___ + ___ = ___

d) 59 + 34 = ___
___ + ___ = ___
___ + ___ = ___

8. a) 72 − 37 = ___
72 − 30 = ___
___ − ___ = ___

b) 94 − 56 = ___
94 − 50 = ___
___ − ___ = ___

c) 43 − 25 = ___
43 − ___ = ___
___ − ___ = ___

d) 63 − 46 = ___
___ − ___ = ___
___ − ___ = ___

9. Nutze die Hilfsaufgabe.

a) 63 + 19 = ___
63 + 20 = ___
___ − ___ = ___

b) 28 + 58 = ___
28 + 60 = ___
___ − ___ = ___

c) 44 − 29 = ___
44 − 30 = ___
___ + ___ = ___

d) 85 − 38 = ___
85 − 40 = ___
___ + ___ = ___

10. a)

+	4	30	19
48			
26			

b)

−	5	20	18
21			
47			

c)

+	13	29	36
16			
33			

11. a)

	___	
___		___
11	25	20

b)

	___	
___		25
16	___	17

c)

	50	
26		___
12	___	___

d)

	88	
___		54
___	22	___

12. a) Wie viel Euro kosten das T-Shirt und der Pulli zusammen?

R: ___

A: ___

b) Frau Arp kauft die Schuhe und die Strümpfe.
Sie bezahlt mit einem 50-€-Schein.
Wie viel Euro bekommt sie zurück?

R: ___

A: ___

13. Hier wird auf verschiedenen Wegen gerechnet. Vervollständige die Rechnungen.

Jan hat zwei Gewinnlose gezogen.

Jan rechnet:
340 + 190 = ___
340 + 100 = 440
440 + 90 = ___

Tom rechnet:
340 + 190 = ___
340 + 90 = 430
430 + 100 = ___

Julia rechnet:
340 + 190 = ___
340 + 200 = 540
540 − 10 = ___

Julia hat mit ihren Losen 530 Punkte gesammelt. Sie möchte den Teddy.

Jan rechnet:
530 − 180 = ___
530 − 100 = 430
430 − 80 = ___

Tom rechnet:
530 − 180 = ___
530 − 80 = 450
450 − 100 = ___

Julia rechnet:
530 − 180 = ___
530 − 200 = 330
330 + 20 = ___

14. Führe alle Rechenwege fort. Welcher Weg gefällt dir am besten?

a) 260 + 270 = ___
260 + 200 = ___
460 + ___ = ___

b) 260 + 270 = ___
260 + 70 = ___
___ + ___ = ___

c) 260 + 270 = ___
260 + 300 = ___
___ − 30 = ___

15. a) 420 − 170 = ___
420 − 100 = ___
320 − ___ = ___

b) 420 − 170 = ___
420 − 70 = ___
350 − ___ = ___

c) 420 − 170 = ___
420 − 200 = ___
___ + 30 = ___

16. Wähle deinen Rechenweg.

a) 570 + 250 = ___
___ = ___
___ = ___

b) 380 + 340 = ___
___ = ___
___ = ___

c) 630 + 190 = ___
___ = ___
___ = ___

17. a) 640 − 290 = ___
___ = ___
___ = ___

b) 450 − 260 = ___
___ = ___
___ = ___

c) 630 − 190 = ___
___ = ___
___ = ___

18. a) 240 + 580 = ___
___ = ___
___ = ___

b) 510 − 350 = ___
___ = ___
___ = ___

c) 490 + 490 = ___
___ = ___
___ = ___

Rechenregeln

Die Klammerregel

Der Rechenausdruck in der Klammer wird zuerst ausgerechnet.

64 – (20 – 6) =
64 – 14 = 50

Sonst wird schrittweise von links nach rechts gerechnet.

64 – 20 – 6 =
44 – 6 = 38

1. Rechne aus und vergleiche die Ergebnisse.

a) 24 – (4 + 5) =
_____ = _____

24 – 4 + 5 =
_____ = _____

b) 37 – (6 + 22) =
_____ = _____

37 – 6 + 22 =
_____ = _____

c) 46 – (21 + 8) =
_____ = _____

46 – 21 + 8 =
_____ = _____

2. a) 35 + (9 – 4) =
_____ = _____

35 + 9 – 4 =
_____ = _____

b) 68 + (12 – 8) =
_____ = _____

68 + 12 – 8 =
_____ = _____

c) 53 + (16 – 5) =
_____ = _____

53 + 16 – 5 =
_____ = _____

3. a) 11 + (6 – 2) + 5 =
_____ = _____

11 + 6 – (2 + 5) =
_____ = _____

b) 58 – (28 + 2) + 3 =
_____ = _____

58 – 28 + (2 + 3) =
_____ = _____

c) (44 + 12) – 6 – 6 =
_____ = _____

44 + (12 – 6) – 6 =
_____ = _____

4. Wer hat Fehler gemacht? Kreuze an und berichtige.

a) Bea ☺ ☹
20 – (2 + 3) = 15
_____

b) Finn ☺ ☹
17 + 29 + 13 = 59
_____

c) Lara ☺ ☹
25 – (10 – 5) = 10
_____

d) Elif ☺ ☹
39 – (20 + 4) = 15
_____

e) Timo ☺ ☹
28 + (19 – 5) = 52
_____

f) Sina ☺ ☹
64 – (17 – 4) = 43
_____

5. Setze die Klammern so, dass das Ergebnis richtig ist.

a) 80 – 40 + 30 = 70
b) 34 – 16 + 10 = 8
c) 20 + 15 – 8 + 12 = 15

6. Setze die Klammern so, dass das Ergebnis möglichst groß ist.

a) 37 – 17 – 7
b) 48 – 18 – 5
c) 60 – 20 – 10 + 30
d) 59 – 20 + 5
e) 66 – 16 – 6
f) 75 – 35 – 20 – 10

Video

Das Kommutativgesetz (Vertauschungsgesetz)

Beim Addieren darfst du die Summanden vertauschen.

47 + 16 + 3 =
47 + 3 + 16 =
50 + 16 = 66

Das Assoziativgesetz (Verbindungsgesetz)

Beim Addieren darfst du die Klammern beliebig setzen oder auch weglassen.

51 + 18 + 12 =
51 + (18 + 12) =
51 + 30 = 81

7. Tim kauft das T-Shirt, die Kappe und die Strümpfe. Wie viel Euro muss Tim bezahlen? Rechne geschickt.

A: ______

8. Vertausche die Summanden und rechne geschickt.

a) 17 + 24 + 3 = ______ = ______
b) 36 + 29 + 4 = ______ = ______
c) 59 + 15 + 11 = ______ = ______
d) 180 + 37 + 20 = ______ = ______
e) 110 + 55 + 90 = ______ = ______
f) 250 + 78 + 50 = ______ = ______

9. Setze Klammern und rechne geschickt.

a) 14 + 92 + 8 = ______ = ______
b) 45 + 15 + 27 = ______ = ______
c) 58 + 7 + 33 = ______ = ______
d) 27 + 13 + 5 = ______ = ______
e) 28 + 14 + 16 = ______ = ______
f) 29 + 11 + 30 ______ = ______

10. Wähle deinen Rechenweg.

a) 5 + 69 + 25 = ______ = ______
b) 72 + 60 + 40 = ______ = ______
c) 38 + 43 + 2 = ______ = ______
d) 89 + 11 + 9 = ______ = ______
e) 15 + 85 + 12 = ______ = ______
f) 44 + 16 + 20 = ______ = ______

Wiederholungsaufgaben

Die Lösungen ergeben die Namen von Tieren.

1. Das Säulendiagramm zeigt die Besucherzahlen im Kletterwald.
Lies die Zahlen im Säulendiagramm ab und trage sie in die Tabelle ein.

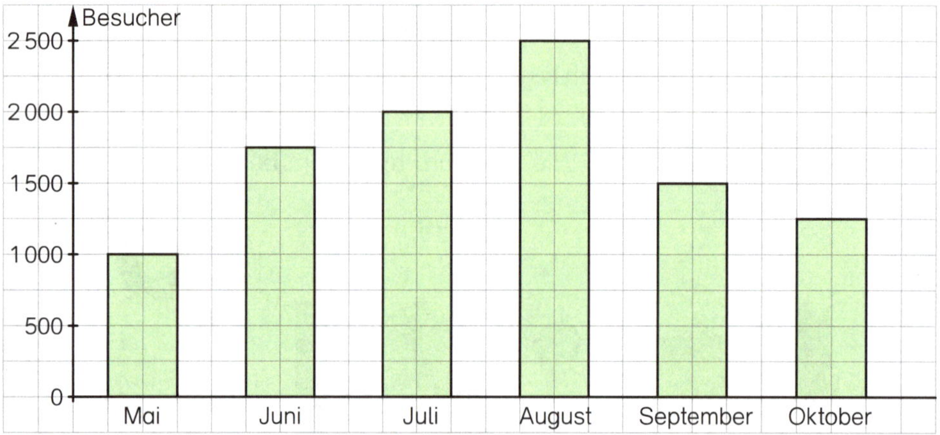

Besucher im Kletterwald:

Mai	Juni	Juli	August	September	Oktober
1 000					
L					

2. Wie heißen die Zahlen?

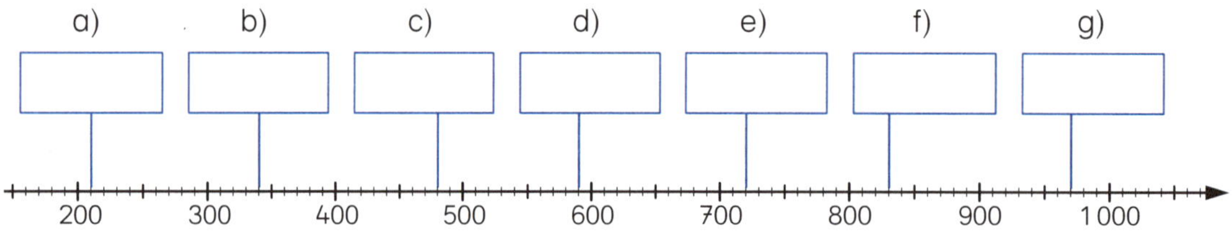

3. Wie heißt die Zahl in der Mitte?

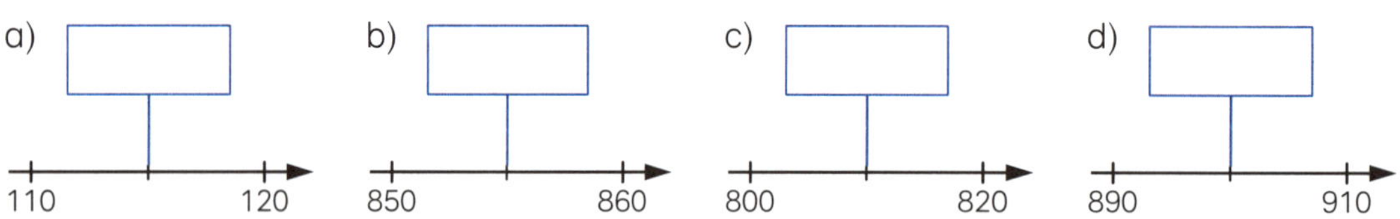

2. a)	2. b)	2. c)	2. d)	2. e)	2. f)	2. g)	3. a)	3. b)	3. c)	3. d)

4. a) 2 · 10 = ____ b) 5 · 3 = ____ c) 5 · 10 = ____ d) 9 · 5 = ____

6 · 2 = ____ 2 · 8 = ____ 5 · 7 = ____ 3 · 4 = ____

3 · 10 = ____ 10 · 7 = ____ 4 · 5 = ____ 6 · 5 = ____

4. a)			4. b)			4. c)			4. d)		

C | 12
S | 15
E | 16
O | 20
H | 30
R | 35
S | 45
F | 50
N | 70
I | 115
T | 210
I | 340
N | 480
T | 590
E | 720
C | 810
N | 830
S | 855
H | 900
F | 970
L | 1 000
N | 1 250
A | 1 500
E | 1 750
G | 2 000
U | 2 500

SB S. 50–51

Überschlagen und schriftliches Addieren

Überschlagsrechnung
Das Ergebnis kannst du vor der Rechnung schon ungefähr abschätzen.
Runde dafür alle Zahlen so, dass du im Kopf rechnen kannst.

	1	8	3	+	1	5	2	=	?		
Ü:	1	8	0	+	1	5	0	=	3	3	0

1. Runde auf Hunderter.

200 210 220 230 240 250 260 270 280 290 300 310

a) 220 ≈ ______ b) 209 ≈ ______ c) 237 ≈ ______ d) 783 ≈ ______

230 ≈ ______ 233 ≈ ______ 276 ≈ ______ 143 ≈ ______

250 ≈ ______ 265 ≈ ______ 297 ≈ ______ 983 ≈ ______

2. Runde auf Zehner.

400 410 420 430 440 450 460 470 480 490 500 510

a) 408 ≈ ______ b) 412 ≈ ______ c) 449 ≈ ______ d) 363 ≈ ______

442 ≈ ______ 418 ≈ ______ 498 ≈ ______ 945 ≈ ______

476 ≈ ______ 469 ≈ ______ 401 ≈ ______ 553 ≈ ______

3. Runde auf Tausender.

a) 7700 ≈ ______ b) 3420 ≈ ______ c) 5194 ≈ ______ d) 22321 ≈ ______

2900 ≈ ______ 5860 ≈ ______ 4802 ≈ ______ 18879 ≈ ______

6100 ≈ ______ 4497 ≈ ______ 7518 ≈ ______ 37185 ≈ ______

4. Überschlage. Verbinde mit dem richtigen Ergebnis.

a) 49 + 39
68 88 108

b) 28 + 55
83 91 93

c) 67 + 19
76 82 86

d) 190 + 130
220 260 320

e) 470 + 380
750 850 950

f) 260 + 550
710 730 810

SB S. 50–51

Digital+ WES-128744-050

Schriftliches Addieren

Video

① Schreibe die Zahlen richtig untereinander: Einer unter Einer, Zehner unter Zehner, …

② Addiere von rechts nach links einzeln: zuerst die Einer, dann die Zehner, …

③ Entsteht ein Übertrag, schreibe ihn unten in die nächste linke Stelle.

183 + 152 = ?

Ü: 180 + 150 = 330

	1	8	3
+	1	5	2
	1		
	3	3	5

5. Überschlage zuerst. Berechne danach das genaue Ergebnis.

a) 298 + 105 = ____
Ü: 300 + 100 = ____

b) 414 + 287 = ____
Ü: ____ + ____ = ____

c) 319 + 392 = ____
Ü: ____ + ____ = ____

	2	9	8
+	1	0	5

6. Schreibe untereinander und addiere.

a) 763 + 138

b) 609 + 98

c) 95 + 408

7. Überschlage zuerst. Berechne danach das genaue Ergebnis.

a) 5069 + 2205 = ____
Ü: 5000 + 2000 = ____

b) 1987 + 3048 = ____
Ü: ____ + ____ = ____

c) 7012 + 1929 = ____
Ü: ____ + ____ = ____

	5	0	6	9
+	2	2	0	5

8. a) 2751 + 3893

b) 284 + 5239

c) 2075 + 750

9. Bilde mindestens 4 Additionsaufgaben. Die Summe soll kleiner als 3000 sein.

10. Überschlage. Verbinde mit dem richtigen Ergebnis.

a) 2309 + 7654

b) 4114 + 3636

c) 5930 + 987

a) 7073 | 9963 | 8893

b) 7750 | 5010 | 9160

c) 6037 | 6917 | 6997

11.

a)

	1	6	8	2
+	3	3	5	3
+		2	3	9

b)

		5	0	4
+	3	6	5	7
+		3	2	0

c)

	6	1	7	2
+		2	1	4
+	1	6	2	3

d)

	2	3	6	5
+	1	8	9	0
+	3	2	4	1

12. Wo waren am Wochenende die meisten Besucher?
Überschlage zuerst. Berechne dann die genauen Summen.

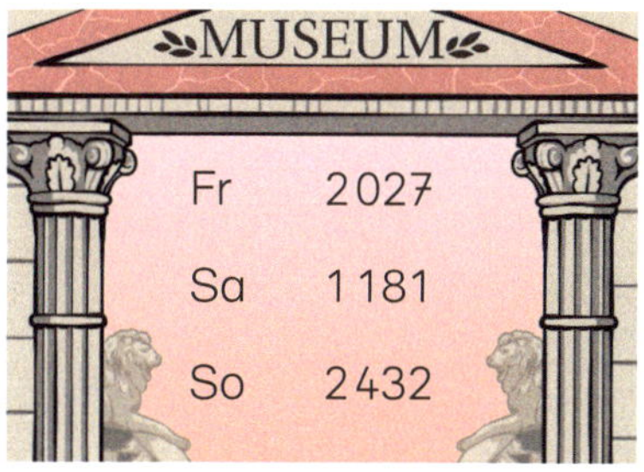

A: ______________________

13. Am Freitag wurden 2180 Eintrittskarten für das Pop-Konzert verkauft.
Am Samstag kamen noch 2250 verkaufte Eintrittskarten hinzu.
Wie viele Eintrittskarten wurden an beiden Tagen insgesamt verkauft?

A: ______________________

14. Welche Fragen kannst du beantworten? Kreuze an.

○ Wie viele Personen besuchten den Freizeitpark am Samstag?

○ Wie viele Besucher kamen am Freitag und am Samstag insgesamt?

○ Wie viele Besucher hatten freien Eintritt?

Schriftliches Subtrahieren

Schriftliches Subtrahieren Video

① Schreibe die Zahlen richtig untereinander: Einer unter Einer, Zehner unter Zehner, …

② Subtrahiere von rechts nach links: zuerst die Einer, dann die Zehner, …

③ Entsteht ein Übertrag, schreibe ihn unten in die nächste linke Stelle.

318 – 195 = ?

Ü: 320 – 200 = 120

	3	1	8
–	1	9	5
	1		
	1	2	3

1. Überschlage zuerst. Berechne danach das genaue Ergebnis.

a) 513 – 295 = ______ b) 892 – 126 = ______ c) 406 – 288 = ______

Ü: 500 – 300 = ______ Ü: ______ – ______ = ______ Ü: ______ – ______ = ______

	5	1	3
–	2	9	5

2. Schreibe untereinander und subtrahiere.

a) 424 – 219

b) 513 – 62

c) 651 – 308

3. Überschlage zuerst. Berechne danach das genaue Ergebnis.

a) 4961 – 1205 = ______ b) 6103 – 3897 = ______ c) 3098 – 978 = ______

Ü: 5000 – 1000 = ______ Ü: ______ – ______ = ______ Ü: ______ – ______ = ______

	4	9	6	1
–	1	2	0	5

4. a) 5892 – 2729

b) 3952 – 1860

c) 9274 – 891

5. Bilde mindestens 4 Subtraktionsaufgaben. Die Differenz soll kleiner als 5000 sein.

6. Überschlage. Verbinde mit dem richtigen Ergebnis.

a) 5618 – 3328

1980 2290 2970

b) 6234 – 1522

3972 4552 4712

c) 4082 – 2906

996 1176 2006

7. Subtrahiere. Die Lösungen stehen auf den Kärtchen. Eine Zahl bleibt übrig.

a)

	3	2	5	0
–	2	8	3	1

	7	3	9	2
–	7	2	3	2

	3	1	9	7
–	2	7	3	5

	4	7	2	2
–	3	1	5	7

160 419 462 1162 1565

b)

	9	4	7	2
–	1	7	8	4

	7	0	4	5
–	4	6	2	3

	9	2	7	4
–	5	4	6	9

	8	8	0	9
–	4	2	3	5

2422 3805 4104 4574 7688

8. Welche Fragen kannst du beantworten? Kreuze an.

○ Wie viel Euro kosten 317 Eintrittskarten?

○ Wie viele Eintrittskarten hat Herr Thiel noch?

○ Wie viele Eintrittskarten hat Herr Thiel verkauft?

9. Am Freitag wurden 956 Eintrittskarten verkauft.
Am Samstag wurden 883 Eintrittskarten verkauft.
Wie viele Karten weniger wurden am Samstag verkauft?

A: ______________________

10. Am Sonntag wurden im Erlebnispark 4121 Besucher gezählt.
Am Montag kamen 1350 Besucher weniger.
Wie viele Personen besuchten den Erlebnispark am Montag?

A: ______________________

11. Schreibe eine Rechengeschichte zur Aufgabe. **1451 – 326**
Notiere dazu Frage, Rechnung und Antwort.

Am Mittwoch fuhren 1451 Personen mit der Wasserbahn.

Am Donnerstag ______________________

F: ______________________

A: ______________________

1. Die Zahlen in jedem Stockwerk ergeben zusammen die Zahl im Dach.

a)

1 000	
700	
	200
100	
	500
400	

b)

1 000	
920	
	990
930	
	940
950	

c)

1 000	
350	
	450
850	
	250
50	

d)

1 000	
490	
	710
560	
	620
270	

2. Trage die Buchstaben bei den Lösungszahlen ein. Du erhältst ein Lösungswort.

a) 24 + 17 = ____ I
35 + 12 = ____ S
57 + 25 = ____ R
49 + 32 = ____ A

b) 36 − 18 = ____ E
52 − 31 = ____ L
64 − 35 = ____ E
95 − 55 = ____ N

c) 18 + 32 = ____ P
66 + 26 = ____ K
71 − 32 = ____ B
43 − 24 = ____ R

18	19	21	29	39	40	41	47	50	81	82	92

3. Rechne aus und vergleiche die Ergebnisse.

a) 450 − (20 + 80) =
____ = ____
450 − 20 + 80 =
____ = ____

b) 500 − (150 − 100) =
____ = ____
500 − 150 − 100 =
____ = ____

c) 630 − (40 + 60) =
____ = ____
630 − 40 + 60 =
____ = ____

4. Wähle deinen Rechenweg.

a) 430 + 380 + 70 =
____ = ____

b) 260 + 480 + 20 =
____ = ____

c) 185 + 540 + 15 =
____ = ____

d) 111 + 598 + 2 =
____ = ____

e) 116 + 110 + 14 =
____ = ____

f) 432 + 205 + 18 =
____ = ____

5. Überschlage. Verbinde mit dem richtigen Ergebnis.

a) 713 + 104

907 817 847

b) 294 + 187

501 497 481

c) 552 − 308

306 244 344

6. Addiere. Die Lösungen stehen auf den grünen Kärtchen. Eine Zahl bleibt übrig.

a)

	6	0	5
+	2	7	8

b)

	7	1	8
+	1	4	5

c)

	3	6	3	5
+	3	1	6	4

d)

	4	7	7	8
+	1	0	9	4

863 | 883 | 993 | 5872 | 6799

7. Addiere 3 Summanden. Die Lösungen stehen auf den blauen Kärtchen.

a)

	2	4	5
	1	2	3
+		5	9

b)

		8	3
	4	6	8
+			9

c)

	7	8	3	2
		8	7	3
+		7	1	4

d)

	3	0	4	3
	2	1	6	0
+	1	8	0	5

427 | 560 | 7008 | 8618 | 9419

8. Subtrahiere. Die Lösungen stehen auf den gelben Kärtchen.

a)

	4	2	3
−	1	1	9

b)

	2	3	7
−		8	2

c)

	8	0	3	8
−	5	9	2	8

d)

	7	5	2	3
−	4	3	6	2

155 | 234 | 304 | 2110 | 3161

9. Bilde jeweils mindestens 3 Aufgaben (+ oder –). Das Ergebnis soll kleiner als 350 sein.

a)

b)

c)

d)

10. Im Kopf oder schriftlich? Notiere die Ergebnisse.

a) 400 + 320 = ______
135 + 357 = ______

b) 248 − 194 = ______
575 − 475 = ______

c) 2105 + 805 = ______
3456 − 298 = ______

SB S. 62–63

3 | Grundlagen der Geometrie

In diesem Kapitel lernst du, ...

... wie du Strecken, Strahlen und Geraden unterscheidest.

... wie du mit dem Geodreieck parallele und senkrechte Linien zeichnest.

... wie du den Abstand von Punkten und Geraden bestimmst.

... was ein Koordinatensystem ist und wie du Punkte abliest und einzeichnest.

... wie du Figuren spiegelst und verschiebst.

... wie du eine dynamische Geometriesoftware nutzt.

Wie sind die Bretter in einem Regalsystem angeordnet? Erkennst du Formen, die sich wiederholen?

Strecke, Strahl und Gerade

Video

Eine **Strecke** hat einen Anfangspunkt und einen Endpunkt.

Strecke $\overline{\mathbf{AB}}$

Ein **Strahl** hat einen Anfangspunkt und keinen Endpunkt.

Strahl $\overline{\mathbf{CD}}$

Eine **Gerade** hat keinen Anfangspunkt und keinen Endpunkt.

Gerade **EF**

1. Strecke, Strahl oder Gerade? Trage in die Tabelle ein.

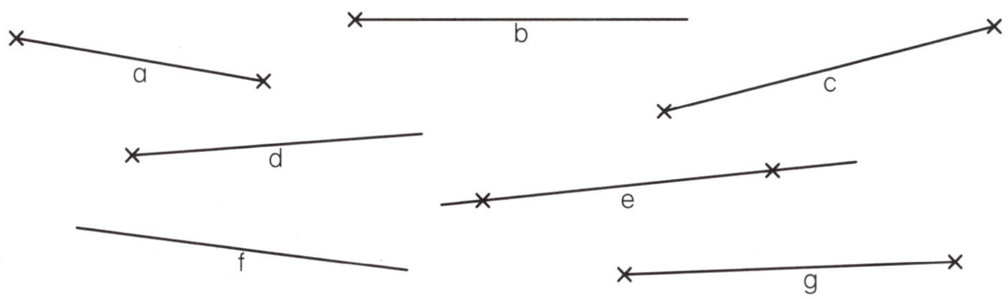

Strecke	a,
Strahl	
Gerade	

2. Zeichne die Strecken. Miss ihre Länge und trage sie in die Tabelle ein.

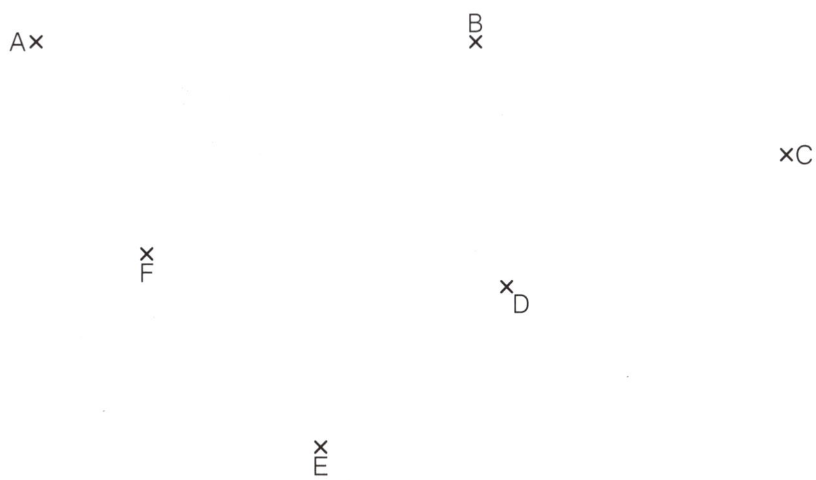

Strecke	Länge
$\overline{AB}$	cm
$\overline{BC}$	
$\overline{CD}$	
$\overline{DE}$	
$\overline{EF}$	
$\overline{AF}$	

3. Zeichne die Strecke mit der angegebenen Länge.

a) 6 cm ×——

b) 5,3 cm ×——

c) 3,5 cm ×——

d) 8,9 cm ×——

e) 10,2 cm ×——

f) 12,4 cm ×——

Zueinander senkrechte und parallele Geraden

So entsteht ein rechter Winkel:

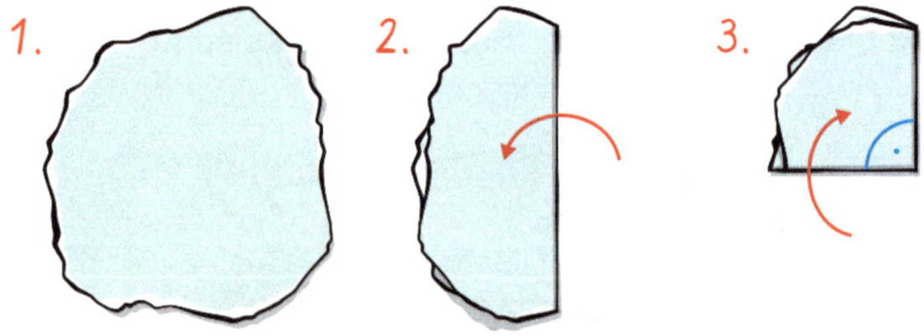

Die beiden Geraden bilden einen **rechten Winkel.**

Sie sind zueinander **senkrecht** (orthogonal).

Du schreibst: a ⊥ b (a ist senkrecht zu b)

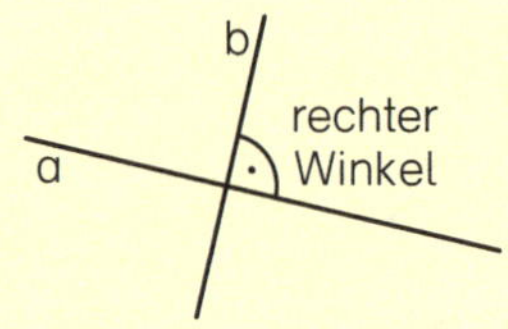

Video

1. Kennzeichne rechte Winkel mit ⊾. Wie viele rechte Winkel hat jede Figur?

a)

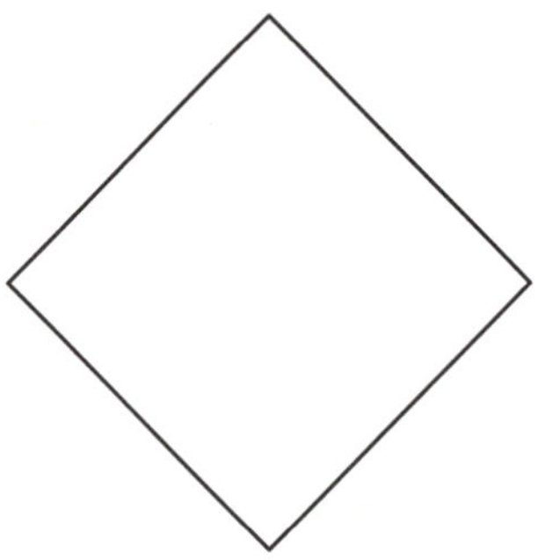

_____ rechte Winkel

b)

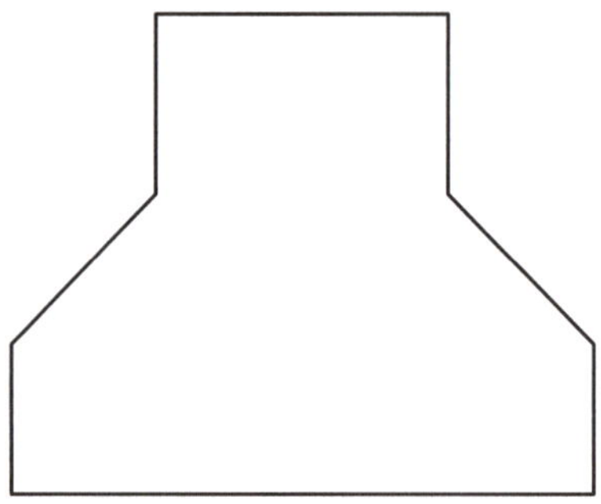

_____ rechte Winkel

c)

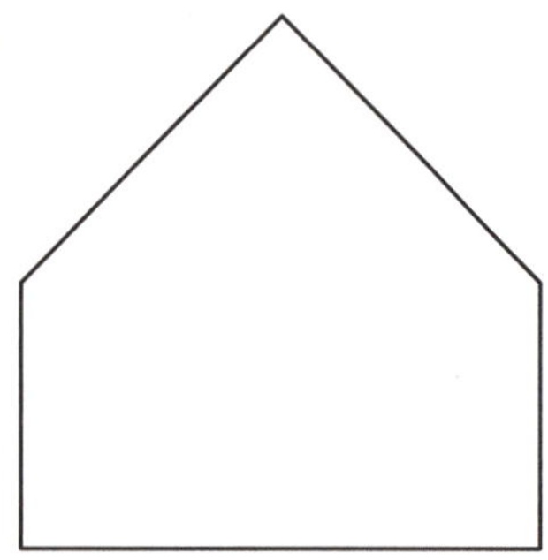

_____ rechte Winkel

TIPP

So prüfst du mit dem Geodreieck, ob Geraden zueinander senkrecht sind.

1. Möglichkeit

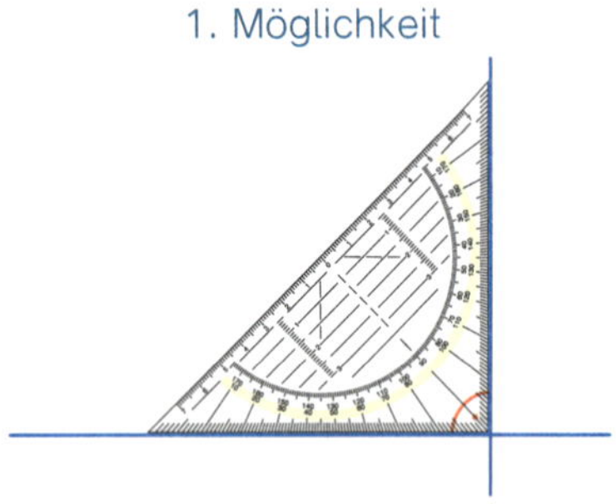

2. Möglichkeit

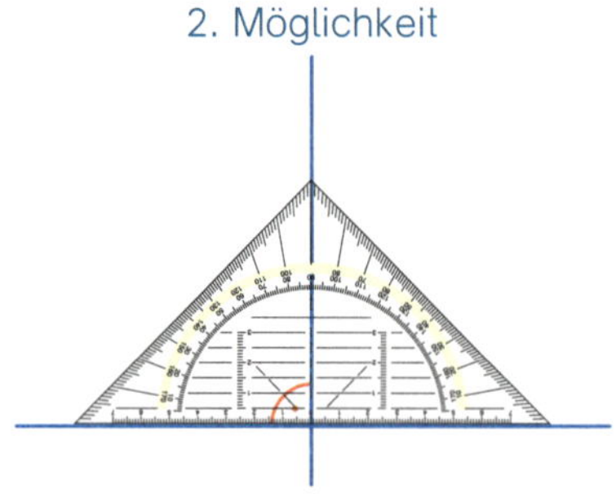

2. Welche Geraden sind zueinander senkrecht? Prüfe mit dem Geodreieck. Färbe Geraden, die zueinander senkrecht sind, in der gleichen Farbe.

a)

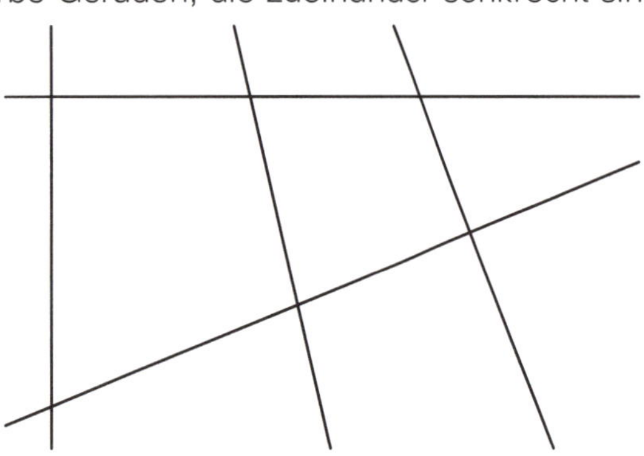

b)

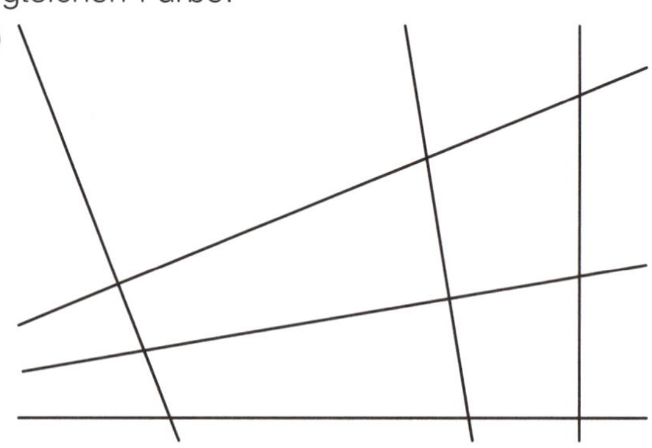

So entstehen parallele Linien:

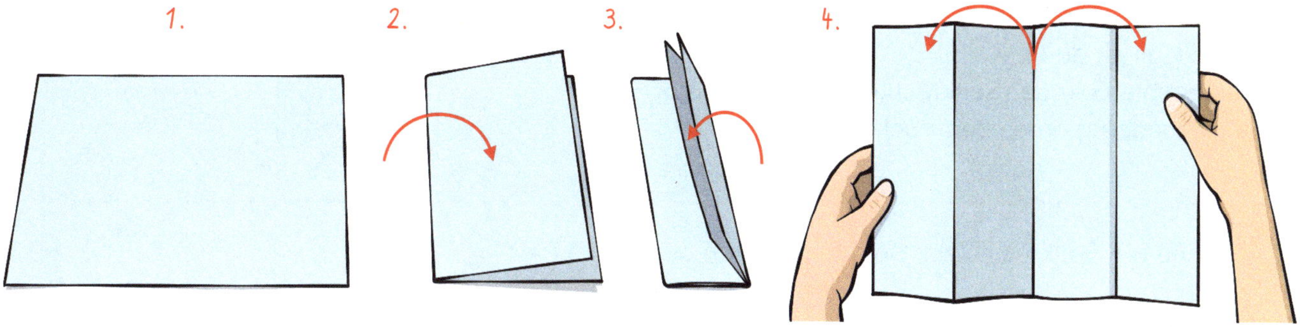

Parallele Geraden haben überall den gleichen Abstand.

Sie treffen sich nicht.

Du schreibst: a ∥ b (a ist parallel zu b)

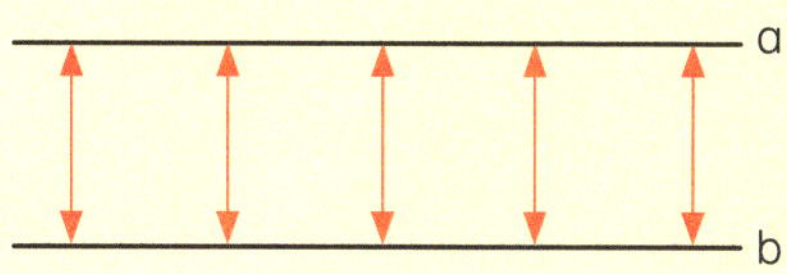

Video

3. Färbe parallele Strecken in der gleichen Farbe.

a)

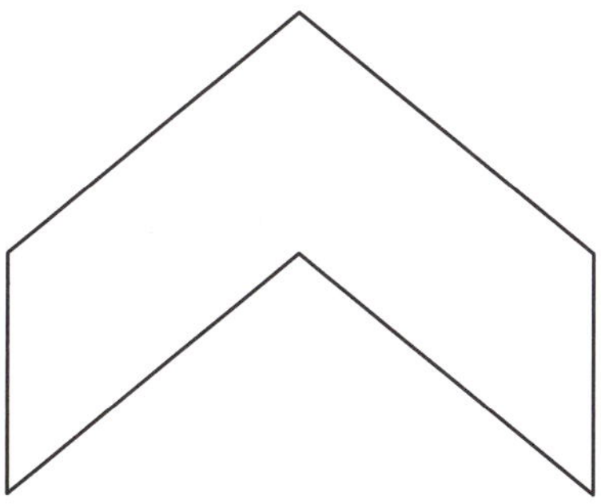

b)

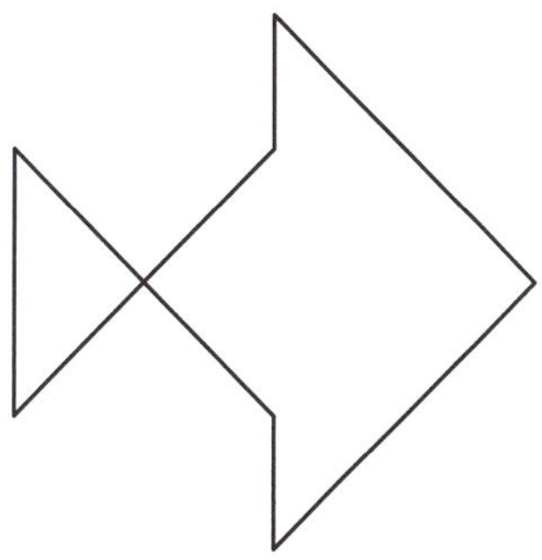

c)

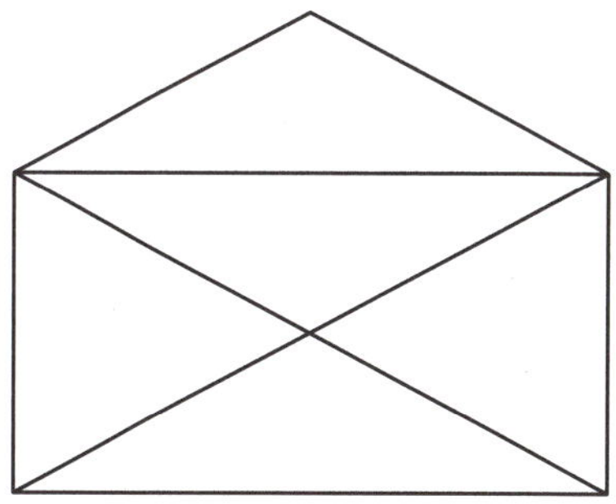

4. Prüfe mit dem Geodreieck, welche Geraden zueinander parallel sind.
Färbe Geraden, die zueinander parallel sind, in der gleichen Farbe.

TIPP

So prüfst du mit dem Geodreieck, ob Geraden zueinander parallel sind.

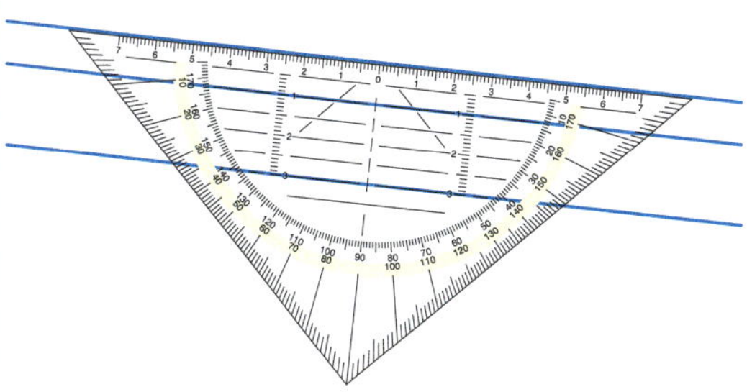

a)

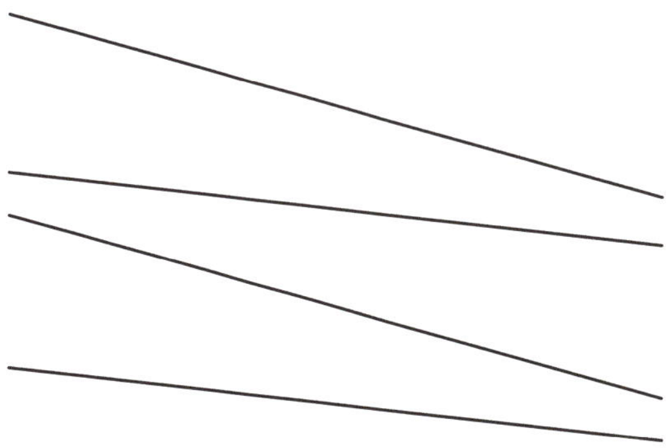

b)

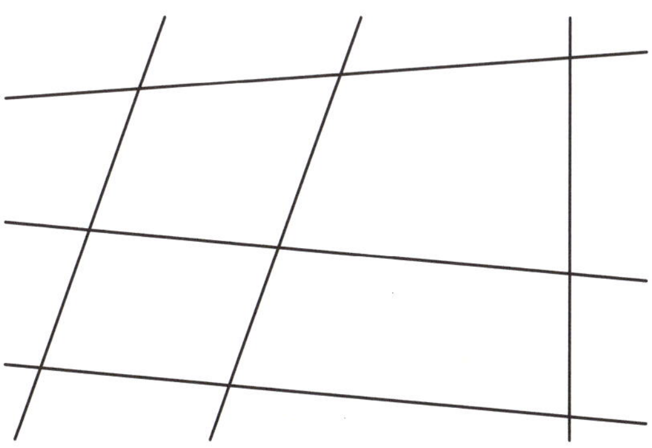

c)

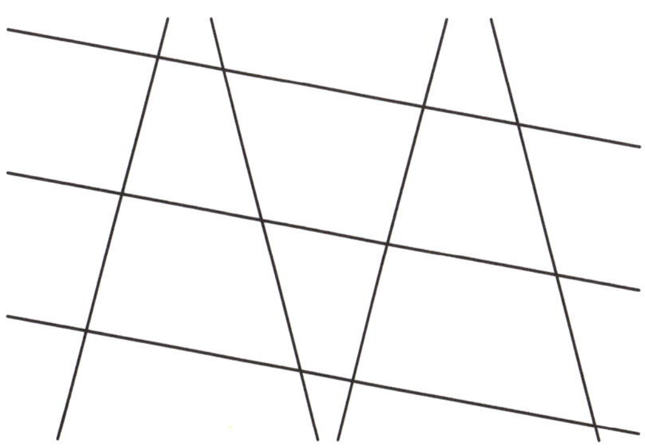

Zueinander senkrechte Geraden mit dem Geodreieck zeichnen

Video

So zeichnest du eine
senkrechte Gerade (**Senkrechte**)
zur Geraden g durch den Punkt P:

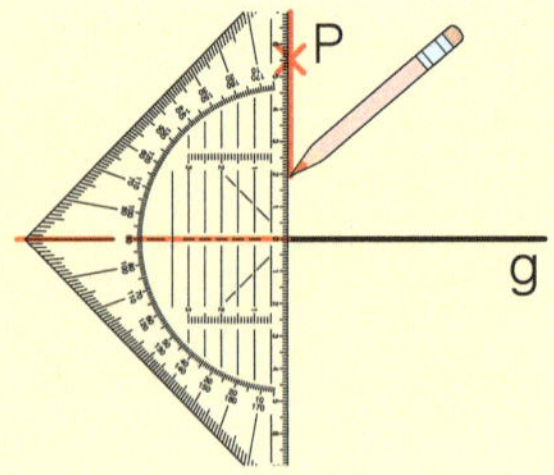

5. Zeichne die Senkrechte zur Geraden g durch den Punkt P.

a)

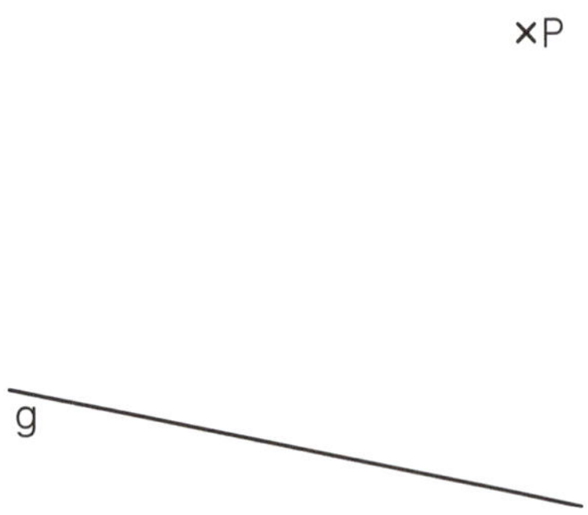

b)

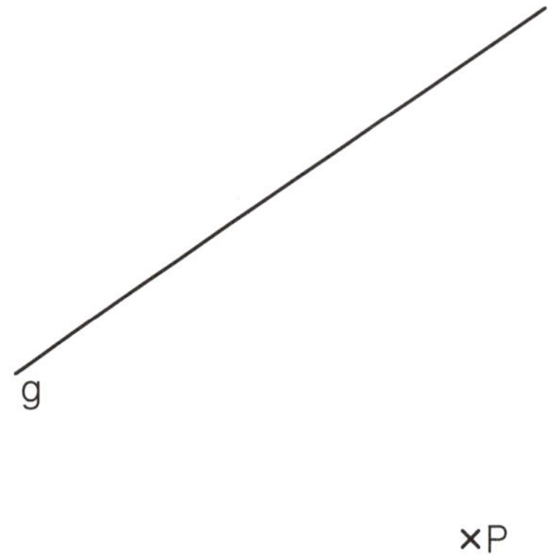

c)

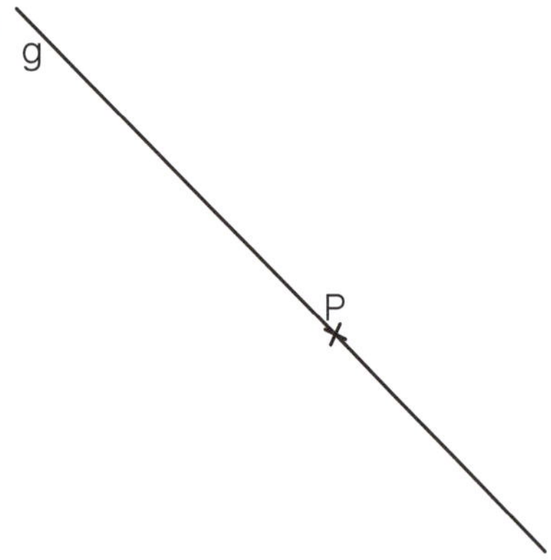

Zueinander parallele Geraden mit dem Geodreieck zeichnen

Video

So zeichnest du eine
parallele Gerade (**Parallele**)
zur Geraden g durch den Punkt P:

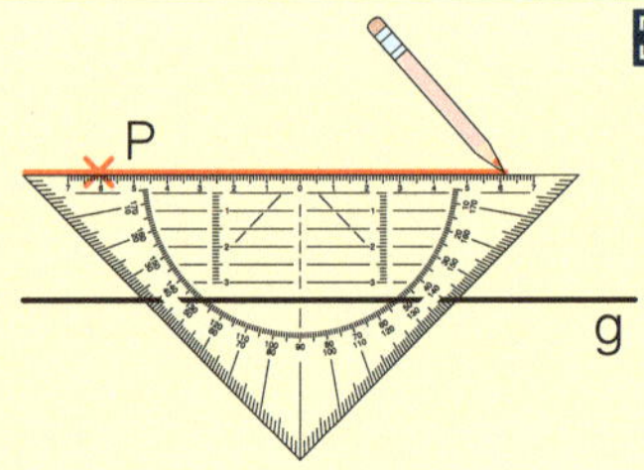

6. Zeichne die Parallele zur Geraden g durch den Punkt P.

a)

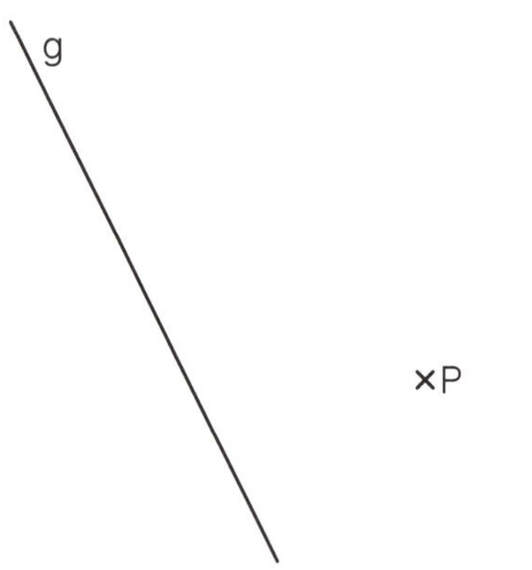

b)

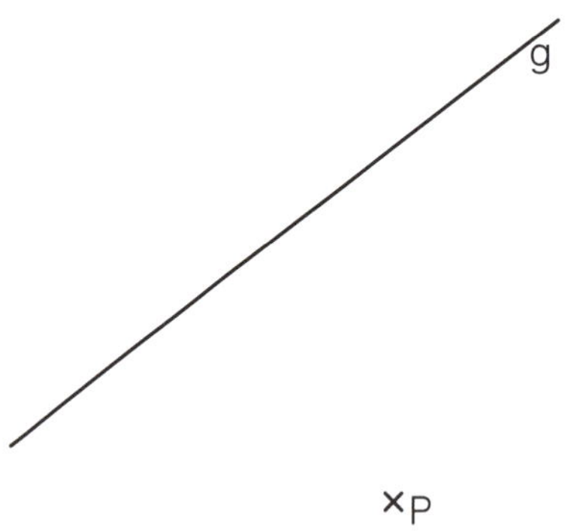

c)

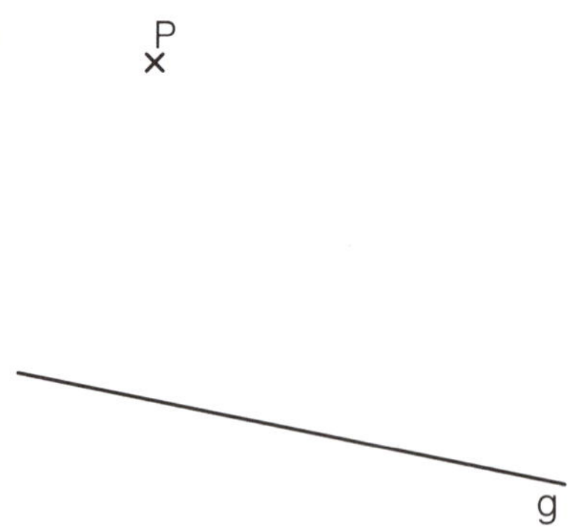

7. Parallel oder senkrecht? Setze ein: ∥ oder ⊥

a [ ] b

b [ ] c

d [ ] e

a [ ] d

e [ ] a

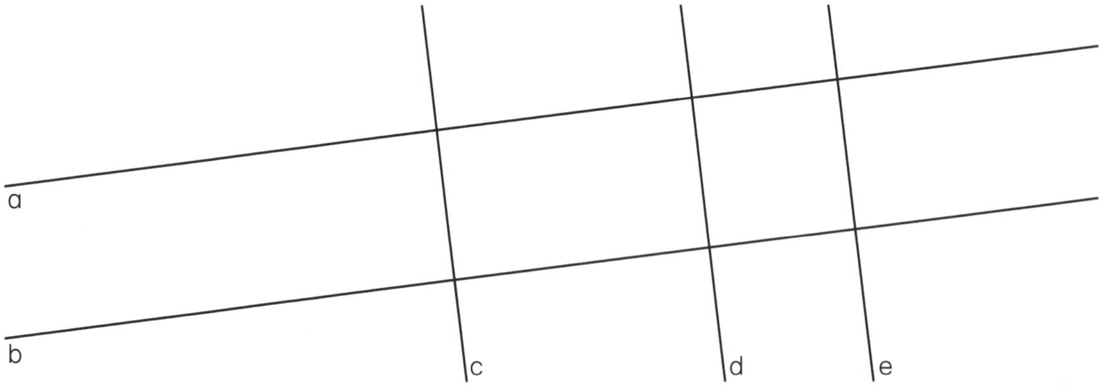

Abstand

Video

Der Abstand ist die kürzeste Entfernung zwischen einem Punkt und einer Geraden.

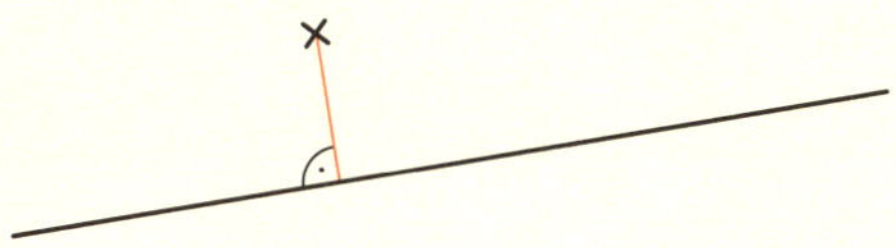

Der Abstand ist die kürzeste Entfernung zwischen zwei Geraden.

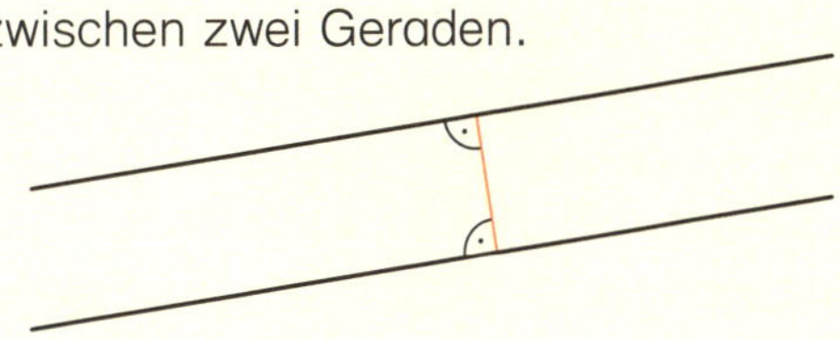

1. Zeichne mit dem Geodreieck die kürzeste Strecke zwischen Insel und Küste ein.

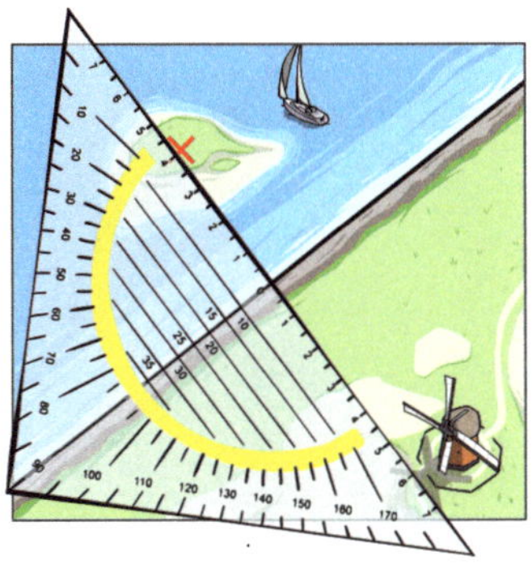

a)

b)

2. Zeichne die Senkrechten zur Geraden g durch die Punkte A, B und C.
Miss den Abstand jedes Punktes von der Geraden g.

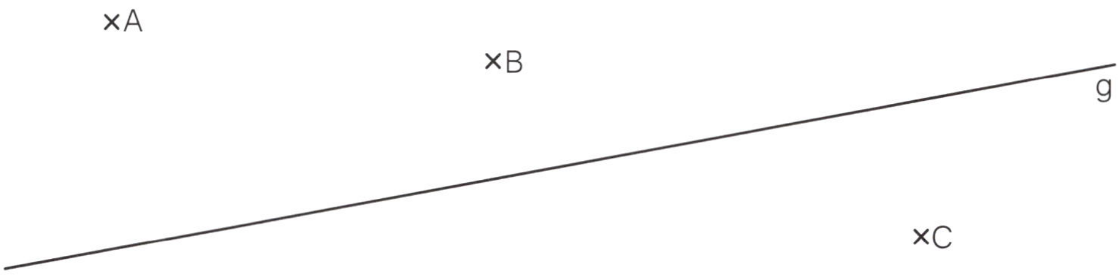

Abstand von …

A und g: ________ cm

B und g: ________ cm

C und g: ________ cm

3. Zeichne Punkte mit dem angegebenen Abstand zur Geraden g.
A: 3,5 cm B: 2,5 cm C: 1,5 cm D: 1 cm

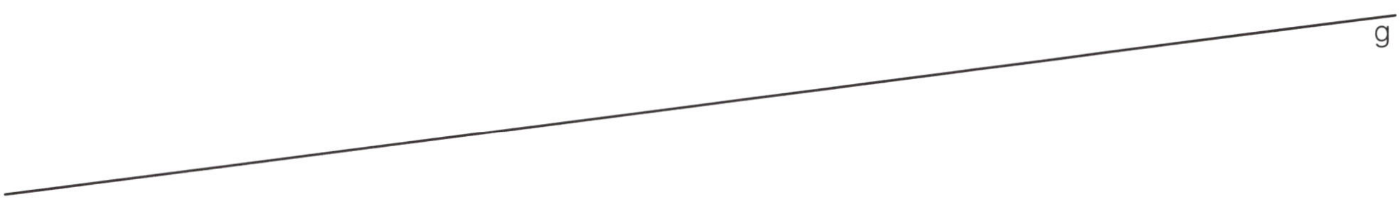

4. Bestimme den Abstand der parallelen Geraden wie im Bild.

TIPP
So misst du den Abstand mit dem Geodreieck.

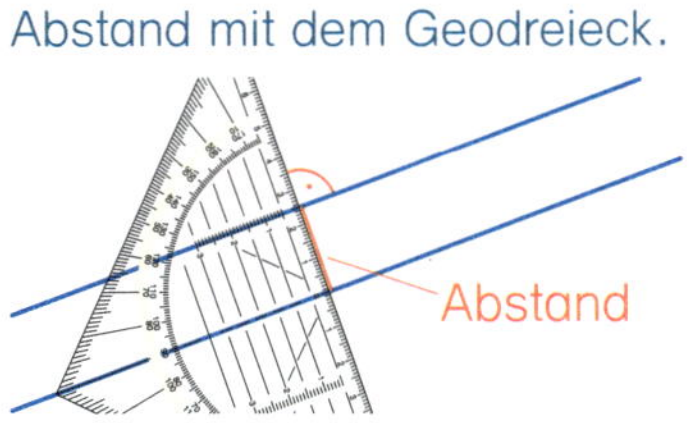

a)

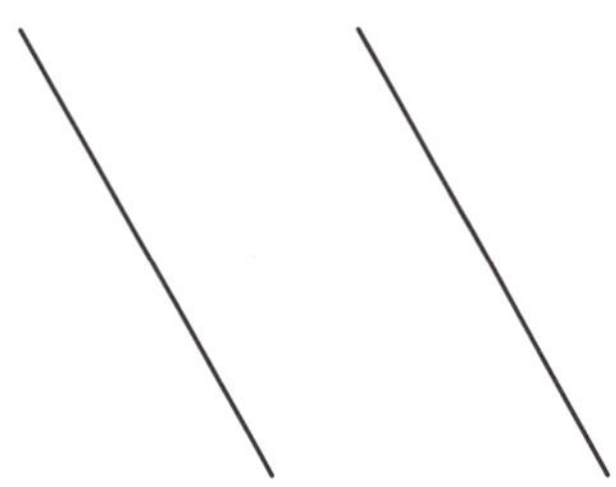

Abstand: ____________

b)

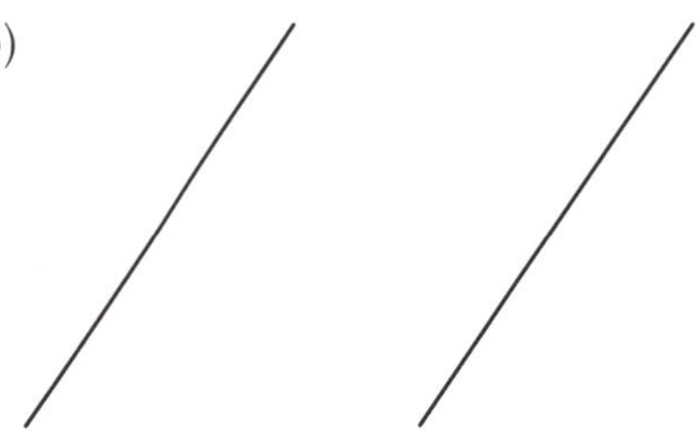

Abstand: ____________

Das Koordinatensystem

Video

Ein **Koordinatensystem** besteht aus einer **x-Achse** (Rechtsachse) und einer **y-Achse** (Hochachse).
Der **Ursprung** ist der gemeinsame Anfangspunkt der beiden Achsen, er hat die Koordinaten (0|0).

Ein Punkt wird durch zwei Koordinaten (x|y) genau beschrieben. In der Abbildung hat der Punkt P die Koordinaten (3|2).

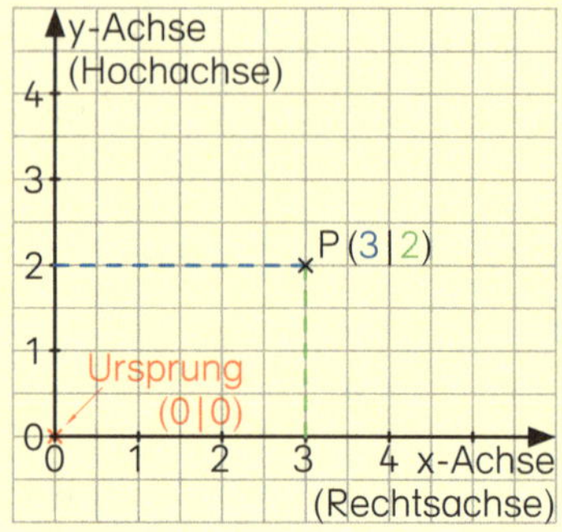

1. Von jedem Punkt ist nur eine Koordinate angegeben. Ergänze die fehlenden Koordinaten.

a)

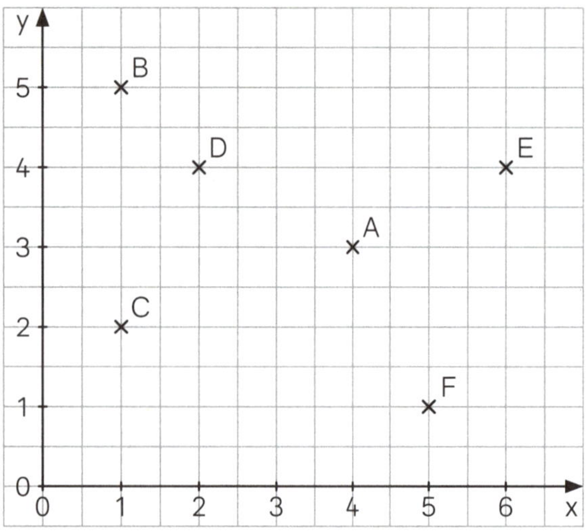

A(4|____), B(____|5), C(____|2),

D(2|____), E(6|____), F(5|____)

b)

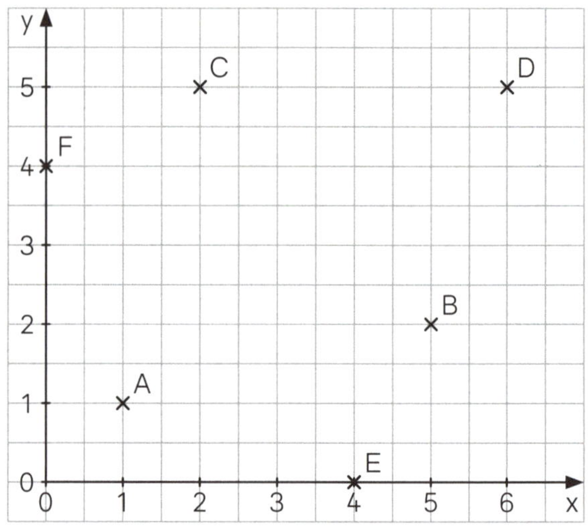

A(1|____), B(____|2), C(2|____),

D(____|5), E(____|0), F(0|____)

2. Bei einer Ausgrabung werden Fundorte in ein Koordinatensystem eingetragen.
Notiere die Koordinaten.

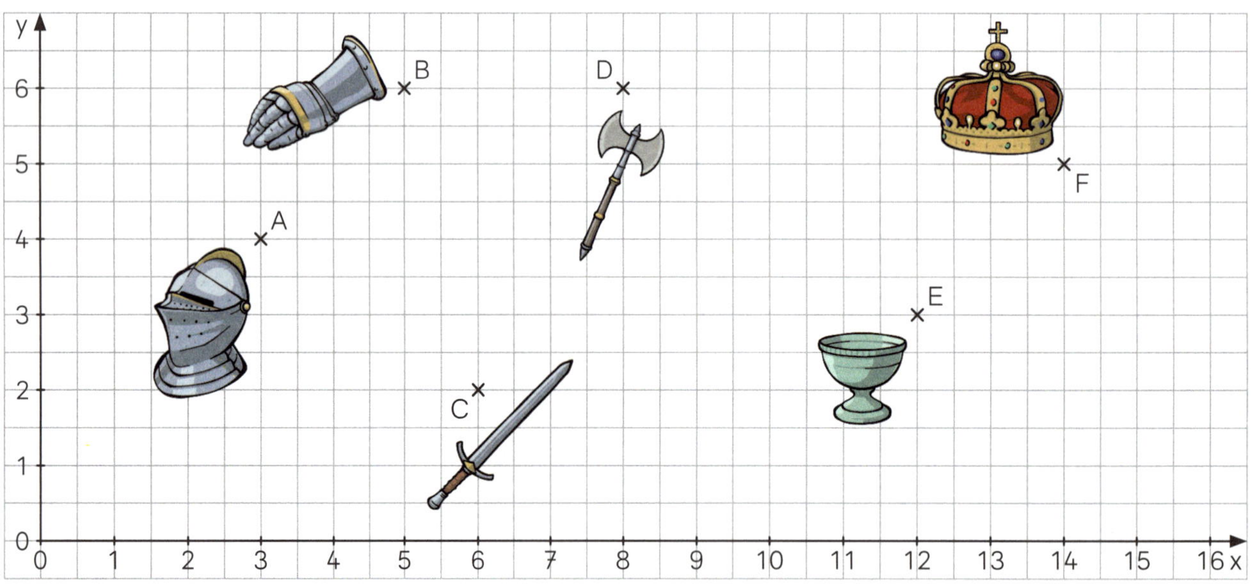

A(____|____), B(____|____), C(____|____), D(____|____), E(____|____), F(____|____)

SB S. 72–75

3. a) Auf der Insel sind Schätze versteckt. Trage die Punkte in die Karte ein.

A(3|5), B(6|5), C(2|2), D(6|3),

E(1|5), F(4|4), G(2|4), H(4|2)

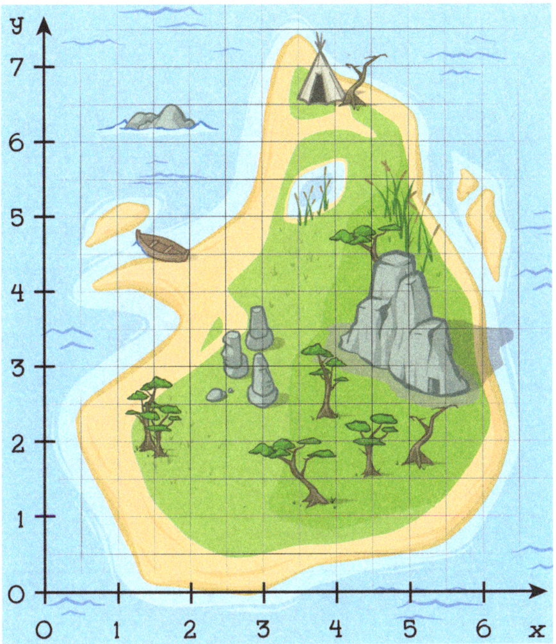

b) Eine Reise von Insel zu Insel: Trage die Punkte ein und verbinde sie der Reihe nach.

A(1|3), B(2|2), C(3|4), D(4|2),

E(5|3), F(6|4), G(6|6), H(2|6)

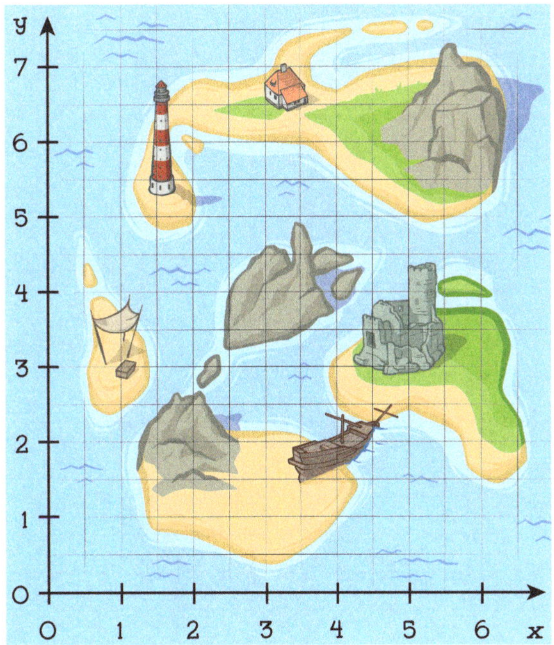

4. Trage die Punkte in das Koordinatensystem ein und verbinde sie der Reihe nach.

a) A(1|2), B(2|1), C(6|1), D(6|2),

E(4|2), F(4|8), G(5|7), H(4|7),

I(6|3), J(2|3), K(3|5), L(4|6)

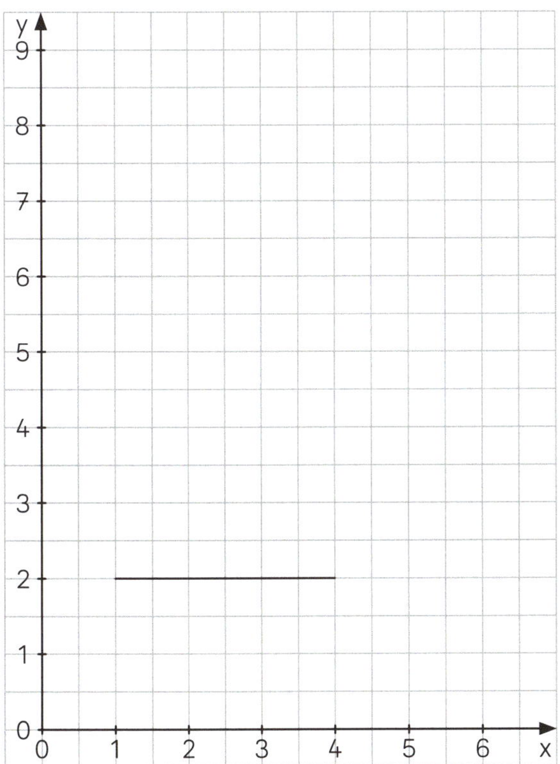

b) A(3|3), B(3|1), C(1|1), D(1|6),

E(2|8), F(3|6), G(4|8), H(5|6),

I(6|8), J(6|1), K(4|1), L(4|3)

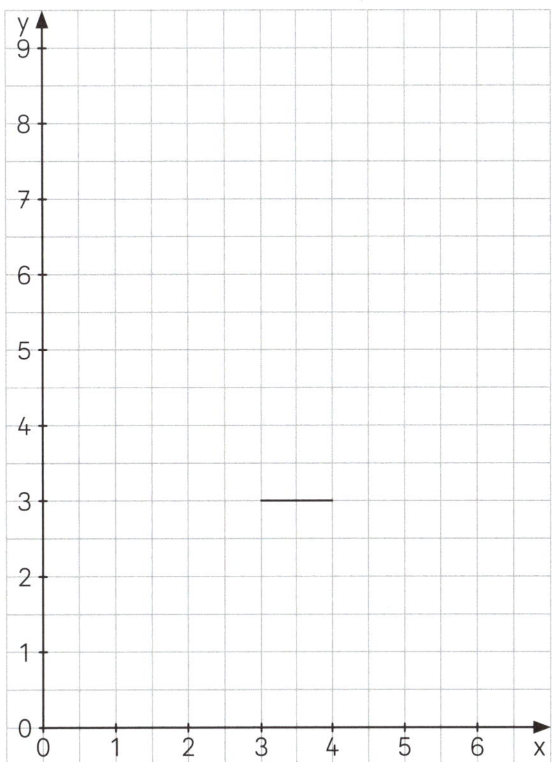

5. a) Bestimme die Koordinaten der Punkte A, B und C.

b) Zeichne die Gerade g durch die Punkte A und B.

c) Zeichne die Parallele und die Senkrechte zur Geraden g durch den Punkt C.

Ⓐ

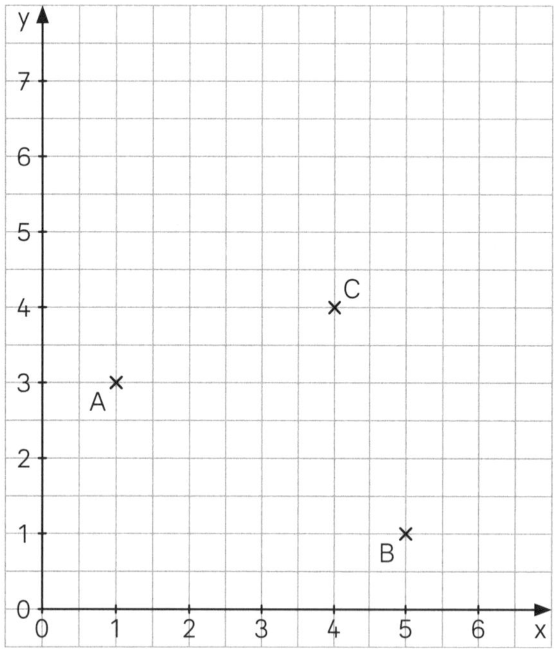

A(____|____), B(____|____), C(____|____)

Ⓑ

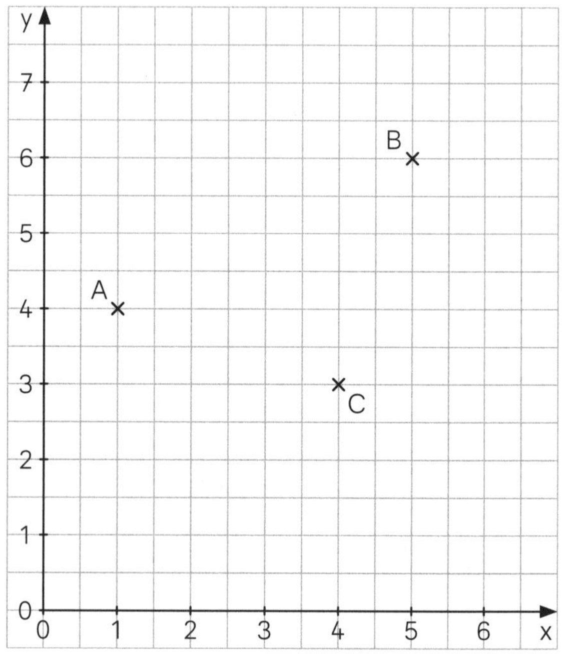

A(____|____), B(____|____), C(____|____)

---

6. Trage die Punkte A, B und C in das Koordinatensystem ein.

a) Zeichne die Gerade durch die Punkte A und B.

b) Miss den Abstand des Punktes C von der Geraden AB.

A(1|1), B(6|4), C(1|6)

Ⓐ

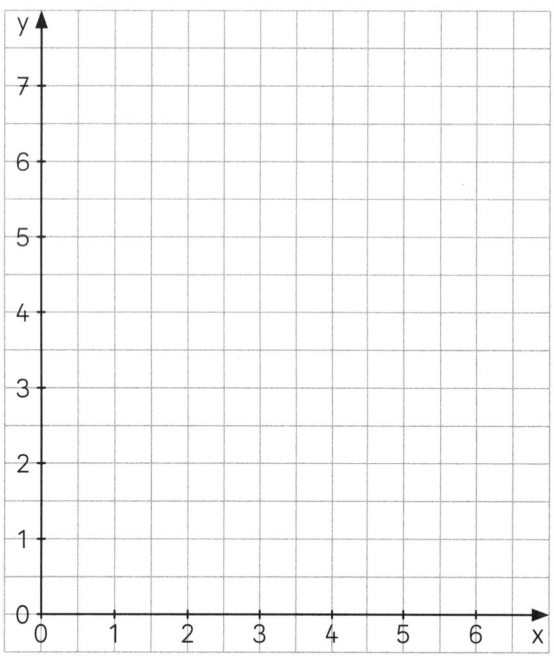

Abstand: ________ cm

A(4|6), B(6|1), C(1|2)

Ⓑ

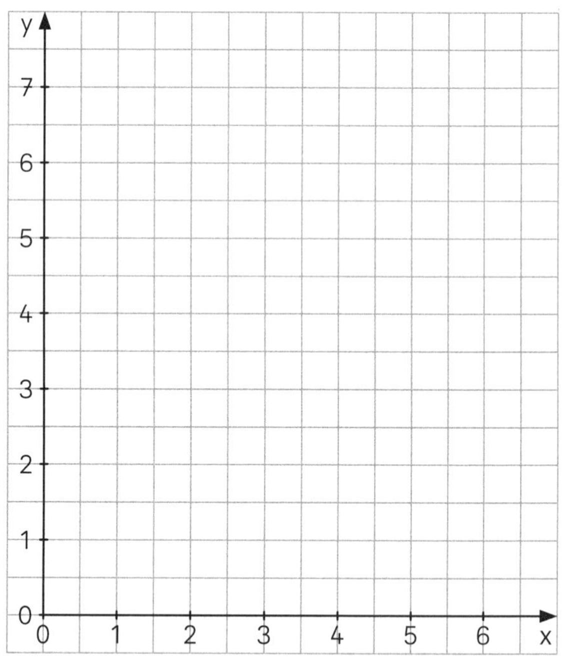

Abstand: ________ cm

SB S. 77

Wiederholungsaufgaben

Die Lösungen ergeben die Namen von Obstsorten.

1. a) 17 + 7 = ____ b) 31 + 18 = ____ c) 230 + 55 = ____

57 − 8 = ____ 59 − 20 = ____ 210 − 10 = ____

5 · 5 = ____ 9 · 7 = ____ 10 · 12 = ____

16 : 2 = ____ 49 : 7 = ____ 81 : 9 = ____

1. a)				1. b)				1. c)			

2. Gib den Vorgänger oder den Nachfolger an.

a) 62 < ____ b) ____ < 100 c) 3836 < ____

299 < ____ ____ < 261 ____ < 3847

2. a)		2. b)		2. c)	

3. Wie heißen die Zahlen?

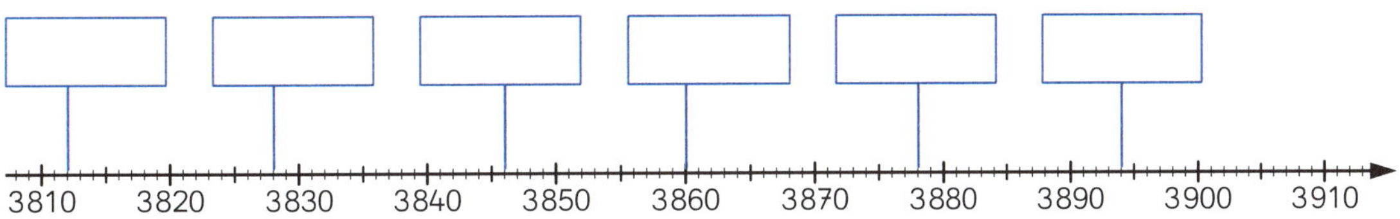

3.					

4. Beachte die Rechenregeln.

a) 52 − 20 + 2 = b) 52 − (20 + 2) = c) 95 − (20 − 5) =

____ = ____ ____ = ____ ____ = ____

5. a)

		2	5	3
+	3	6	2	5

b)

	1	2	3	8
+	2	6	0	8

c)

	6	9	5	9
−	3	1	2	2

d)

	5	0	6	9
−	1	2	2	3

4. a)	4. b)	4. c)	5. a)	5. b)	5. c)	5. d)

E | 7

D | 8

N | 9

H | 24

I | 25

E | 30

M | 34

L | 39

E | 49

B | 63

L | 80

R | 99

E | 120

R | 200

N | 260

E | 285

I | 300

M | 3812

A | 3828

E | 3837

N | 3846

G | 3860

O | 3878

S | 3894

Achsensymmetrie und Achsenspiegelung

Wenn du eine Figur entlang einer Linie so falten kannst, dass die beiden Hälften genau aufeinander liegen, dann ist die Figur **achsensymmetrisch**.
Die Faltlinie nennt man **Symmetrieachse**. Eine Figur kann auch mehrere Symmetrieachsen haben.

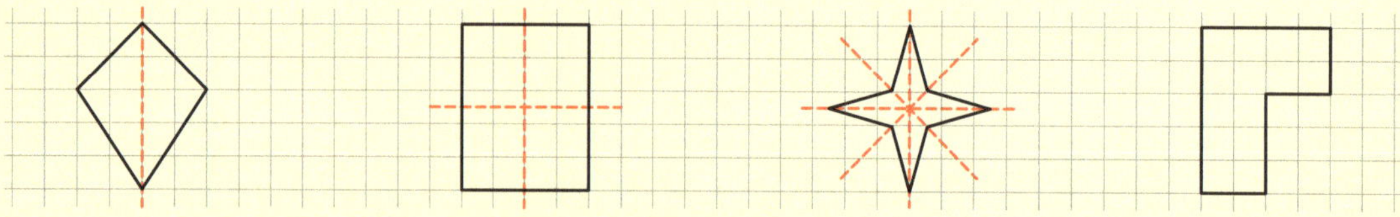

eine Symmetrieachse — zwei Symmetrieachsen — vier Symmetrieachsen — keine Symmetrieachse

1. Welche Figuren sind achsensymmetrisch? Kreuze an und trage alle Symmetrieachsen ein.

a)

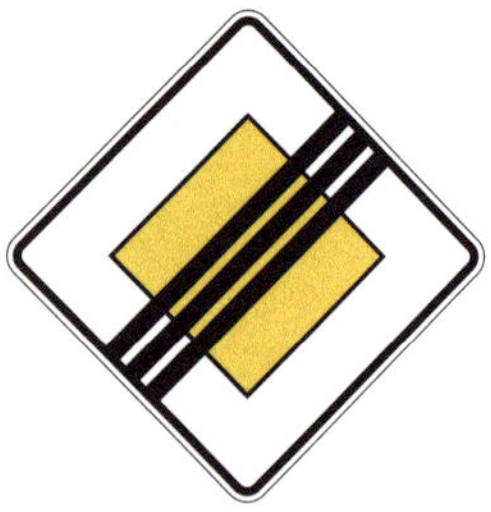

○

b)

○

c)

○

d)

○

2. Ergänze zu einer achsensymmetrischen Figur.

a)

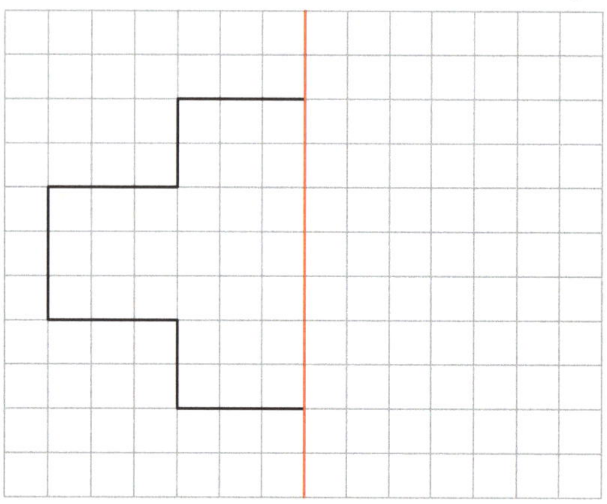

b)

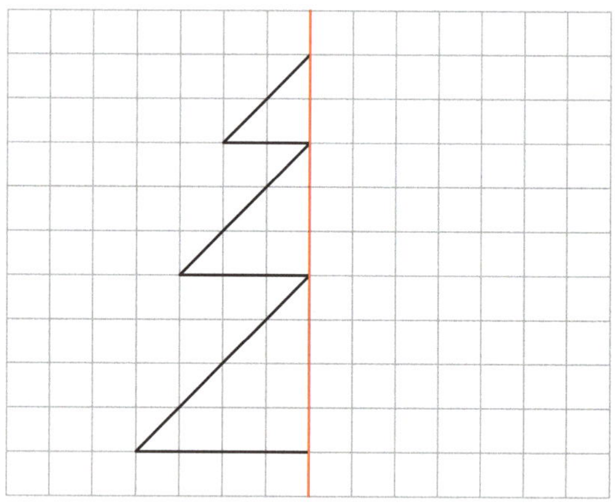

c)

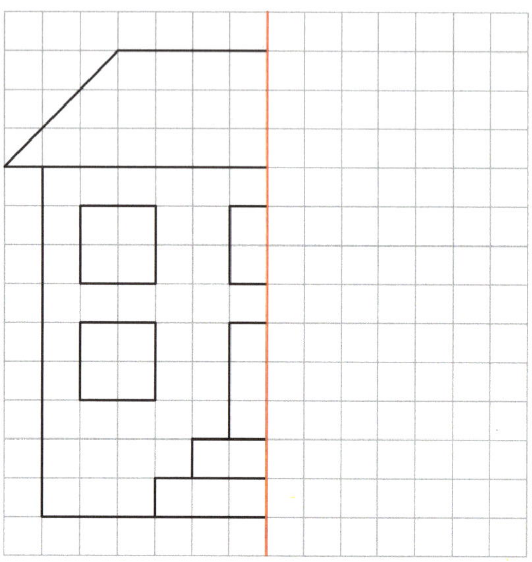

d)

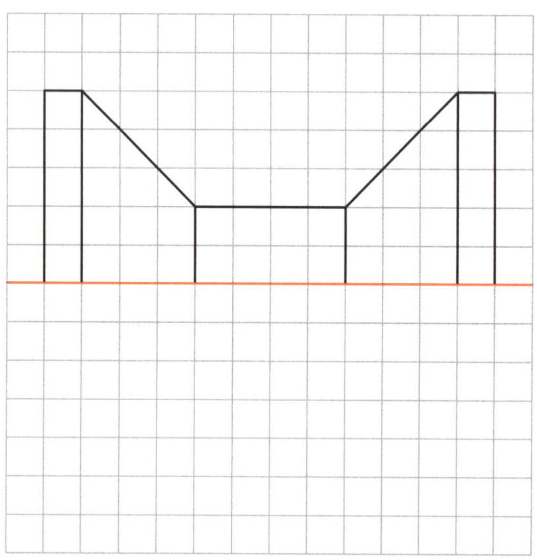

Video

Achsensymmetrische Bilder entstehen durch eine **Achsenspiegelung**.
So spiegelst du einen Punkt P an einer Spiegelachse s:

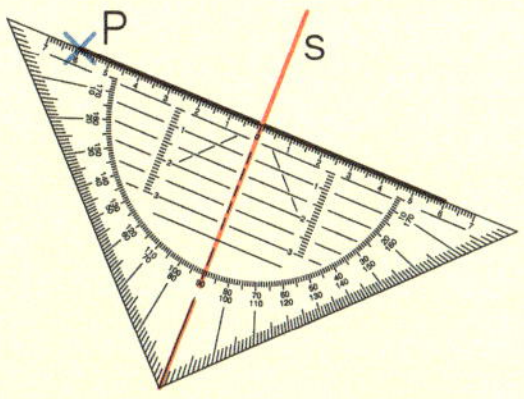

Lege das Geodreieck mit der Mittellinie auf die Spiegelachse.

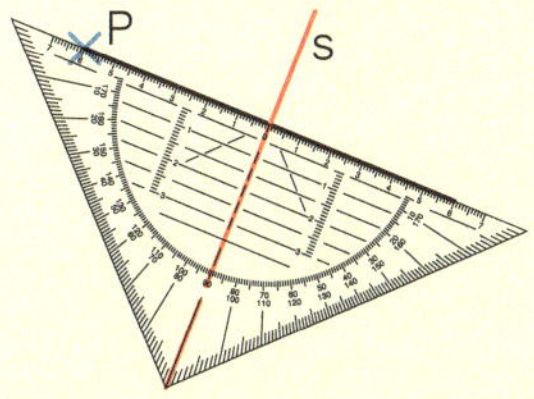

Miss den Abstand von P zur Spiegelachse.

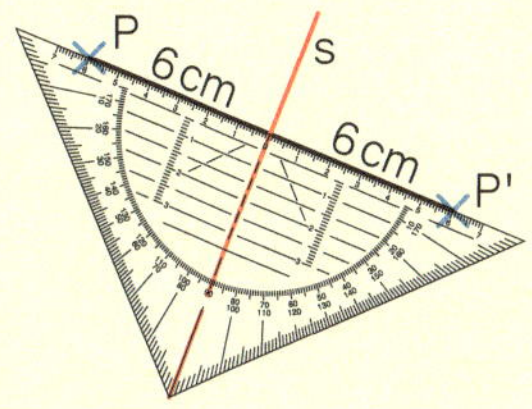

Trage den **Bildpunkt P'** im selben Abstand auf der anderen Seite ein.

1. Spiegle die Punkte an der Spiegelachse s.

a)

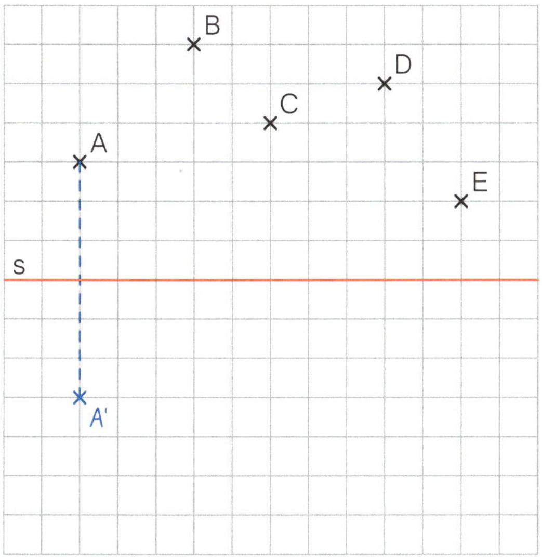

b)

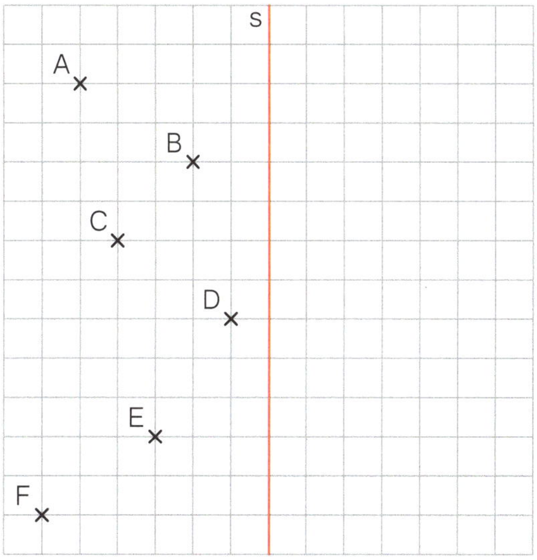

2. Spiegle die Figur an der Spiegelachse s.

a)

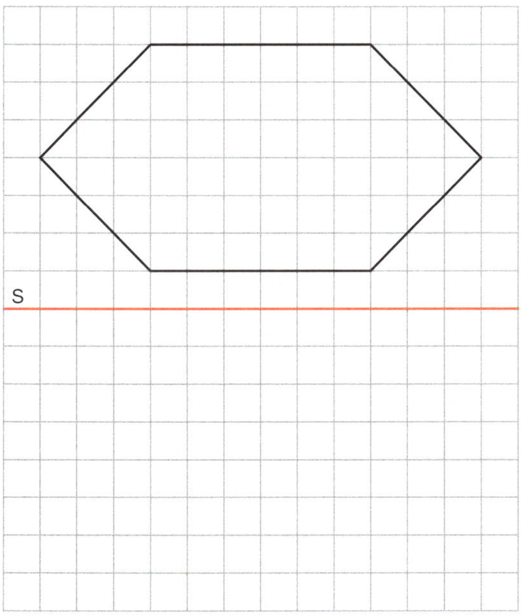

b)

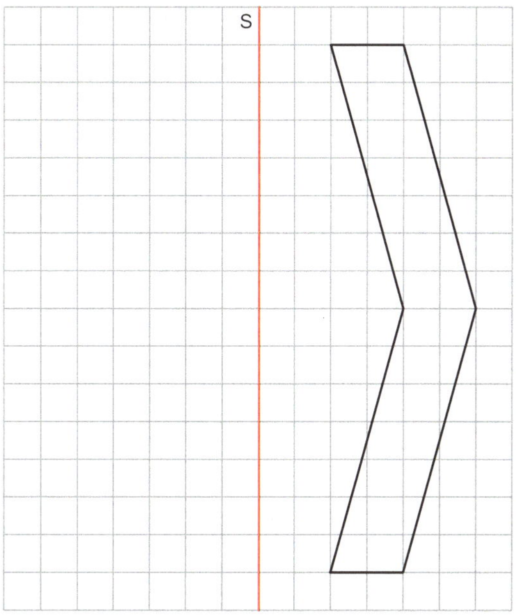

 SB S. 82–83

Zeichnen mit dynamischer Geometriesoftware

Mit einer dynamischen Geometriesoftware (DGS) kannst du Punkte, Strahlen, Strecken und Figuren zeichnen. Du kannst auch parallele und senkrechte Geraden zeichnen und Figuren spiegeln.

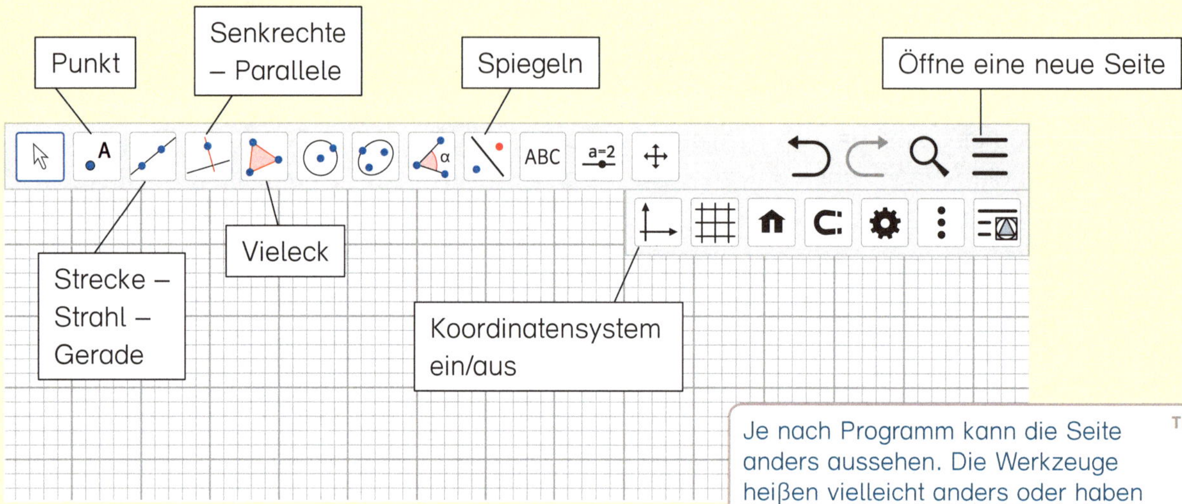

TIPP
Je nach Programm kann die Seite anders aussehen. Die Werkzeuge heißen vielleicht anders oder haben andere Symbole.

---

1. So bereitest du die Zeichenfläche vor. Wenn du einen Schritt erledigt hast, setze ein Häkchen.

ANLEITUNG
- ☐ Klicke rechts oben auf die Schaltfläche ☰
- ☐ Wähle das Symbol
- ☐ Klicke nun auf
- ☐ Klicke auf die Schaltflächen und erkunde ihre Funktionen.

Mit ↶ machst du deine letzten Schritte rückgängig.
Starte jede Aufgabe mit einer leeren Zeichenfläche.

---

2. So zeichnest du Punkte.

ANLEITUNG
- ☐ Klicke auf die Schaltfläche •A.
- ☐ Setze Punkte auf die Zeichenfläche.

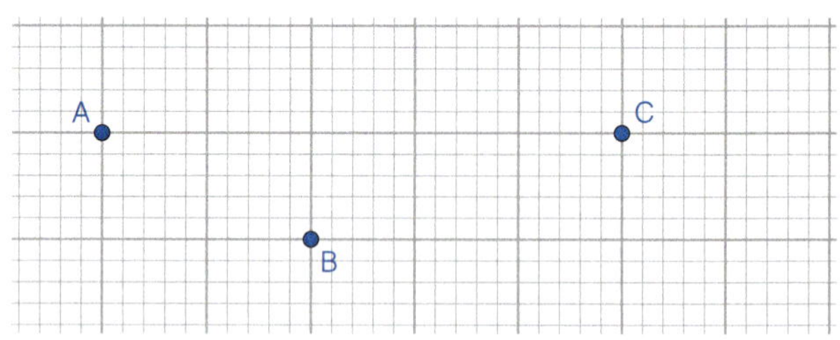

---

3. So zeichnest du eine Gerade durch die Punkte A und B.

ANLEITUNG
- ☐ Klicke auf die Schaltfläche und
- ☐ dann nacheinander auf die Punkte.

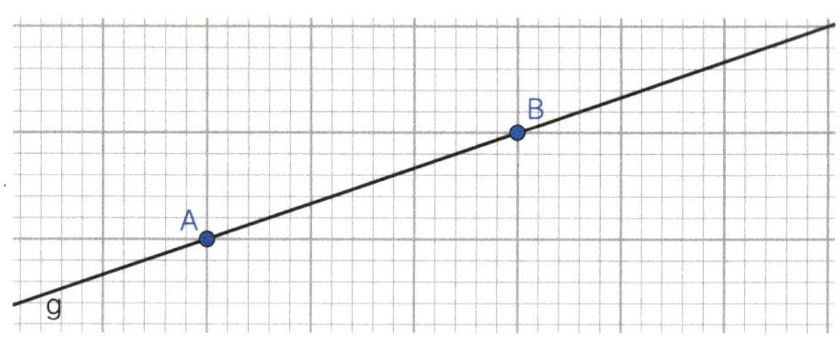

Mit Klicken auf die Schaltfläche kannst du auch einen Strahl oder eine Strecke zeichnen.

Klicke danach auf Strahl oder auf Strecke und dann nacheinander auf zwei Punkte.

4. So zeichnest du eine Strecke mit der Länge 5.

ANLEITUNG

- ☐ Klicke auf die Schaltfläche .
- ☐ Wähle dann Strecke mit fester Länge.
- ☐ Klicke auf einen Punkt.
- ☐ Gib im Fenster für die Länge den Wert 5 ein.

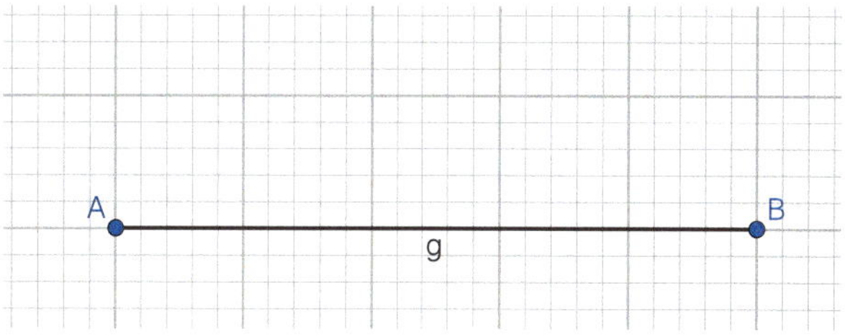

5. So zeichnest du zu einer Geraden die parallele Gerade durch einen Punkt.

ANLEITUNG

- ☐ Zeichne die Gerade AB.
- ☐ Zeichne einen Punkt C, der nicht auf der Geraden liegt.
- ☐ Wähle nun parallele Gerade.
- ☐ Klicke auf die Gerade und auf den Punkt C.

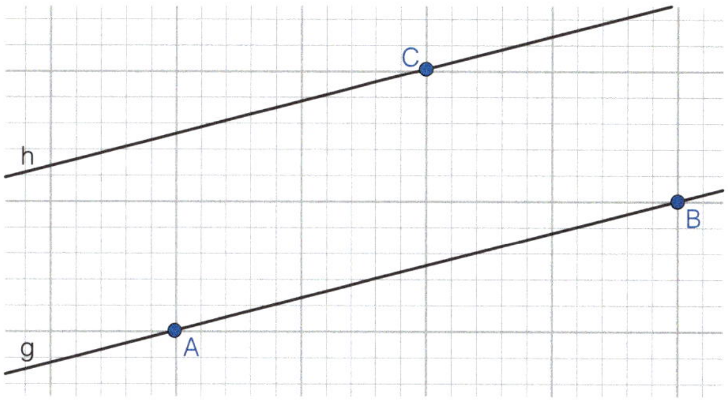

6. So zeichnest du zu einer Geraden die senkrechte Gerade durch einen Punkt.

ANLEITUNG

- ☐ Zeichne die Gerade AB.
- ☐ Zeichne einen Punkt C, der nicht auf der Geraden liegt.
- ☐ Wähle nun senkrechte Gerade.
- ☐ Klicke auf die Gerade und auf den Punkt C.

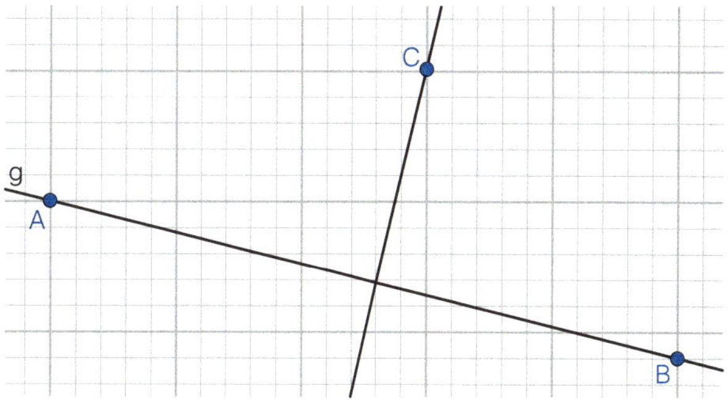

7. So zeichnest du Dreiecke und Vierecke.

ANLEITUNG

- ☐ Wähle das Werkzeug .
- ☐ Zeichne nacheinander die Eckpunkte und klicke dann erneut auf den ersten Eckpunkt.
- ☐ Zeichne verschiedene Dreiecke.
- ☐ Zeichne verschiedene Rechtecke.

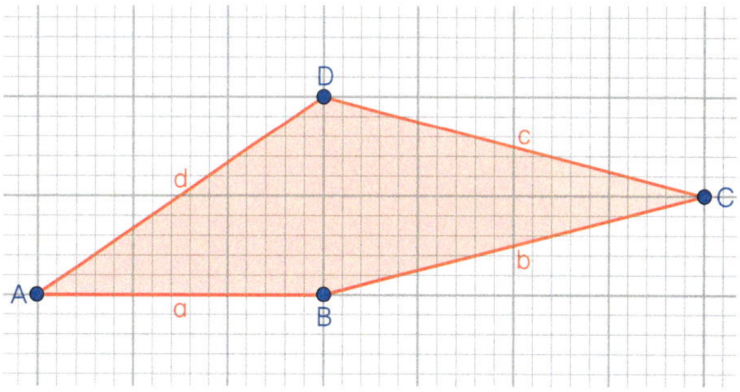

8. So spiegelst du eine Figur an einer Geraden.

ANLEITUNG

- ☐ Zeichne ein Viereck.
- ☐ Zeichne eine Gerade.
- ☐ Wähle nun .
- ☐ Klicke auf das Viereck und auf die Gerade.

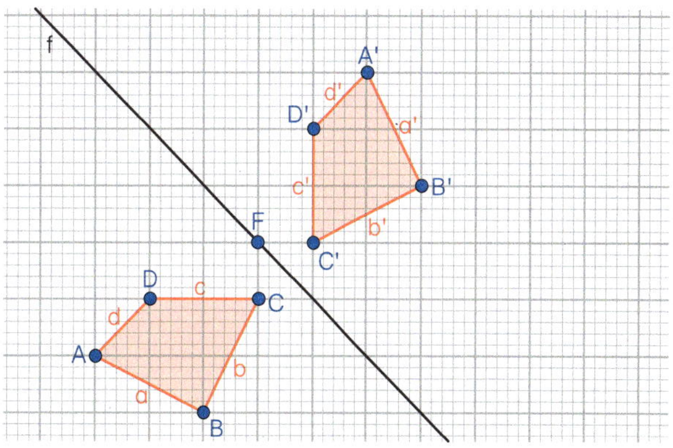

Die Verschiebung

Video

Eine **Verschiebung** wird durch einen Pfeil bestimmt.

Der Pfeil gibt an, **in welche Richtung und wie weit** die Figur verschoben wird.

Beschreibung in Worten:
„Verschiebung um 4 Kästchen nach rechts."

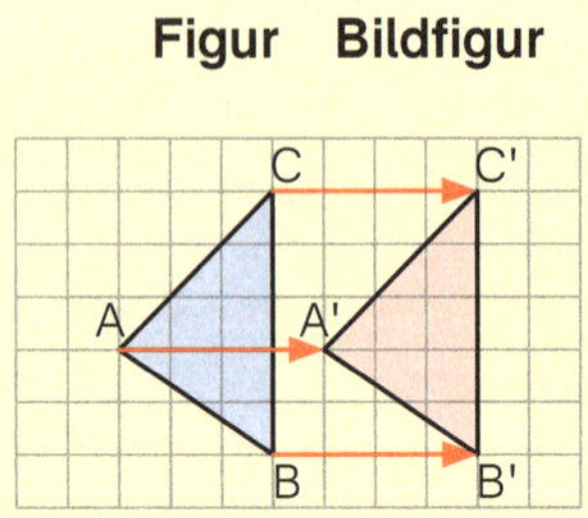

1. Wie wurde die Figur verschoben? Ergänze.

a)
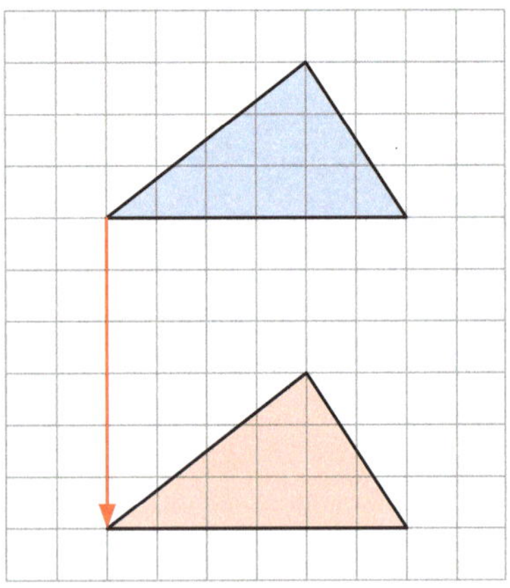

___ Kästchen nach ___

b)
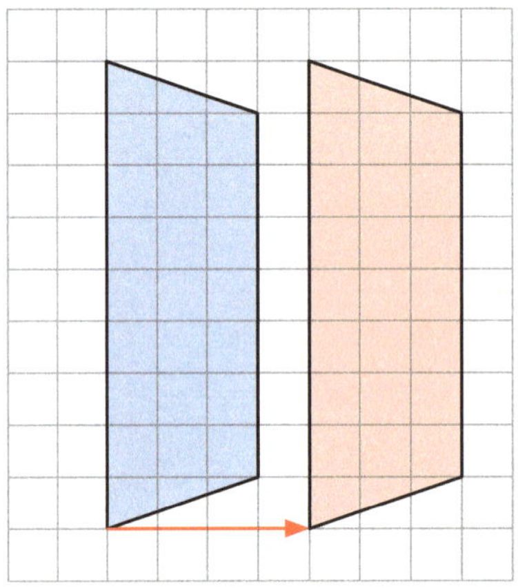

___ Kästchen nach ___

c)
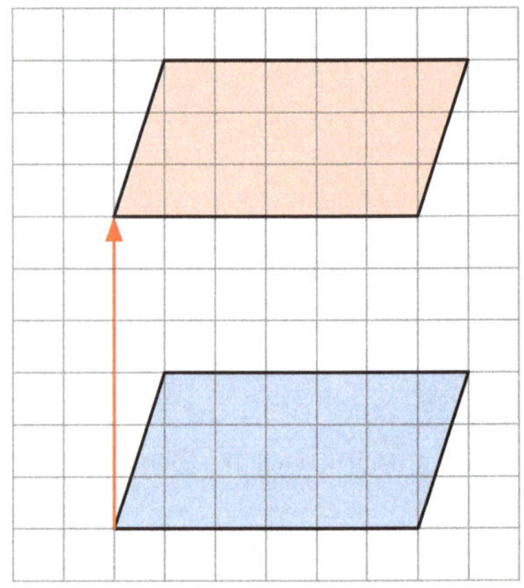

___ Kästchen nach ___

2. Verschiebe die Figur mit dem Verschiebungspfeil.

a)
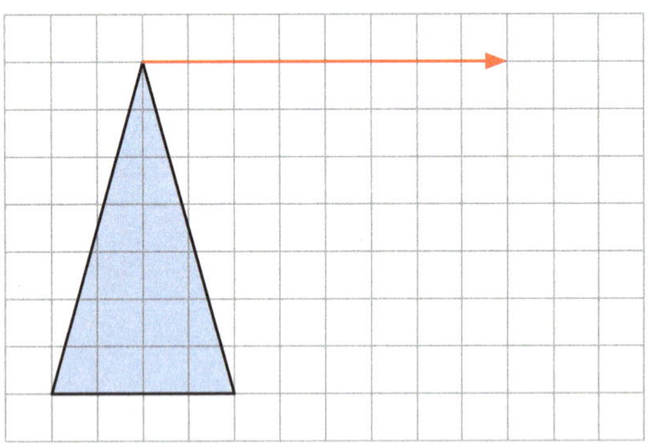

b)
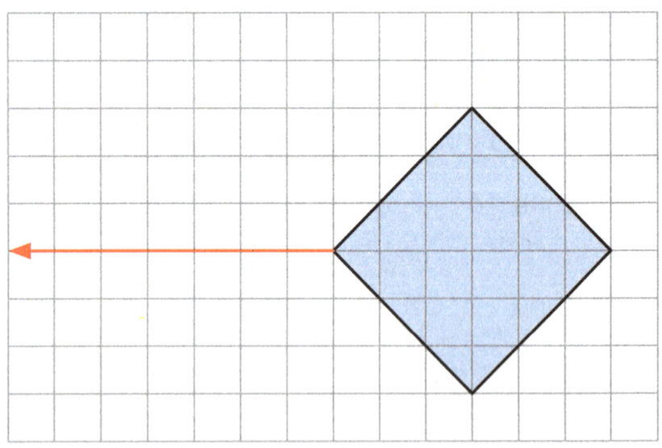

c)
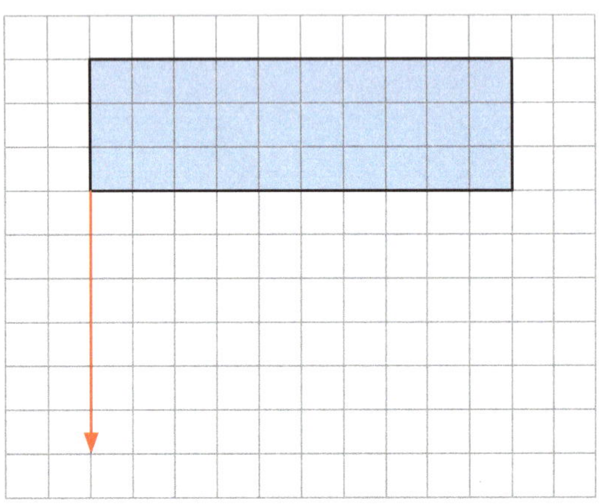

d)
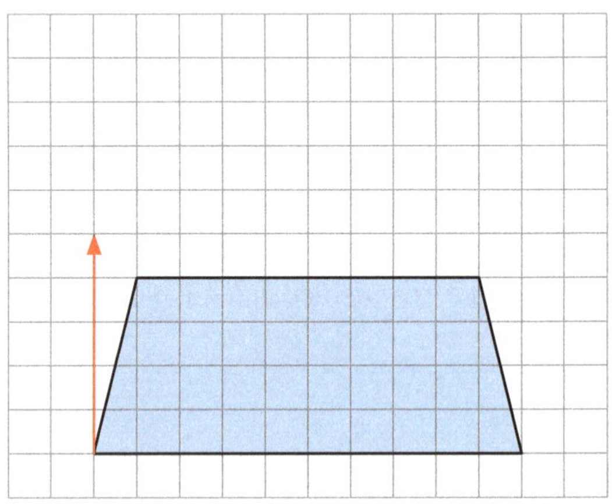

SB S. 84–85

TIPP

Der Verschiebungspfeil muss nicht entlang der Kästchen verlaufen.

Beschreibung in Worten:

„Verschiebung um
7 Kästchen nach rechts,
3 Kästchen nach unten.“

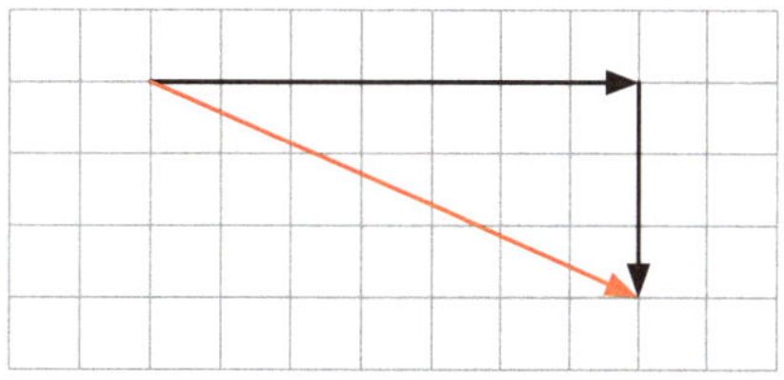

3. Wie wurde die Figur verschoben? Ergänze.

a)

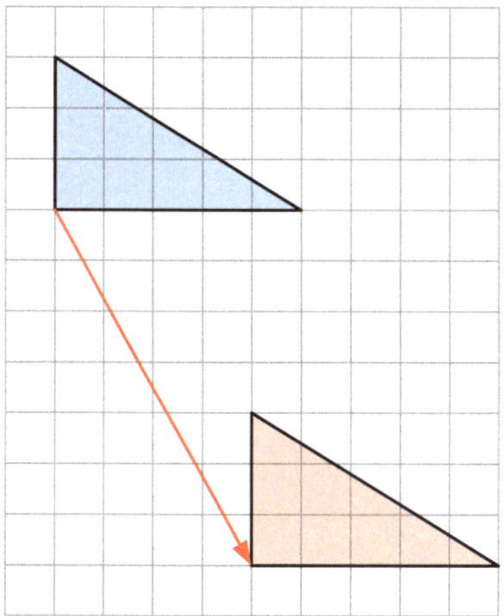

___ Kästchen nach ___

___ Kästchen nach ___

b)

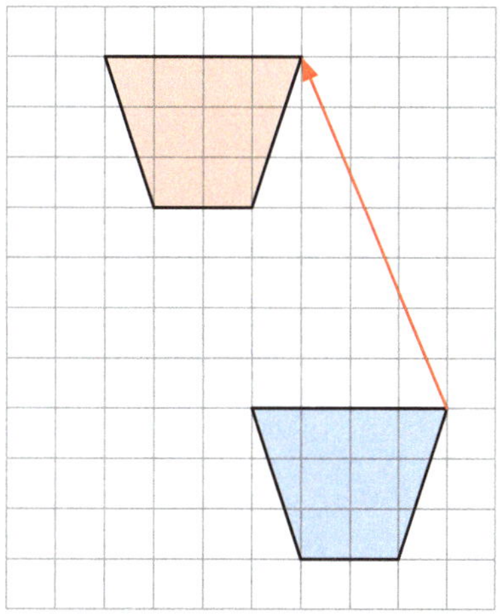

___ Kästchen nach ___

___ Kästchen nach ___

c)

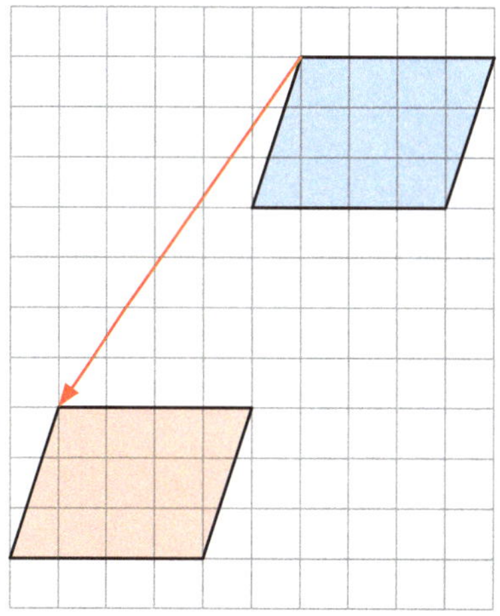

___ Kästchen nach ___

___ Kästchen nach ___

4. Verschiebe die Figur mit dem Verschiebungspfeil.

a)

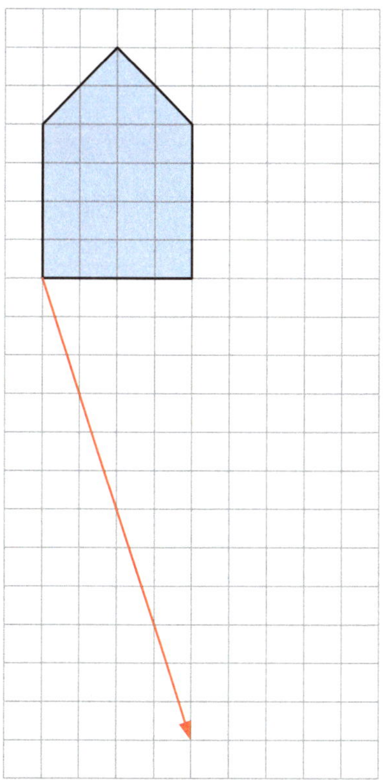

b)

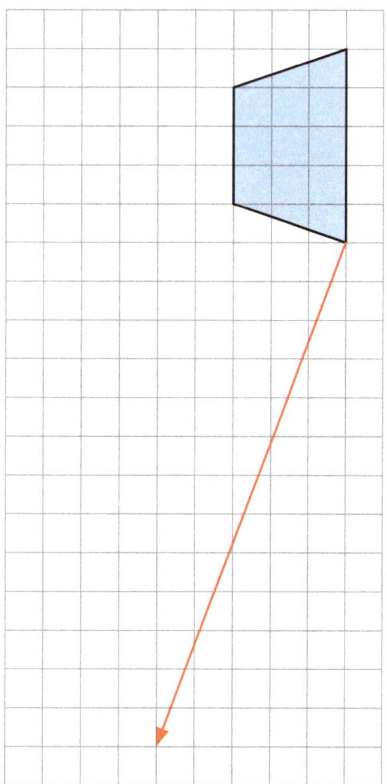

c)

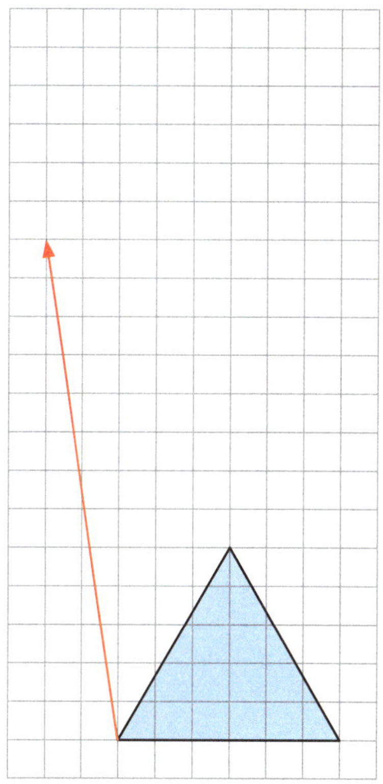

1. Parallel oder senkrecht? Setze ein: ∥ oder ⊥

a ☐ b

b ☐ c

a ☐ c

d ☐ e

e ☐ d

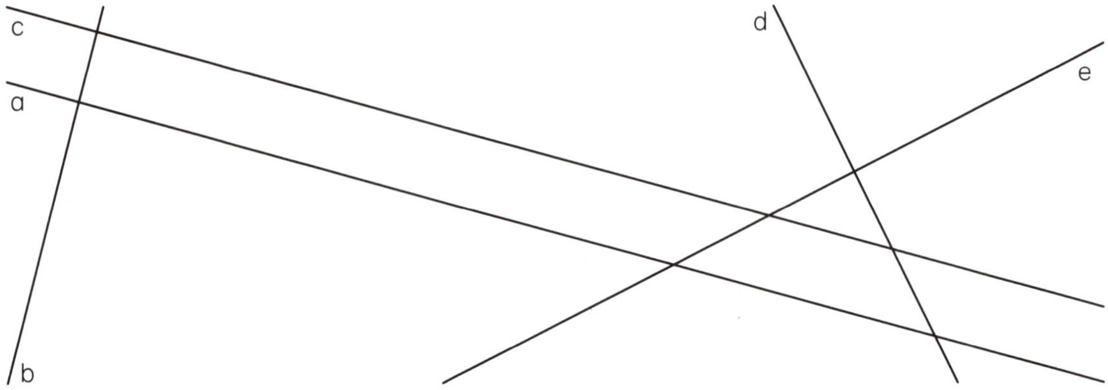

2. Zeichne die Senkrechte und die Parallele zur Geraden durch den Punkt P.

a)

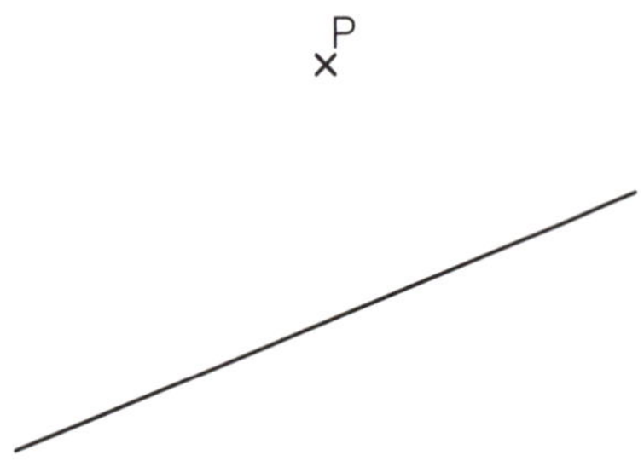

b)

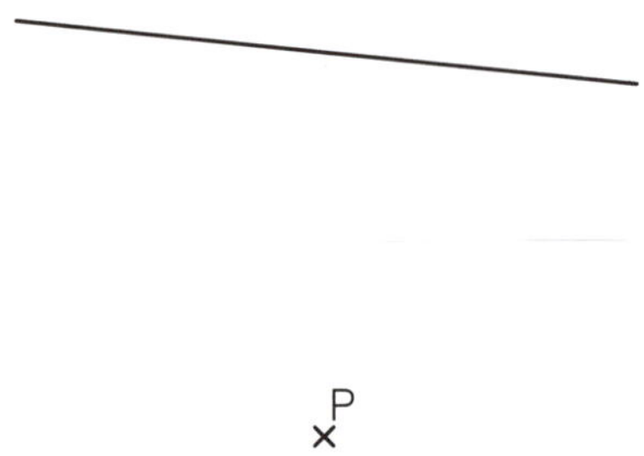

c)

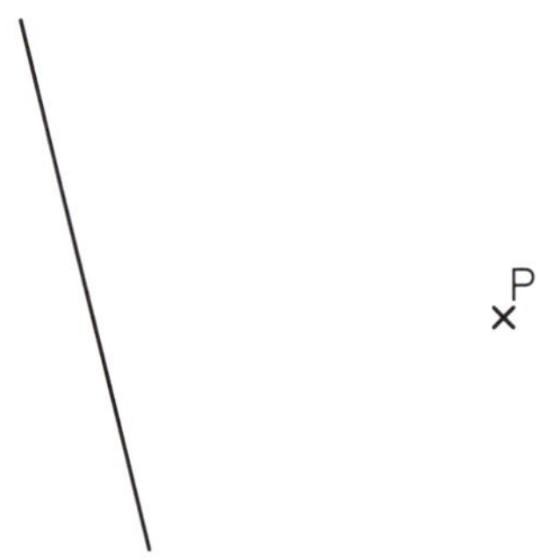

3. Wie weit sind die Kugeln vom roten Rand entfernt?
Zeichne die Senkrechten ein und miss den Abstand.

a)

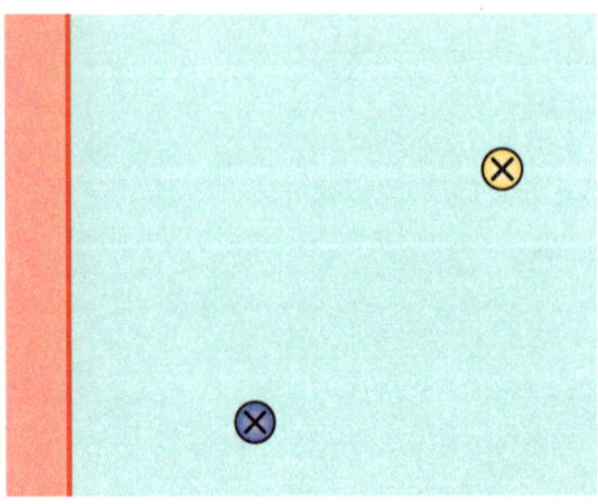

gelb: ______ blau: ______

b)

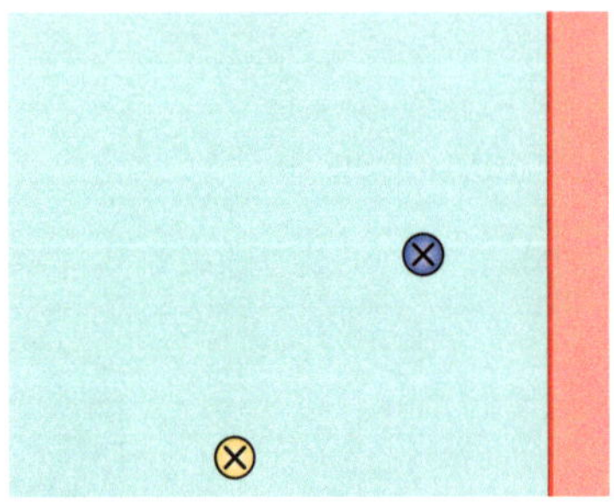

gelb: ______ blau: ______

c)

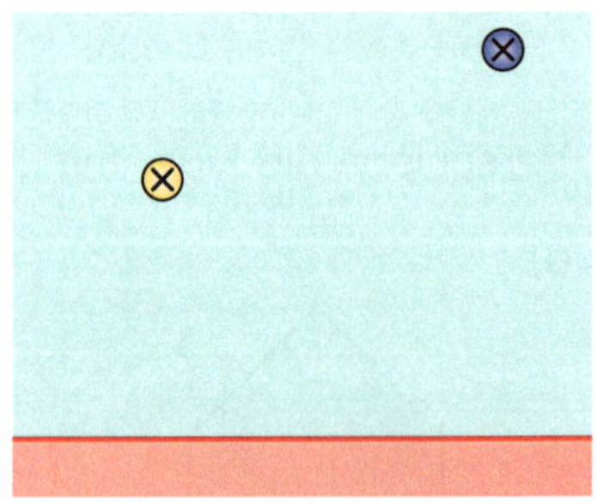

gelb: ______ blau: ______

4. Miss den Abstand der beiden parallelen Geraden g und h.

a)

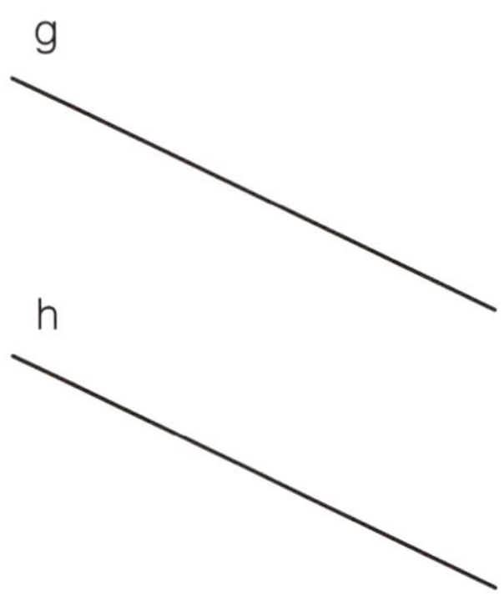

Abstand: ______ cm

b)

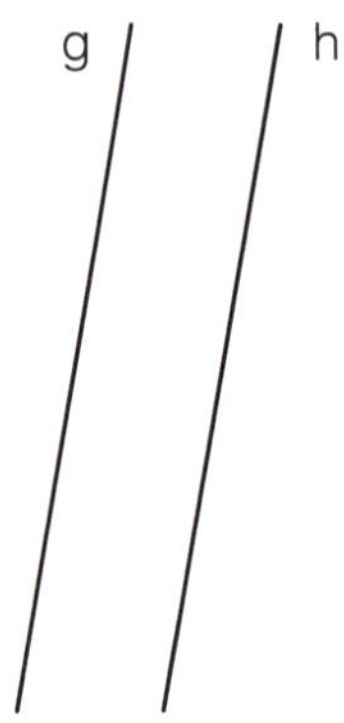

Abstand: ______ cm

c)

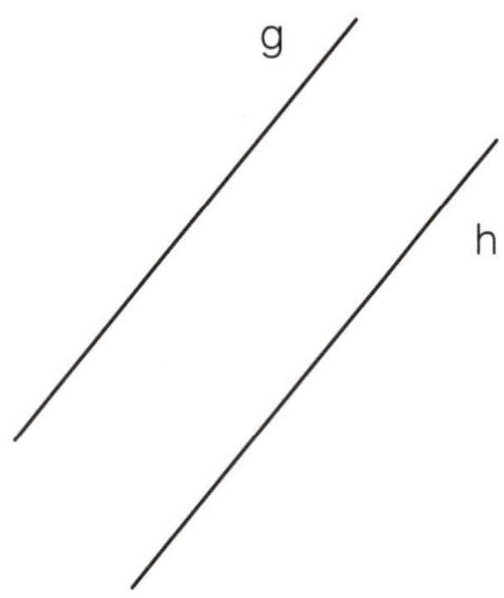

Abstand: ______ cm

5. Ergänze zu einer achsensymmetrischen Figur.

a)

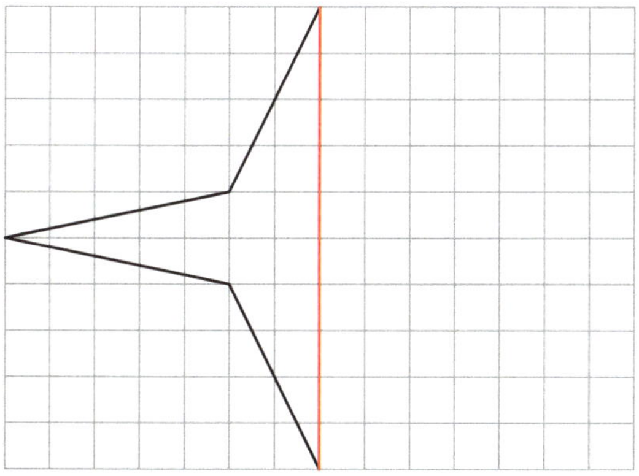

b)

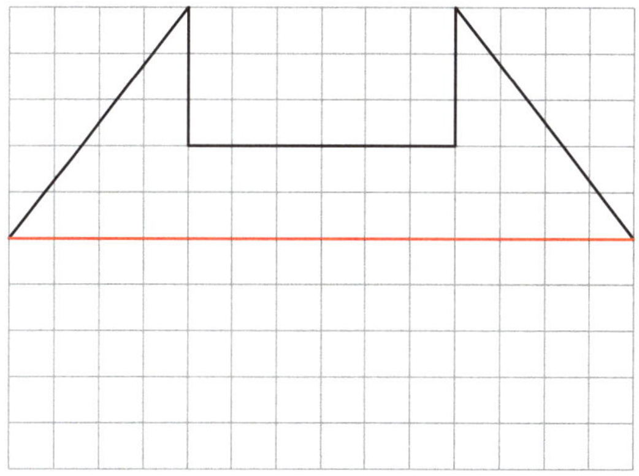

6. a) Trage die Punkte A, B und C in das Koordinatensystem ein und verbinde sie.
b) Spiegle die Figur an der Spiegelachse s.
c) Notiere die Koordinaten der Bildpunkte A', B' und C'.

A(1 | 1), B(2 | 2), C(1 | 5)

Ⓐ

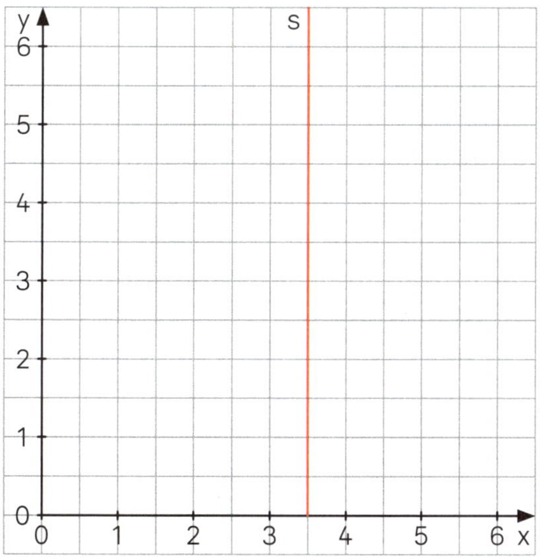

A'(___ | ___), B'(___ | ___), C'(___ | ___)

A(1 | 3), B(6 | 4), C(3 | 5)

Ⓑ

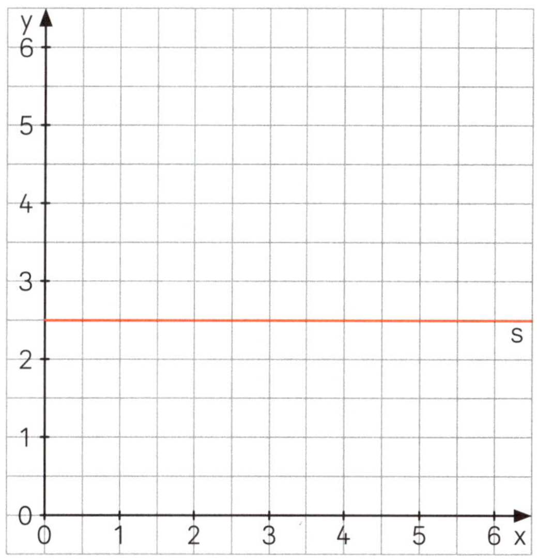

A'(___ | ___), B'(___ | ___), C'(___ | ___)

7. Verschiebe die Figur mit dem Verschiebungspfeil.

a)

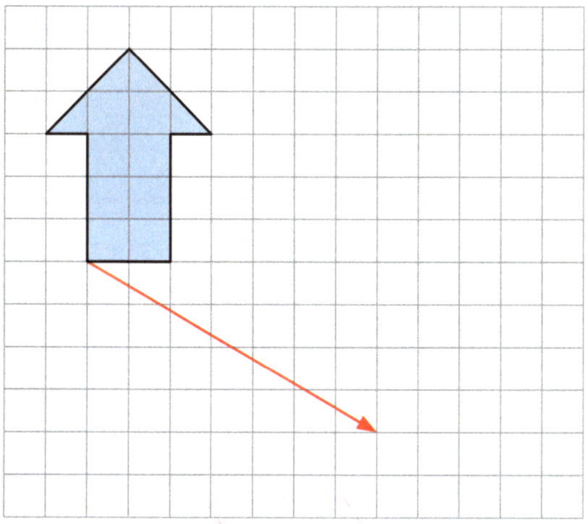

b)

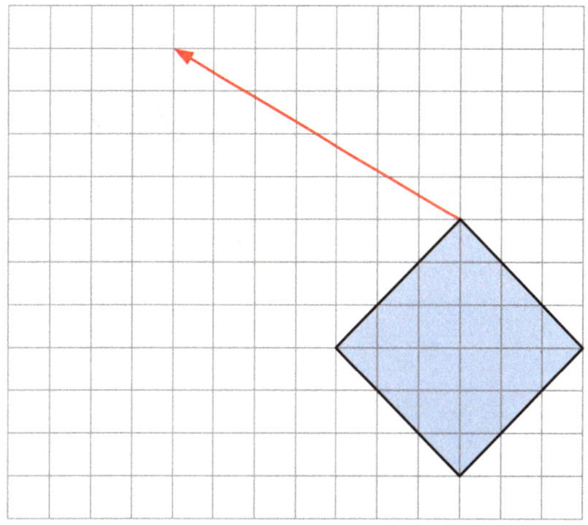

SB S. 94–95

4 Multiplizieren und Dividieren

Wie teuer ist eine Tour mit den Canadier-Booten?
Ist es günstiger, wenn deine Klasse statt 3er-Canadiern 4er- oder 5er-Canadier ausleiht?

In diesem Kapitel lernst du, ...

... wie du im Kopf multiplizierst und dividierst.

... wie du schriftlich multiplizierst und dividierst.

... wie du beim Multiplizieren und Dividieren Rechenvorteile nutzt.

... wie du Sachaufgaben zum Multiplizieren und Dividieren löst.

CANADIER-VERLEIH

Canadier 3er	21 €
Canadier 4er	26 €
Canadier 5er	30 €

(Leihgebühr für jeweils 4 Stunden)

Natürliche Zahlen multiplizieren und dividieren

Video

Die **Multiplikation** (Malrechnen)

Faktor · **Faktor** = Produkt

8 · 6 = 48

Das **Produkt** der Faktoren 8 und 6 ist 48.

Rechnen mit Null: 0 · 8 = 0   8 · 0 = 0

Die **Division** (Geteiltrechnen)

Dividend : **Divisor** = Quotient

48 : 6 = 8

Der **Quotient** der Zahlen 48 und 6 ist 8.

0 : 8 = 0   ~~8 : 0~~ (geht nicht!)

1. Vervollständige die Rechnung und den Antwortsatz.

F: Wie viel Euro kosten 4 Karten insgesamt?

R: 8 + 8 + 8 + 8 =

4 · 8 = ______

A: 4 Karten kosten insgesamt ______ €.

2. Schreibe als Produkt und berechne.

a)

4 + 4 + 4 =

3 · 4 = ______

b)

5 + 5 + 5 + 5 =

______

c)

6 + 6 + 6 + 6 + 6 =

______

3. Notiere beide Aufgaben mit Ergebnis.

a)

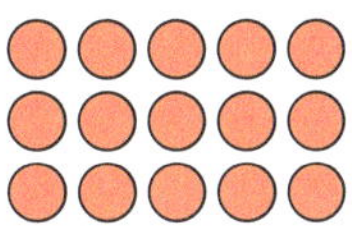

3 · 5 = ______

5 · 3 = ______

b)

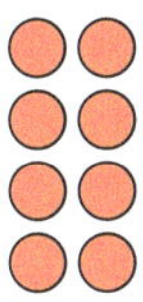

c)

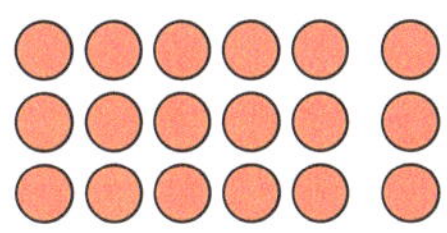

d)

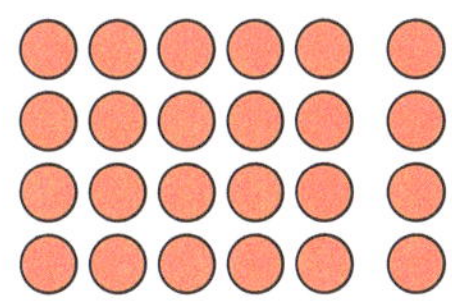

4. Notiere immer vier Aufgaben mit Ergebnis.

a)

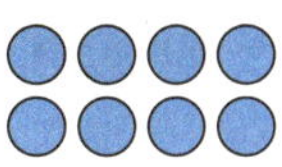

2 · 4 = ______

4 · 2 = ______

8 : 4 = ______

8 : 2 = ______

b)

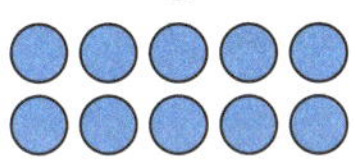

c)

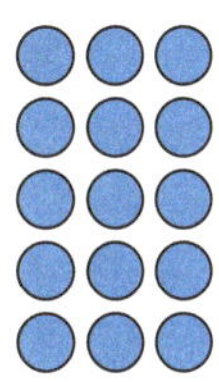

d)

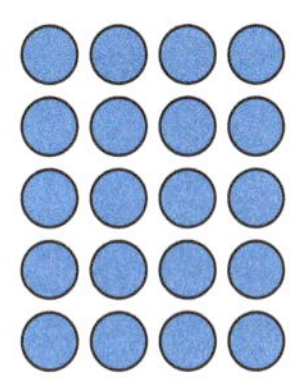

5. a) 3 · 5 = ___ 6 · 5 = ___ 8 · 5 = ___ 9 · 5 = ___

b) 4 · 2 = ___ 8 · 2 = ___ 5 · 2 = ___ 7 · 2 = ___

c) 5 · 8 = ___ 3 · 6 = ___ 4 · 4 = ___ 6 · 2 = ___

d) 3 · 4 = ___ 5 · 7 = ___ 6 · 6 = ___ 4 · 8 = ___

e) 8 · 6 = ___ 3 · 9 = ___ 6 · 7 = ___ 9 · 4 = ___

6. a) Verdoppele die Zahlen.

6	3	4	5	7	10	9
12						

b) Halbiere die Zahlen.

8	10	16	12	18	20	14

7. a)

·	2	5	3
4	8		
7			
5			

b)

·	8	6	7
5			
3			
6			

c)

·	9	6	4
2			
9			
7			

8. a) 5 · ___ = 10 5 · ___ = 20 5 · ___ = 40

b) 4 · ___ = 12 2 · ___ = 10 4 · ___ = 20

c) 3 · ___ = 9 5 · ___ = 15 3 · ___ = 18

d) 6 · ___ = 12 8 · ___ = 40 7 · ___ = 21

e) 8 · ___ = 16 9 · ___ = 18 7 · ___ = 7

9. Wie viel Stück sind es insgesamt?

a)

R: ___

Insgesamt: ___ Stück

b)

R: ___

Insgesamt: ___ Stück

c)

R: ___

Insgesamt: ___ Stück

10. a) 2 · 11 = ___ 3 · 11 = ___ 5 · 11 = ___

b) 2 · 12 = ___ 4 · 12 = ___ 3 · 12 = ___

c) 2 · 14 = ___ 1 · 14 = ___ 0 · 14 = ___

d) 1 · 13 = ___ 7 · 11 = ___ 0 · 16 = ___

e) 8 · 11 = ___ 0 · 19 = ___ 1 · 15 = ___

SB S. 96–99

11. a) 15 : 5 = ____ b) 20 : 4 = ____ c) 40 : 8 = ____ d) 24 : 4 = ____ e) 7 : 7 = ____

10 : 2 = ____ 12 : 3 = ____ 16 : 4 = ____ 14 : 7 = ____ 30 : 5 = ____

6 : 2 = ____ 18 : 2 = ____ 36 : 6 = ____ 24 : 8 = ____ 36 : 9 = ____

8 : 4 = ____ 30 : 6 = ____ 35 : 7 = ____ 25 : 5 = ____ 24 : 6 = ____

12. a)

:	3	2
12		
6		
18		

b)

:	6	3
30		
6		
18		

c)

:	4	6
24		
12		
36		

d)

:	4	8
8		
32		
16		

13. a) 49 : 7 = ____ b) 81 : 9 = ____ c) 36 : 4 = ____ d) 63 : 9 = ____ e) 72 : 8 = ____

64 : 8 = ____ 18 : 9 = ____ 56 : 8 = ____ 54 : 6 = ____ 28 : 7 = ____

14.

F: Wie viele Boote werden benötigt?

R: ____________________

A: ____________________

15. Vervollständige die Probe und den Antwortsatz.

F: Wie viele Flaschen bleiben übrig?

R: 32 : 6 = 5 R 2

Probe: 5 · 6 = 30

30 + 2 = ____

A: Es bleiben ____ Flaschen übrig.

16. Bei diesen Aufgaben bleibt ein Rest. Mache die Probe.

a) 14 : 3 = ____
Probe:

b) 47 : 5 = ____
Probe:

c) 49 : 9 = ____
Probe:

d) 34 : 7 = ____
Probe:

Multiplizieren und Dividieren mit Stufenzahlen

Multiplizieren mit 10, 100, 1 000

Du multiplizierst eine Zahl mit 10, 100, 1 000, indem du 1, 2 oder 3 Nullen anhängst.

37 · 10 = 370 60 · 100 = 6000

Dividieren durch 10, 100, 1 000 Video

Du dividierst eine Zahl durch 10, 100, 1 000, indem du 1, 2 oder 3 Nullen wegstreichst.

5000 : 10 = 500 8000 : 1000 = 8

1. Vervollständige die Rechnung und den Antwortsatz.

a)

F: Wie viel Kilometer fährt der Bus in der Woche?

R: 28 · 100 = ______

A: Der Bus fährt ______ km in der Woche.

b)

F: Wie viel Kilometer lang ist eine Fahrt hin und zurück?

R: 3 900 : 10 = ______

A: Hin und zurück sind es ______ km.

2.

a) 6 · 10 = ______
6 · 100 = ______
6 · 1 000 = ______

b) 8 · 10 = ______
8 · 100 = ______
8 · 1 000 = ______

c) 4 000 : 10 = ______
4 000 : 100 = ______
4 000 : 1 000 = ______

d) 9 000 : 10 = ______
9 000 : 100 = ______
9 000 : 1 000 = ______

3.

a) 10 · 70 = ______
10 · 700 = ______

b) 10 · 90 = ______
10 · 900 = ______

c) 600 · 10 = ______
60 · 10 = ______

d) 20 · 100 = ______
20 · 10 = ______

4.

a) 10 · 23 = ______
10 · 47 = ______

b) 10 · 51 = ______
10 · 39 = ______

c) 99 · 10 = ______
11 · 10 = ______

d) 85 · 10 = ______
66 · 10 = ______

5.

a)

·	100	10
48		
20		
97		
80		

b)

:	10	100
5 000		
7 300		
8 000		
4 100		

SB S. 100–101

6. Vervollständige den Text zum Bild.

Die 3 roten Rosen kosten ______ €. Die 3 Kisten mit Blumen kosten ______ €.

7. a) $5 \cdot 3 =$ ______ b) $3 \cdot 6 =$ ______ c) $4 \cdot 20 =$ ______ d) $30 \cdot 3 =$ ______

$5 \cdot 30 =$ ______ $3 \cdot 60 =$ ______ $4 \cdot 200 =$ ______ $300 \cdot 3 =$ ______

$5 \cdot 300 =$ ______ $3 \cdot 600 =$ ______ $4 \cdot 2000 =$ ______ $3000 \cdot 3 =$ ______

8. a) $40 \cdot 3 =$ ______ b) $4 \cdot 60 =$ ______ c) $4 \cdot 800 =$ ______ d) $300 \cdot 5 =$ ______

$80 \cdot 6 =$ ______ $8 \cdot 90 =$ ______ $5 \cdot 600 =$ ______ $700 \cdot 6 =$ ______

$20 \cdot 9 =$ ______ $4 \cdot 80 =$ ______ $2 \cdot 400 =$ ______ $900 \cdot 3 =$ ______

9. a) $14 : 2 =$ ______ b) $21 : 3 =$ ______ c) $28 : 7 =$ ______ d) $32 : 8 =$ ______

$140 : 2 =$ ______ $210 : 3 =$ ______ $280 : 7 =$ ______ $320 : 8 =$ ______

10. a) $120 : 6 =$ ______ b) $360 : 4 =$ ______ c) $240 : 8 =$ ______ d) $630 : 9 =$ ______

$270 : 3 =$ ______ $420 : 7 =$ ______ $540 : 9 =$ ______ $640 : 8 =$ ______

$250 : 5 =$ ______ $810 : 9 =$ ______ $720 : 8 =$ ______ $400 : 5 =$ ______

11. Das Geld wird gerecht verteilt. Notiere die Rechnung mit Ergebnis.

a)

320 € : 4 = ______ €

b)

______

c)

______

12. a)

·	4	8	6
200			
500			
600			

b)

:	3	5	6
300			
600			
120			

Rechenregeln

Rechenregeln für gemischte Punkt- und Strichrechnung

① Was in Klammern steht, wird zuerst berechnet.

$7 \cdot (6 + 4) =$
$7 \cdot 10 = 70$

② Punktrechnung (· und :) geht vor Strichrechnung (+ und −).

$15 - 5 \cdot 2 =$
$15 - 10 = 5$

③ Sonst wird von links nach rechts gerechnet.

$9 + 6 - 5 =$
$15 - 5 = 10$

1. a) $20 + 2 \cdot 3 =$ ______ = ______
$(20 + 2) \cdot 3 =$ ______ = ______

b) $3 \cdot (5 + 2) =$ ______ = ______
$3 \cdot 5 + 2 =$ ______ = ______

c) $5 \cdot 6 + 7 =$ ______ = ______
$5 \cdot (6 + 7) =$ ______ = ______

2. Beachte die Rechenregeln.

a) $11 + 4 \cdot 2 =$ ______
$(11 + 4) \cdot 2 =$ ______

b) $(15 - 4) \cdot 2 =$ ______
$15 - 4 \cdot 2 =$ ______

c) $10 : 2 + 3 =$ ______
$10 : (2 + 3) =$ ______

3. a) $8 + 3 \cdot 2 =$ ______
$9 - 2 \cdot 4 =$ ______
$5 + 5 \cdot 5 =$ ______
$7 - 3 \cdot 0 =$ ______

b) $9 - 6 : 3 =$ ______
$4 + 8 : 2 =$ ______
$5 - 6 : 3 =$ ______
$1 + 9 : 3 =$ ______

c) $3 \cdot 5 + 4 =$ ______
$8 : 2 + 2 =$ ______
$4 \cdot 5 - 6 =$ ______
$7 \cdot 0 + 9 =$ ______

4. Ordne jedem Text einen Rechenausdruck zu. Rechne aus.

Timo kauft für sich und für seine drei Freunde Kinokarten und je eine Tüte Popcorn.

Lara kauft drei Kinokarten und zwei Cola.

Leo kauft eine Kinokarte, eine Cola und eine Tüte Popcorn. Für seine Freundin kauft er dasselbe.

$3 \cdot 6 + 2 \cdot 2$

$2 \cdot (6 + 2 + 3)$

$4 \cdot 6 + 4 \cdot 3$

______ ______ ______

SB S. 104 – 105

Geschicktes Rechnen

Kommutativgesetz (Vertauschungsgesetz)
Beim Multiplizieren darfst du die Zahlen vertauschen.

$2 \cdot 14 \cdot 5 = 2 \cdot 5 \cdot 14$
$28 \cdot 5 = 10 \cdot 14$

Assoziativgesetz (Verbindungsgesetz)
Beim Multiplizieren darfst du beliebig Klammern setzen.

$4 \cdot (5 \cdot 3) = (4 \cdot 5) \cdot 3$
$4 \cdot 15 = 20 \cdot 3$

1. Bei welchem Rechenweg rechnest du schneller? Kreuze an und rechne aus.

a) ◯ $5 \cdot 37 \cdot 2 =$
◯ $5 \cdot 2 \cdot 37 =$
_____ = _____

b) ◯ $2 \cdot 50 \cdot 8 =$
◯ $2 \cdot 8 \cdot 50 =$
_____ = _____

c) ◯ $2 \cdot 76 \cdot 5 =$
◯ $2 \cdot 5 \cdot 76 =$
_____ = _____

2. Vertausche die Zahlen und rechne geschickt.

a) $5 \cdot 74 \cdot 2 =$
_____ = _____

b) $2 \cdot 29 \cdot 5 =$
_____ = _____

c) $5 \cdot 43 \cdot 2 =$
_____ = _____

3. Bei welchem Rechenweg rechnest du schneller? Kreuze an und rechne aus.

a) ◯ $2 \cdot (5 \cdot 13) =$
◯ $(2 \cdot 5) \cdot 13 =$
_____ = _____

b) ◯ $(50 \cdot 2) \cdot 7 =$
◯ $50 \cdot (2 \cdot 7) =$
_____ = _____

c) ◯ $9 \cdot (5 \cdot 20) =$
◯ $(9 \cdot 5) \cdot 20 =$
_____ = _____

4. Setze Klammern und rechne geschickt.

a) $5 \cdot 2 \cdot 46 =$
_____ = _____

b) $38 \cdot 5 \cdot 2 =$
_____ = _____

c) $7 \cdot 20 \cdot 5 =$
_____ = _____

5. Wähle deinen Rechenweg.

a) $5 \cdot 2 \cdot 27 =$
_____ = _____

b) $2 \cdot 48 \cdot 5 =$
_____ = _____

c) $18 \cdot 2 \cdot 5 =$
_____ = _____

d) $68 \cdot 5 \cdot 2 =$
_____ = _____

e) $5 \cdot 97 \cdot 2 =$
_____ = _____

f) $20 \cdot 7 \cdot 5 =$
_____ = _____

g) $2 \cdot 50 \cdot 9 =$
_____ = _____

h) $50 \cdot 7 \cdot 2 =$
_____ = _____

i) $3 \cdot 5 \cdot 20 =$
_____ = _____

Lösen von Sachaufgaben

So kannst du Sachaufgaben lösen: Video

① Lies den Text genau. Bilder und Grafiken geben dir zusätzliche Informationen.

② Notiere die wichtigen Informationen. Notiere, wonach gefragt ist.

③ Notiere die Rechnung und führe sie durch.

④ Notiere eine Antwort. Überprüfe dein Ergebnis.

1. Die 20 Schülerinnen und Schüler der Klasse 5a planen eine Klassenfahrt in den Harz. Sie buchen 6 Übernachtungen mit Verpflegung. Nun sollen die Kosten für jede Person und die Gesamtkosten berechnet werden. Die Klasse entscheidet sich für diese Angebote zu Unterkunft und Fahrt:

Wanderheim – erst vor 4 Jahren erbaut.
Der 1 141 m hohe Brocken ist von hier aus gut zu erreichen.

Kosten pro Person
für einen Tag
Übernachtung: 18 €
Verpflegung: 12 €

Busreise Blitz – Ihr Partner seit 25 Jahren
Mit unserem modernen Bus dauert die Fahrt nur 2 Stunden und ist ein Vergnügen.

Hin- und Rückfahrt
pro Person: 40 €

a) Vier Zahlen in den Angeboten sind für die Berechnung der Kosten unwichtig. Streiche sie durch.

b) Wie viel Euro kosten 6 Übernachtungen mit Verpflegung im Wanderheim pro Person?

R: ______

A: ______

______

Nötige Angaben:

Übernachtungen: ______

Kosten im Wanderheim für eine Übernachtung mit Verpflegung pro Person:

______ € + ______ € = ______ €

c) Wie viel Euro kostet die Klassenfahrt pro Person?

R: ______

A: ______

______

Nötige Angaben:

Kosten im Wanderheim pro Person: ______ €

Kosten für den Bus pro Person: ______ €

d) Wie viel Euro kostet die Klassenfahrt für die ganze Klasse?

R: ______

A: ______

______

Nötige Angaben:

Anzahl der Personen: ______

Kosten der Klassenfahrt für jede Person: ______ €

SB S. 106–107

Löwen sind die größten Raubtiere Afrikas.

Männliche Löwen können bis zu 2,50 m lang und 250 kg schwer sein. Die Weibchen wiegen fast 100 kg weniger und werden ungefähr 1,80 m lang.

Löwen schlafen bis zu 20 Stunden am Tag.
Sie können 8 m weit springen, um Beute zu erlegen.

In der Wildnis werden Löwen ungefähr 15 Jahre alt.
Im Zoo können sie doppelt so alt werden und wiegen bis zu 50 kg mehr. Ein männlicher Löwe im Zoo frisst jeden Tag etwa 6 kg Fleisch, ein Weibchen frisst 2 kg weniger.

2. Welche Fragen kannst du mit den Informationen aus dem Text beantworten? Kreuze an.

- ◯ Wie lange schläft ein Löwe am Tag?
- ◯ Wie viel Liter trinkt ein Löwe täglich?
- ◯ Wie alt werden Löwen im Zoo?
- ◯ Wie viele Junge bekommt ein Löwenweibchen im Jahr?
- ◯ Wie viel Kilogramm Fleisch frisst ein Löwenmännchen täglich?

3. Ergänze die fehlenden Werte.

a) Bei der Jagd springt ein Löwe bis zu ________ weit.

b) Das Löwenmännchen ist bis zu ________ schwerer als das Weibchen.

c) Ein Löwenweibchen im Zoo frisst täglich ungefähr ________ Fleisch.

4. Im Raubtiergehege des Zoos leben
2 Löwenmännchen und 2 Löwenweibchen.

F: Wie viel Kilogramm Fleisch werden täglich verfüttert?

A: ____

5. Zu einem anderen Löwenrudel im Zoo gehören
5 Männchen und 5 Weibchen.
Einmal in der Woche wird Fleisch zum Füttern geliefert.
1 kg Fleisch kostet 2 €.

F: ____

A: ____

Wiederholungsaufgaben

Die Lösungen ergeben die Namen von Sportarten.

1. a) 62 + 6 = ____ b) 34 + 20 = ____ c) 43 + 31 = ____

75 + 4 = ____ 42 + 40 = ____ 35 + 42 = ____

2. a) 57 − 3 = ____ b) 87 − 30 = ____ d) 85 − 11 = ____

79 − 4 = ____ 44 − 20 = ____ 38 − 15 = ____

1. a)		1. b)		1. c)		2. a)		2. b)		2. c)	

3. a) Runde auf Zehner. 788 ≈ ____ 704 ≈ ____ 798 ≈ ____ 148 ≈ ____

b) Runde auf Hunderter. 178 ≈ ____ 581 ≈ ____ 542 ≈ ____ 988 ≈ ____

3. a)				3. b)			

4. Wie heißt die Zahl in der Mitte?

a)

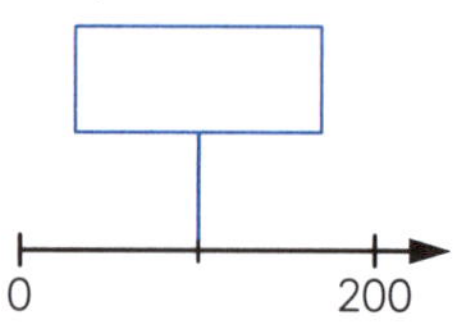

b)

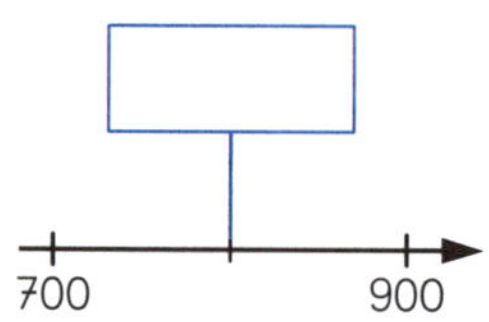

c)

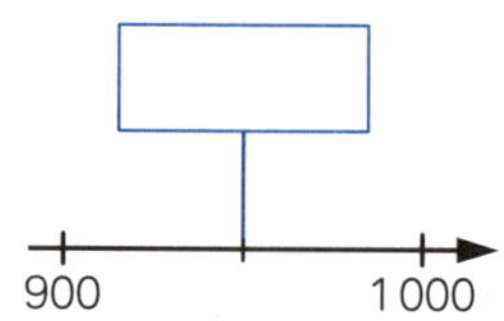

5. Welche Geraden sind parallel?

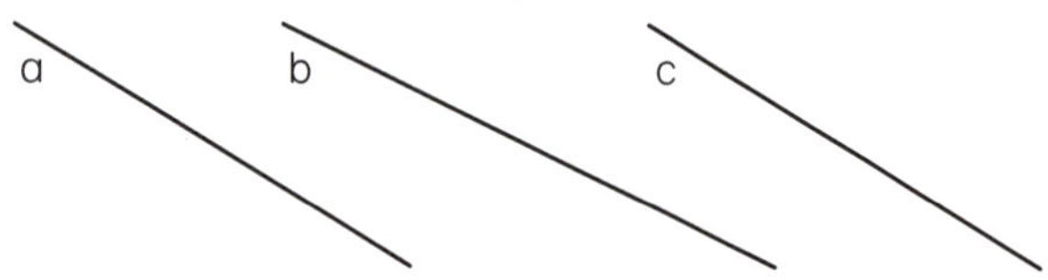

◯ a ∥ b (23)
◯ a ∥ c (24)
◯ b ∥ c (25)

6. Kann man aus dem Netz einen Würfel falten?

a)

◯ ja (75)
◯ nein (78)

b)

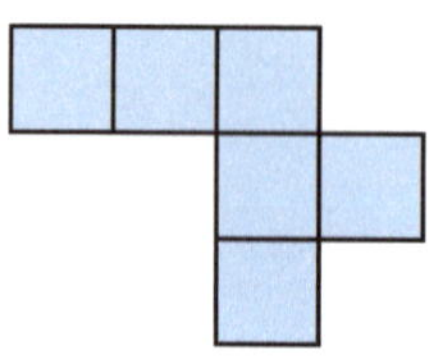

◯ ja (1 000)
◯ nein (200)

7. Wie heißen die Zahlen?

a) 6 T + 4 H + 1 Z + 5 E = ____ b) 3 T + 8 Z + 2 E = ____

c) 4 ZT + 2 T + 3 Z = ____ d) 5 T + 6 H + 9 E = ____

e) 2 ZT + 4 H + 7 Z = ____ f) 9 ZT + 9 T + 9 E = ____

4. a)	4. b)	4. c)	5.	6. a)	6. b)	7. a)	7. b)	7. c)	7. d)	7. e)	7. f)

F | 23
A | 24
S | 54
L | 57
E | 68
U | 74
T | 75
N | 77
I | 79
K | 82
M | 100
T | 150
H | 200
O | 500
L | 600
I | 700
B | 790
A | 800
R | 950
N | 1 000
N | 3 082
A | 5 609
O | 6 415
U | 20 470
L | 42 030
F | 99 009

Überschlagen und halbschriftliches Multiplizieren

Video

Mit dem **Überschlag** erhältst du ein ungefähres Ergebnis.

58 · 3
Ü: 60 · 3 = 180

Das genaue Ergebnis kannst du durch **halbschriftliches Multiplizieren** berechnen.

58 · 3 = 174
50 · 3 = 150
8 · 3 = 24

1. a) 31 · 4
Ü: 30 · 4 = 120

31 · 4 = ____
30 · 4 = ____
1 · 4 = ____

b) 46 · 5
Ü: ____ = ____

46 · 5 = ____
____ = ____
____ = ____

c) 52 · 6
Ü: ____ = ____

52 · 6 = ____
____ · ____ = ____
____ · ____ = ____

b) 67 · 3
Ü: ____ = ____

67 · 3 = ____
____ · ____ = ____
____ · ____ = ____

2. Einige Ergebnisse sind falsch. Du findest sie mit einem Überschlag. Kreuze die falschen Ergebnisse an.

a) 27 · 8 = 356 ◯
66 · 2 = 132 ◯

b) 42 · 5 = 210 ◯
77 · 4 = 408 ◯

c) 58 · 3 = 234 ◯
93 · 5 = 465 ◯

d) 31 · 9 = 209 ◯
89 · 3 = 267 ◯

3. Was gehört zusammen? Färbe jeweils mit der gleichen Farbe.

Aufgabe	Überschlag	Überschlagsergebnis	genaues Ergebnis
36 · 2	40 · 3	80	170
97 · 5	40 · 2	180	485
85 · 2	100 · 5	240	126
78 · 3	90 · 2	120	72
42 · 3	80 · 3	500	234

4. Rechne die Aufgaben, deren Ergebnis kleiner als 300 ist. Ein Überschlag hilft dir.

SB S. 112–115

Schriftliches Multiplizieren

Schriftliches Multiplizieren mit einstelligen Zahlen

Video

2	1	3	·	4
				2

4 · 3 = 12
Schreibe 2
Merke 1

→

2	1	3	·	4
			5	2

4 · 1 = 4
4 + 1 = 5
Schreibe 5

→

2	1	3	·	4
		8	5	2

4 · 2 = 8
Schreibe 8

1. Überschlage zuerst. Berechne danach das genaue Ergebnis.

a) Ü: 4 0 0 · 2 = 8 0 0
4 2 6 · 2

b) Ü:
2 1 7 · 3

c) Ü:
2 1 8 · 4

d) Ü:
1 0 7 · 5

e) Ü:
5 2 4 · 3

f) Ü:
2 4 6 · 6

2. Das Wanderheim kauft 4 neue Fußballtore. Ein Tor kostet 169 €.
Berechne den Gesamtpreis.

Gesamtpreis: ______ €

3. Berechne den Gesamtpreis.

a)

3 Tischtennisplatten

b)

4 Bänke

c)

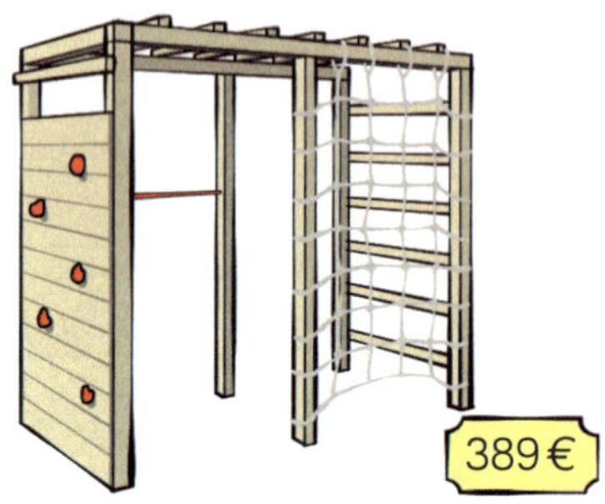

2 Klettergerüste

Gesamtpreis: ______ €

Gesamtpreis: ______ €

Gesamtpreis: ______ €

4. Im Kopf oder schriftlich? Notiere die Ergebnisse.

a) $301 \cdot 3 =$ ______ b) $13 \cdot 3 =$ ______ c) $230 \cdot 3 =$ ______ d) $623 \cdot 2 =$ ______

$22 \cdot 4 =$ ______ $473 \cdot 2 =$ ______ $521 \cdot 4 =$ ______ $468 \cdot 3 =$ ______

5. Drei Lösungen sind falsch. Berichtige.

a) $242 \cdot 3$
~~626~~

$242 \cdot 3$

b) $104 \cdot 5$
520

c) $320 \cdot 4$
1284

d) $286 \cdot 6$
1286

6. Berechne die Einnahmen.

a)

b)

c)

Einnahmen: ______ € Einnahmen: ______ € Einnahmen: ______ €

7. Überschlage zuerst, dann rechne genau.

Aufgabe	Überschlag mit Ergebnis	genaues Ergebnis
a) $417 \cdot 2$	$400 \cdot 2 = 800$	834
b) $209 \cdot 4$		
c) $317 \cdot 3$		
d) $97 \cdot 6$		
e) $392 \cdot 2$		
f) $713 \cdot 7$		

Schriftliches Multiplizieren mit zweistelligen Zahlen Video

3	1	2	·	2	3
		6	2	4	0

Mit den Zehnern multiplizieren

→

3	1	2	·	2	3
		6	2	4	0
			9	3	6

Mit den Einern multiplizieren

→

3	1	2	·	2	3
		6	2	4	0
			9	3	6
		1			
		7	1	7	6

Addieren

8. Überschlage zuerst. Berechne danach das genaue Ergebnis.

a) Ü: 300 · 20 = 6000
312 · 21

b) Ü:
391 · 49

c) Ü:
375 · 24

d) Ü:
506 · 18

9. Die Jugendherberge kauft 12 Fahrräder für die Ausleihe.
Wie viel Euro kosten die Fahrräder insgesamt?

A: ______

10. Im Kopf oder schriftlich? Notiere die Ergebnisse.

a) 301 · 30 = ______
128 · 41 = ______

b) 734 · 15 = ______
100 · 23 = ______

c) 21 · 40 = ______
163 · 17 = ______

d) 648 · 45 = ______
111 · 50 = ______

Schriftliches Dividieren

Schriftliches Dividieren

Video

	5	2	8	:	3	=	1	
−	3	← 1 · 3						
	2							

5 : 3 = 1 Rest 2
1 · 3 = 3

→

	5	2	8	:	3	=	1	7
−	3							
	2	2						
−	2	1	← 7 · 3					
		1						

→

	5	2	8	:	3	=	1	7	6
−	3								
	2	2							
−	2	1							
		1	8						
	−	1	8	← 6 · 3					
			0						

1. Dividiere schriftlich.

a) 75 : 3 =

b) 96 : 4 =

c) 84 : 7 =

d) 946 : 2 =

e) 745 : 5 =

f) 572 : 4 =

2. a) 8631 : 3 =

b) 4735 : 5 =

3. Wie viel Euro kostet ein Reifen?

A: ____________________

4. Bei jeder Aufgabe ist nur ein Überschlag aus dem grünen Feld sinnvoll.
Überschlage damit. Berechne auch das genaue Ergebnis.

a)

1602 : 3	
1600 : 3	1500 : 3

b)

1704 : 6	
1800 : 6	1700 : 6

c)

5496 : 8	
5500 : 8	5600 : 8

Ü: ______________ Ü: ______________ Ü: ______________

5. Vorsicht bei Nullen.

a) 960 : 8 = b) 780 : 6 = c) 805 : 7 =

6. a) 2103 : 3 = b) 3000 : 4 =

7. Der Supermarkt nimmt an einem Tag 1254 leere Flaschen zurück. Immer 6 Flaschen kommen in einen Kasten. Wie viele Kästen werden voll?

A: ______________________________

Division mit Rest

Division mit Rest

Wenn die Division nicht aufgeht, musst du den Rest notieren.

	1	0	0	0	:	7	=	1	4	2	R 6
–		7									
		3	0								
	–	2	8								
			2	0							
		–	1	4							
				6							

Video

1. Bei diesen Aufgaben bleibt ein Rest.

a) 9 1 8 : 5 =

b) 7 4 6 : 7 =

c) 4 9 7 5 : 8 =

d) 3 2 4 4 : 9 =

2. In der Gärtnerei werden Blumen zu Sträußen gebunden.
Wie viele Sträuße werden gebunden? Wie viele Blumen bleiben übrig?

a)

b)

a) _____ Sträuße werden gebunden.

_____ Blumen bleiben übrig.

b) _____ Sträuße werden gebunden.

_____ Blumen bleiben übrig.

SB S. 125–127

1. a) $4 \cdot 8 =$ ___ $6 \cdot 6 =$ ___ $7 \cdot 9 =$ ___ $3 \cdot 5 =$ ___

b) $5 \cdot 9 =$ ___ $3 \cdot 7 =$ ___ $4 \cdot 4 =$ ___ $8 \cdot 3 =$ ___

c) $28 : 7 =$ ___ $15 : 5 =$ ___ $36 : 9 =$ ___ $32 : 4 =$ ___

d) $45 : 5 =$ ___ $64 : 8 =$ ___ $54 : 6 =$ ___ $56 : 7 =$ ___

e) $72 : 9 =$ ___ $42 : 6 =$ ___ $49 : 7 =$ ___ $27 : 9 =$ ___

2. a) $40 \cdot 3 =$ ___ $500 \cdot 5 =$ ___ $70 \cdot 6 =$ ___

b) $7 \cdot 300 =$ ___ $4 \cdot 60 =$ ___ $8 \cdot 400 =$ ___

c) $360 : 6 =$ ___ $450 : 9 =$ ___ $280 : 4 =$ ___

d) $720 : 8 =$ ___ $630 : 7 =$ ___ $300 : 5 =$ ___

3. a)

·	10	100
5		
27		
40		
68		

b)

:	100	10
800		
4100		
200		
3500		

4. Beachte die Rechenregeln.

a) $12 + 3 \cdot 2 =$ ___ $(12 + 3) \cdot 2 =$ ___ $12 \cdot 3 + 2 =$ ___

b) $(16 - 2) \cdot 2 =$ ___ $16 - 2 \cdot 2 =$ ___ $16 - 2 + 2 =$ ___

c) $20 : 2 + 3 =$ ___ $20 : (2 + 3) =$ ___ $20 - 2 \cdot 3 =$ ___

5. Die Lehrerin mietet für die Klasse 5a 3er–Canadier. Es sind 8 Boote. Es bleibt kein Platz frei. Wie viele Schülerinnen und Schüler sind in der Klasse?

R: ___

A: ___

6. In der Klasse 5b sind 24 Schülerinnen und Schüler. Sie mieten 4er–Canadier. Wie viele Boote werden benötigt?

R: ___

A: ___

 SB S. 125–127

7.
a) 367 · 3
b) 508 · 7
c) 731 · 5
d) 429 · 6
e) 542 · 30
f) 684 · 12
g) 304 · 25
h) 453 · 19

8. Bei jeder Aufgabe ist nur ein Überschlag aus dem grünen Feld sinnvoll.
Überschlage damit. Berechne auch das genaue Ergebnis.

a)

2103 : 3	
2100 : 3	2000 : 3

Ü: ____

b)

1920 : 5	
1900 : 5	2000 : 5

Ü: ____

c)

5509 : 7	
5500 : 7	5600 : 7

Ü: ____

9. Im Kopf oder schriftlich? Notiere die Ergebnisse.

a) 421 · 4 = ____
801 · 5 = ____
237 · 7 = ____

b) 111 · 8 = ____
452 · 3 = ____
701 · 9 = ____

c) 320 · 2 = ____
603 · 8 = ____
410 · 5 = ____

d) 500 · 20 = ____
101 · 10 = ____
479 · 30 = ____

10. Manchmal bleibt beim Dividieren ein Rest.

a) 739 : 5 =

b) 7224 : 8 =

SB S. 130–131

5 | Größen

Wie lang und wie breit ungefähr ist die Nordseeinsel Baltrum?

In diesem Kapitel lernst du, ...

... wie du mit Geldbeträgen rechnest.

... wie du Einheiten für die Länge umwandelst und mit ihnen rechnest.

... wie du Aufgaben zum Maßstab löst.

... wie du Einheiten für die Masse umwandelst und mit ihnen rechnest.

... wie du verschiedene Einheiten für die Zeit nutzt und mit ihnen rechnest.

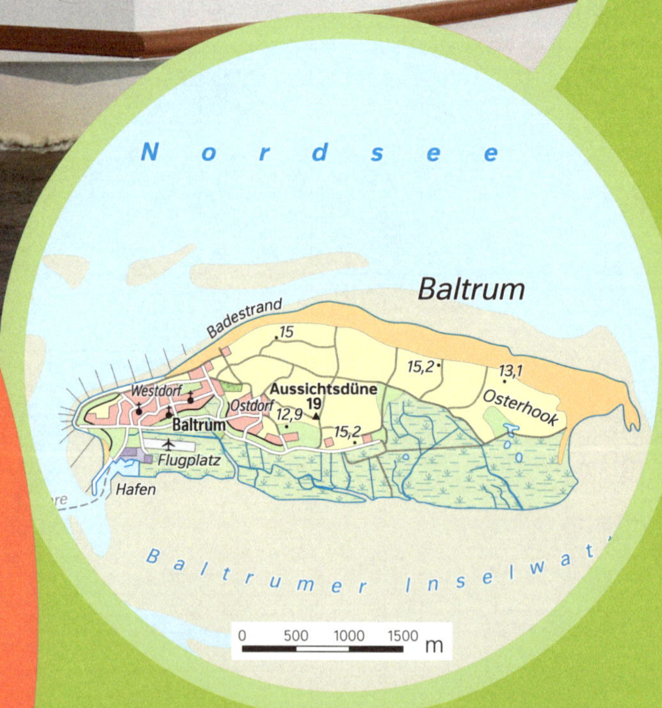

SB S. 132–133

Geld

In vielen Ländern Europas gibt es für Geldbeträge die Einheiten **Euro und Cent**.

Es gilt: **1 Euro = 100 Cent**
1 € = 100 ct

Geldbeträge können unterschiedlich angegeben werden:
- gemischte Schreibweise: 4 € 75 ct
- Kommaschreibweise: 4,75 €
- Cent-Schreibweise: 475 ct

Das Komma trennt Euro und Cent.

	€	ct	
2 € 37 ct = 2,37 €	2	3	7
8 ct = 0,08 €	0	0	8
45 ct = 0,45 €	0	4	5
312 ct = 3,12 €	3	1	2

1. Gib immer drei Schreibweisen an.

a) 

3 € 20 ct
3,20 €
ct

b) 

c) 

d) 

2. Vervollständige die Tabelle.

2 € 34 ct	3 € 28 ct		4 € 80 ct		0 € 85 ct
2,34 €				6,05 €	
234 ct		157 ct			

3. Immer drei Geldbeträge sind gleich. Färbe sie mit der gleichen Farbe.

a)

1,03 €	133 ct	1,30 €
1 € 33 ct	130 ct	103 ct
1 € 3 ct	1,33 €	1 € 30 ct

b)

322 ct	320 ct	3,02 €
3 € 2 ct	3 € 20 ct	3,20 €
3,22 €	302 ct	3 € 22 ct

4. a) 1,27 € = ______ ct
2,54 € = ______ ct
3,60 € = ______ ct

b) 1,08 € = ______ ct
2,40 € = ______ ct
0,37 € = ______ ct

c) 326 ct = ______ €
208 ct = ______ €
74 ct = ______ €

5. Kleiner, größer oder gleich? Setze ein: <, > oder =

a) 4,56 € ☐ 4 € 60 ct
5 € 9 ct ☐ 5,15 €

b) 7,75 € ☐ 775 ct
4 € 8 ct ☐ 4,80 €

c) 254 ct ☐ 2 € 45 ct
304 ct ☐ 3 € 4 ct

6. Tim und Sidra kaufen das gleiche Fischbrötchen. Das Rückgeld berechnen sie unterschiedlich. Vervollständige die Rechnungen.

7. Wie viel Euro gibt es zurück? Notiere die Rechnung mit Ergebnis.

a) 

___

b) 

___

c) 

___

8.

a) 5 € + 2,70 € = ___
6 € + 4,10 € = ___
3 € + 9,40 € = ___

b) 1,50 € + 0,40 € = ___
2,40 € + 1,30 € = ___
3,65 € + 2,10 € = ___

c) 4,90 € + 0,50 € = ___
2,80 € + 1,20 € = ___
1,40 € + 1,90 € = ___

9.

a) 8 € – 1,70 € = ___
9 € – 7,20 € = ___
7 € – 5,80 € = ___

b) 1,80 € – 0,20 € = ___
2,70 € – 1,50 € = ___
3,95 € – 2,70 € = ___

c) 4,50 € – 0,60 € = ___
6,60 € – 1,60 € = ___
5,10 € – 4,80 € = ___

10. Wie viel Euro fehlen noch? Notiere die Rechnung mit Ergebnis.

a) 

___

b) 

___

c) 

___

Längen

Video

Längen werden in den Maßeinheiten **Kilometer (km)**, **Meter (m)**, **Dezimeter (dm)**, **Zentimeter (cm)** und **Millimeter (mm)** angegeben.

Es gilt: 1 km = 1 000 m
1 m = 10 dm = 100 cm = 1 000 mm
1 dm = 10 cm = 100 mm
1 cm = 10 mm

1. Ordne zu.

20 m | 3 m | 1 cm | 90 cm | 6 m | 30 cm

2.

a)	b)	c)
1 m 11 cm = 111 cm	1 m 5 cm = ____ cm	175 cm = __ m ____ cm
1 m 15 cm = ____ cm	2 m 30 cm = ____ cm	108 cm = __ m ____ cm
5 m 98 cm = ____ cm	1 m 9 cm = ____ cm	209 cm = __ m ____ cm
2 m 75 cm = ____ cm	1 m 10 cm = ____ cm	75 cm = __ m ____ cm

3.

a)	b)	c)
1 km 270 m = ____ m	2 km 300 m = ____ m	5 150 m = __ km ____ m
3 km 405 m = ____ m	1 km 85 m = ____ m	4 809 m = __ km ____ m
5 km 685 m = ____ m	1 km 5 m = ____ m	1 075 m = __ km ____ m
2 km 350 m = ____ m	3 km 40 m = ____ m	750 m = __ km ____ m

4. Ergänze.

a)

1 m	
50 cm	
	80 cm
30 cm	
	10 cm
60 cm	

b)

1 m	
75 cm	
	99 cm
	90 cm
55 cm	
	15 cm

c)

1 km	
400 m	
	150 m
70 m	
	985 m
340 m	

Kommaschreibweise bei Längen

Video

Das Komma trennt Meter (m) und Zentimeter (cm).

1 m 15 cm = 1,15 m   104 cm = 1,04 m
3 cm = 0,03 m   71 cm = 0,71 m

m		cm	
	1	0	4
	0	7	1

Das Komma trennt Zentimeter (cm) und Millimeter (mm).

1 cm 3 mm = 1,3 cm   12 mm = 1,2 cm
2 mm = 0,2 cm   105 mm = 10,5 cm

cm		mm
	1	2
1	0	5

1. Vervollständige die Tabelle.

1 m 25 cm	1 m 14 cm				0 m 70 cm
1,25 m		1,71 m		3,01 m	
125 cm			357 cm		

2. Kleiner, größer oder gleich? Setze ein: <, > oder =

a) 134 cm ☐ 3 m
410 cm ☐ 4 m
200 cm ☐ 2 m
50 cm ☐ 5 m

b) 1,72 m ☐ 150 cm
2,16 m ☐ 216 cm
1,15 m ☐ 151 cm
0,52 m ☐ 20 cm

c) 230 cm ☐ 3,05 m
2,11 m ☐ 208 cm
375 cm ☐ 4,02 m
1,35 m ☐ 135 cm

3. Ordne nach der Größe. Beginne mit der kleinsten Länge.

a) 2,51 m   224 cm   2 m 15 cm

2 m 15 cm < ________ < ________

b) 182 cm   1,79 m   1 m 81 cm

________ < ________ < ________

c) 3,08 m   4 m   321 cm

________ < ________ < ________

d) 202 cm   2,09 m   2 m 1 cm

________ < ________ < ________

4.

a) 5 cm = ______ mm
5,8 cm = ______ mm
9,2 cm = ______ mm
0,7 cm = ______ mm

b) 34 mm = ______ cm
25 mm = ______ cm
67 mm = ______ cm
99 mm = ______ cm

c) 104 mm = ______ cm
170 mm = ______ cm
7 mm = ______ cm
139 mm = ______ cm

5. Immer drei Längenangaben sind gleich. Färbe sie in der gleichen Farbe.

5 cm 3 mm	9 cm 2 mm	10 cm 3 mm	2 cm 9 mm	3 cm 5 mm
103 mm	53 mm	92 mm	35 mm	29 mm
2,9 cm	10,3 cm	3,5 cm	5,3 cm	9,2 cm

Das Komma trennt Kilometer (km) und Meter (m). Video

	km	m		
1 km 275 m = 1,275 km	1	2	7	5
65 m = 0,065 km	0	0	6	5

	km	m		
2405 m = 2,405 km	2	4	0	5
1005 m = 1,005 km	1	0	0	5

6. Vervollständige die Tabelle.

1 km 600 m	2 km 500 m				6 km 85 m
1,6 km		3,750 km		0,890 km	
1 600 m			4 810 m		

7. Immer drei Längen sind gleich. Färbe in der gleichen Farbe.

4 km 308 m	4 km 800 m	4 km 300 m	4 km 80 m	4 km 8 m
4,3 km	4,008 km	4,8 km	4,308 km	4,080 km
4 800 m	4 308 m	4 300 m	4 008 m	4 080 m

8. Welche Einheit passt? Trage ein: km oder m

A

Länge: 42 ____

B

Höhe: 30 ____

C
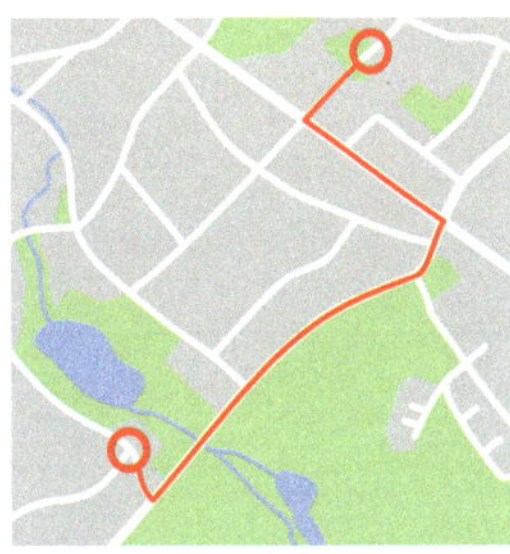

Entfernung: 8 ____

D

Länge: 5 ____

9. Lea steht am Wegweiser. Ergänze.

a) Bis zum Strand sind es ________ m.

b) Bis zum Leuchtturm sind es ________ m.

c) Vom Strand bis zum Leuchtturm sind es ________ m. Das sind ________ km.

10. Kleiner, größer oder gleich? Setze ein: <, > oder =

a)			b)			c)		
2,5 km	☐	2 050 m	1 800 m	☐	1,8 km	2 650 m	☐	2,506 km
1,7 km	☐	1 700 m	3 400 m	☐	4,3 km	850 m	☐	0,850 km
0,9 km	☐	90 m	1 750 m	☐	1,7 km	2 250 m	☐	2,520 km

Video

Beim **Rechnen mit Längen** gehst du so vor:

① Wandle um in eine kleinere Einheit ohne Komma.
② Rechne ohne Komma.
③ Wandle dein Ergebnis wieder um in die größere Einheit.

1,45 m + 20 cm =
145 cm + 20 cm =
165 cm = 1,65 m

1,5 km · 5 =
1 500 m · 5 =
7 500 m = 7,5 km

11. Wie groß sind die Schülerinnen?

Ich bin 1,85 m groß.

Herr Güler

1,85 m

Ich bin 35 cm kleiner als Herr Güler.

Anna

___

Ich bin 3 cm größer als Anna.

Hatice

___

Ich bin 2 cm kleiner als Hatice.

Julia

___

12. a) 5,10 m + 42 cm =
___ cm + 42 cm =
___ cm = ___ m

b) 1,75 m + 50 cm =
___ =
___

c) 1,250 km + 300 m =
___ =
___

d) 2,35 m − 15 cm =
___ =
___

e) 1,25 m − 30 cm =
___ =
___

f) 2,750 km − 400 m =
___ =
___

13. a) 1,2 cm + 5 mm =
___ mm + 5 mm =
___ mm = ___ cm

b) 2,8 cm − 6 mm =
___ =
___

c) 1,5 cm − 8 mm =
___ =
___

14. Wie viel Meter weit können die Tiere springen?

a)

Körperlänge: 0,08 m
Springt 8-mal so weit.

0,08 m · 8 =
8 cm · 8 =
___ cm = ___ m

b)

Körperlänge: 0,2 m
Springt 4-mal so weit.

0,2 m · 4 =
___ cm · 4 =
___ cm = ___ m

c)

Körperlänge: 1,2 m
Springt 2-mal so weit.

___ =
___ =
___ cm = ___ m

SB S. 136–139

15. Immer zwei Längen ergeben zusammen 1 m. Färbe sie in der gleichen Farbe.

25 cm | 0,3 m | 0,49 m | 37 cm

75 cm | 70 cm

0,63 m | 0,51 m

16. Gib die Länge des Schulwegs in Kilometer an.

a) Ich gehe genau 500 m weit zur Schule.

Akim: ______ km

b) Ich gehe 1 km weiter als Akim.

Sina: ______ km

c) Ich gehe dreimal so weit wie Akim.

Janis: ______ km

d) Ich gehe 350 m weiter als Akim.

Jan: ______ km

17. a) 2 m

140 cm	
	130 cm
	90 cm
25 cm	

b) 4 km

3 500 m	
2 900 m	
	1 800 m
500 m	

c) 5 km

4 850 m	
	4 050 m
2 950 m	
	1 760 m

18. Leonard springt 2,85 m weit. Tarek springt 60 cm weiter.

F: ______

A: ______

19. Welche Aussagen stimmen? Kreuze an.

- ◯ Conni ist größer als Hao.
- ◯ Hao ist kleiner als Murat.
- ◯ Sven ist 1 cm kleiner als Murat.
- ◯ Lily ist 3 cm kleiner als Sven.
- ◯ Murat ist 4 cm größer als Conni.
- ◯ Hao ist 1 cm kleiner als Lily.

Maßstab

2fache Verkleinerung
Maßstab 1 : 2

Wirkliche Größe
Maßstab 1 : 1

2fache Vergrößerung
Maßstab 2 : 1

Video

Der **Maßstab** gibt an, wie verkleinert oder vergrößert wird.

1 : 10 gesprochen **1 zu 10**
1 cm in der Abbildung entspricht
10 cm in Wirklichkeit (**Verkleinerung**).

10 : 1 gesprochen **10 zu 1**
10 cm in der Abbildung entsprechen
1 cm in Wirklichkeit (**Vergrößerung**).

1. Ordne zu.

2fache Vergrößerung | wirkliche Größe | 2fache Verkleinerung

Maßstab 2 : 1 | Maßstab 1 : 2 | Maßstab 1 : 1

2. Der Maßstab ist angegeben. Bestimme die fehlenden Werte.

a)

1 : 5	
Abbildung	Wirklichkeit
1 cm	5 cm
2 cm	10 cm
3 cm	
4 cm	

b)

5 : 1	
Abbildung	Wirklichkeit
5 cm	1 cm
10 cm	2 cm
15 cm	
20 cm	

c)

1 : 6	
Abbildung	Wirklichkeit
1 cm	6 cm
2 cm	
3 cm	
4 cm	

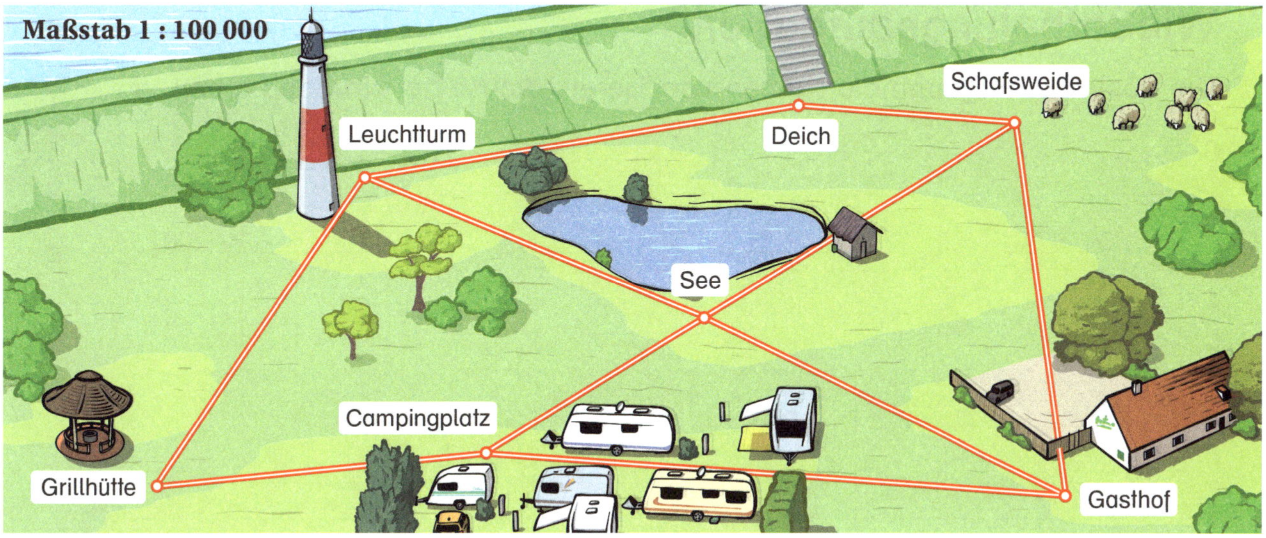

3. Vervollständige die Aussage zum Maßstab der Karte.

1 cm auf der Karte entspricht ______ cm = ______ m = _____ km in Wirklichkeit.

4. Miss die Strecken auf der Karte. Dann bestimme die Entfernungen in Wirklichkeit.

		Karte	Wirklichkeit
a)	Leuchtturm – Deich		
b)	Deich – Schafweide		
c)	Gasthof – See		

5. Ayla und Lewin planen eine Radtour.

a) Miss die Länge jeder Teilstrecke auf der Karte. Trage die Länge in Wirklichkeit ein.

Gasthof – Campingplatz – See – Schafweide – Gasthof

_____ km _____ km _____ km _____ km Gesamtlänge: _____ km

b) Bestimme die Gesamtlänge der Radtour. Trage ein.

6. a) Max plant einen Weg von der Grillhütte zum See und weiter zur Schafweide. Bestimme die Gesamtlänge des Weges.

Grillhütte – Campingplatz – See – Schafweide

______________________ Gesamtlänge: _____

b) Gib einen anderen Weg von der Grillhütte zum See und weiter zur Schafweide an. Bestimme die Gesamtlänge dieses Weges.

Grillhütte – __________ – See – Schafweide

______________________ Gesamtlänge: _____

Wiederholungsaufgaben

Die Lösungen ergeben die Namen von Tieren, die an der Nordsee leben.

1. a) 160 —(+ 20)→ ____ —(+ ____)→ 200 —(− ____)→ 190 —(− ____)→ 120

b) 200 —(− ____)→ 170 —(+ 50)→ ____ —(− 30)→ ____ —(+ ____)→ 200

c) 570 —(− 50)→ ____ —(+ 200)→ ____ —(+ 60)→ ____ —(− ____)→ 720

1. a)				1. b)				1. c)			

---

2. a)

	1	7	8
+		1	6

b)

	1	8	5
+	3	3	5

c)

	1	8	9
+	2	4	2

d)

	4	0	3
+	5	0	8

3. a)

	5	2	9
−	3	4	5

b)

	2	4	8
−	1	5	8

c)

	5	2	3
−	4	4	4

d)

	7	2	7
−	6	6	7

2. a)	2. b)	2. c)	2. d)	3. a)	3. b)	3. c)	3. d)

---

4. a) 95 · 2 b) 314 · 2 c) 231 · 3 d) 157 · 4

e) 97 · 2 f) 108 · 6 g) 182 · 3 h) 296 · 2

5. a) 5875 : 5 = b) 4296 : 4 =

4. a)	4. b)	4. c)	4. d)	4. e)	4. f)	4. g)	4. h)	5. a)	5. b)

R | 10
T | 20
N | 30
E | 60
A | 70
W | 79
Ö | 90
S | 180
M | 184
K | 190
L | 194
D | 220
C | 431
A | 520
O | 546
B | 592
E | 628
R | 648
G | 693
B | 720
B | 780
H | 911
U | 998
E | 1074
B | 1175
S | 1915

Digital+ WES-128744-146

SB S. 146–149

Masse

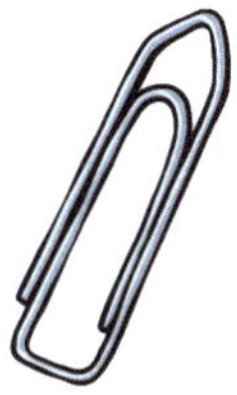

1 g

100 g

1 kg

1 t

Video

Im Alltag nennt man **Masse** oft Gewicht.

Kleine Massen gibt man in **Gramm (g)** oder in **Kilogramm (kg)** an. 1 000 g = 1 kg

Große Massen gibt man in **Tonnen (t)** an. 1 000 kg = 1 t

1. Ordne zu.

60 g

10 kg

350 g

5 g

3 kg

38 kg

180 g

1 kg

2. Was ist schwerer als 1 000 kg? Kreuze an.

 ◯

 ◯

 ◯

 ◯

3. a) 1 750 g = ___ kg ______ g b) 5 050 g = ___ kg ______ g c) 2 kg 850 g = ______ g

3 405 g = ___ kg ______ g 705 g = ___ kg ______ g 3 kg 105 g = ______ g

2 010 g = ___ kg ______ g 6 004 g = ___ kg ______ g 5 kg 80 g = ______ g

4. a) 2 350 kg = ___ t ______ kg b) 3 007 kg = ___ t ______ kg c) 2 t 400 kg = ______ kg

4 009 kg = ___ t ______ kg 9 900 kg = ___ t ______ kg 4 t 250 kg = ______ kg

3 999 kg = ___ t ______ kg 602 kg = ___ t ______ kg 1 t 75 kg = ______ kg

Das Komma trennt Kilogramm (kg) und Gramm (g). Video

	kg	g		
1 kg 438 g = 1,438 kg	1	4	3	8
275 g = 0,275 kg	0	2	7	5

	kg	g		
2976 g = 2,976 kg	2	9	7	6
1057 g = 1,057 kg	1	0	5	7

5. a) 3428 g = ______ kg b) 1,375 kg = ______ g c) 1,5 kg = ______ g

1050 g = ______ kg 2,100 kg = ______ g 6,3 kg = ______ g

2780 g = ______ kg 3,060 kg = ______ g 0,8 kg = ______ g

6. Vervollständige die Tabelle.

4 kg 372 g	1 kg 489 g				0 kg 275 g
4,372 kg		3,821 kg		6,320 kg	
4372 g			2500 g		

7. Wie schwer sind die Waren?

a)

______ g = ______ kg

b)

______ g = ______ kg

c)

______ g = ______ kg

8. Immer zwei Gewichte ergeben zusammen 1 kg. Färbe in der gleichen Farbe.

a)

400 g	850 g
750 g	600 g
150 g	700 g
300 g	250 g

b)

930 g	800 g
200 g	360 g
520 g	70 g
640 g	480 g

c)

950 g	450 g
550 g	50 g
190 g	720 g
280 g	810 g

9. Ergänze die fehlenden Werte in der Tabelle.

Anzahl	3	5	5	4	2
Gesamtgewicht in g					
Gesamtgewicht in kg					

Digital+ WES-128744-147

SB S. 146–149

Das Komma trennt Tonne (kg) und Kilogramm (g).

Video

	t	kg		
1 t 875 kg = 1,875 t	1	8	7	5
948 kg = 0,948 t	0	9	4	8

	t	kg		
7465 kg = 7,465 t	7	4	6	5
2035 kg = 2,035 t	2	0	3	5

10. a) 2715 kg = ________ t
4205 kg = ________ t
8420 kg = ________ t

b) 1,800 t = ________ kg
5,040 t = ________ kg
0,655 t = ________ kg

c) 1,5 t = ________ kg
3,2 t = ________ kg
0,7 t = ________ kg

11. Vervollständige die Tabelle.

1 t 470 kg	2 t 390 kg				0 t 375 kg
1,470 t		3,620 t		4,8 t	
1 470 kg			5 080 kg		

12. Die Kisten wiegen zusammen 1 t. Ergänze das fehlende Gewicht.

a)

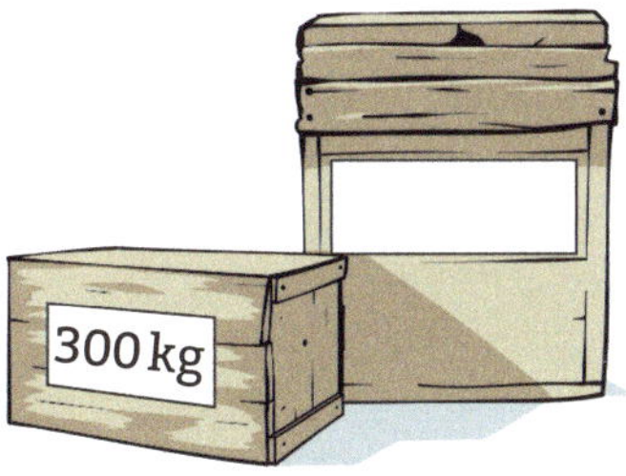

b)

c)

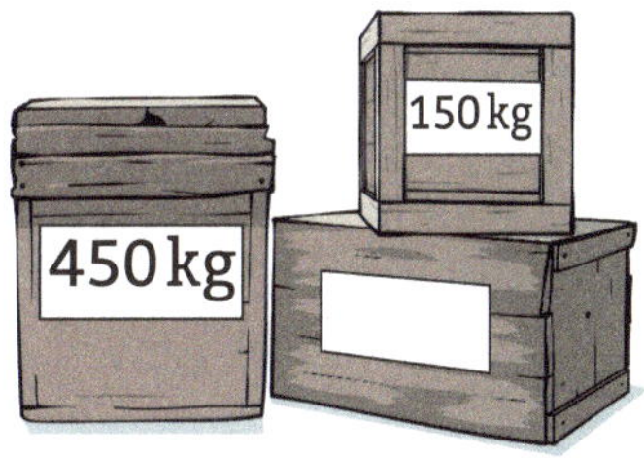

13. Stimmt die Aussage? Kreuze an.

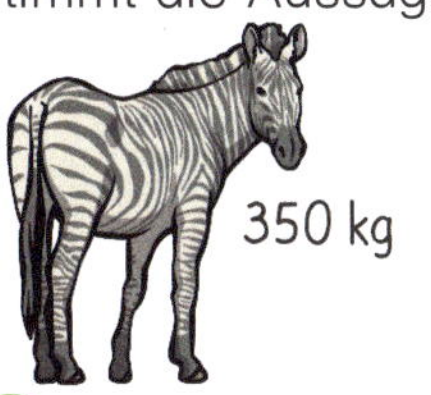

- ◯ Das Zebra und der Löwe sind zusammen schwerer als das Flusspferd.
- ◯ Der Löwe wiegt 150 kg weniger als das Zebra.
- ◯ Der See-Elefant wiegt 1 t mehr als das Flusspferd.
- ◯ Das Zebra wiegt doppelt so viel wie der Löwe.
- ◯ Der See-Elefant wiegt mehr als das Zebra und das Flusspferd zusammen.

14. a)

1 t	
700 kg	
	800 kg
350 kg	

b)

5 t	
4 t 600 kg	
	3 t 900 kg
2 t 500 kg	

c)

6 t	
5,7 t	
	4,6 t
3,8 t	

Zeit

Ein Jahr hat 365 Tage.
1 Jahr = 365 Tage

Ein Jahr hat 12 Monate.
1 Jahr = 12 Monate

Eine Woche hat 7 Tage.
1 Woche = 7 Tage

	Januar	Februar	März	April	Mai	Juni
Montag	4 11 18 25	1 8 15 22 29	7 14 21 28	4 11 18 25	2 9 16 23 30	6 13 20 27
Dienstag	5 12 19 26	2 9 16 23	1 8 15 22 29	5 12 19 26	3 10 17 24 31	7 14 21 28
Mittwoch	6 13 20 27	3 10 17 24	2 9 16 23 30	6 13 20 27	4 11 18 25	1 8 15 22 29
Donnerstag	7 14 21 28	4 11 18 25	3 10 17 24 31	7 14 21 28	5 12 19 26	2 9 16 23 30
Freitag	1 8 15 22 29	5 12 19 26	4 11 18 25	1 8 15 22 29	6 13 20 27	3 10 17 24
Samstag	2 9 16 23 30	6 13 20 27	5 12 19 26	2 9 16 23 30	7 14 21 28	4 11 18 25
Sonntag	3 10 17 24 31	7 14 21 28	6 13 20 27	3 10 17 24	1 8 15 22 29	5 12 19 26

	Juli	August	September	Oktober	November	Dezember
Montag	4 11 18 25	1 8 15 22 29	5 12 19 26	3 10 17 24 31	7 14 21 28	5 12 19 26
Dienstag	5 12 19 26	2 9 16 23 30	6 13 20 27	4 11 18 25	1 8 15 22 29	6 13 20 27
Mittwoch	6 13 20 27	3 10 17 24 31	7 14 21 28	5 12 19 26	2 9 16 23 30	7 14 21 28
Donnerstag	7 14 21 28	4 11 18 25	1 8 15 22 29	6 13 20 27	3 10 17 24	1 8 15 22 29
Freitag	1 8 15 22 29	5 12 19 26	2 9 16 23 30	7 14 21 28	4 11 18 25	2 9 16 23 30
Samstag	2 9 16 23 30	6 13 20 27	3 10 17 24	1 8 15 22 29	5 12 19 26	3 10 17 24 31
Sonntag	3 10 17 24 31	7 14 21 28	4 11 18 25	2 9 16 23 30	6 13 20 27	4 11 18 25

1. Kreise das Datum im Kalender ein. Notiere den Wochentag.

Klassenfest 10.5.	Heiligabend 24.12.	1. Schultag 25.8.	Tims Geburtstag 11.11.
Dienstag	______	______	______
Neujahr 1.1.	**Wandertag 17.9.**	**Nikolaustag 6.12.**	**Dein Geburtstag ______**
______	______	______	______

2. a) 21 Tage = ______ Wochen
14 Tage = ______ Wochen
28 Tage = ______ Wochen

b) 16 Tage = ______ Wochen ______ Tage
24 Tage = ______ Wochen ______ Tage
30 Tage = ______ Wochen ______ Tage

3. a) 1 Jahr = ______ Monate
2 Jahre = ______ Monate
3 Jahre = ______ Monate

b) 1 Jahr 3 Monate = ______ Monate
3 Jahre 3 Monate = ______ Monate
2 Jahre 6 Monate = ______ Monate

4. Ordne das Alter zu.

Ich bin älter als 137 Monate.

Ruth

Ich bin jünger als 126 Monate.

Lelina

In 5 Monaten werde ich 11 Jahre alt.

Hassan

In 7 Monaten werde ich 12 Jahre alt.

Moritz

11 Jahre 5 Monate | 10 Jahre 5 Monate | 11 Jahre 7 Monate | 10 Jahre 7 Monate

Video

Ein Tag hat 24 Stunden.

1 Tag = 24 Stunden

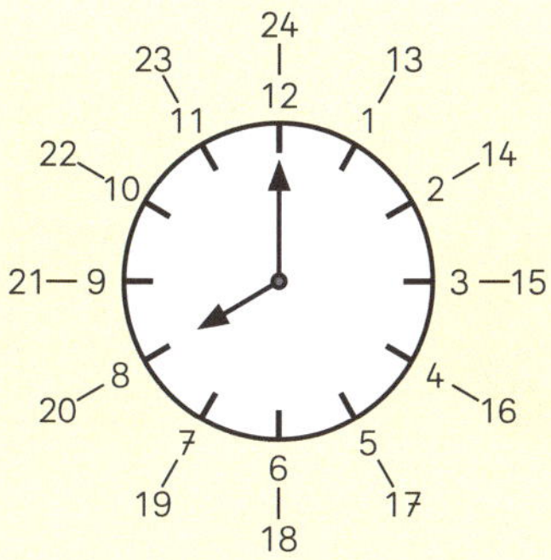

5. Notiere die Uhrzeiten. Es gibt zwei Möglichkeiten.

a) 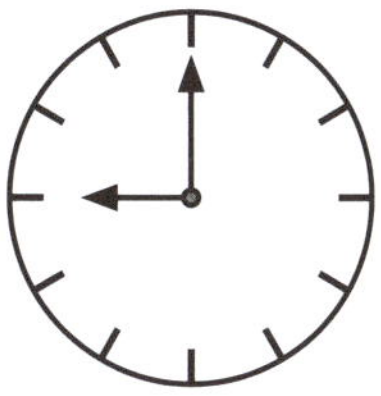 b)  c) 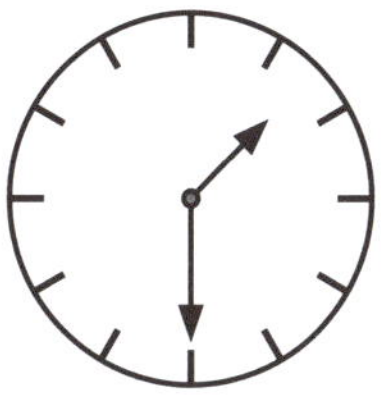 d) 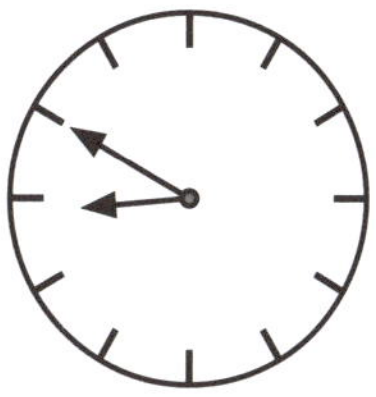 e) 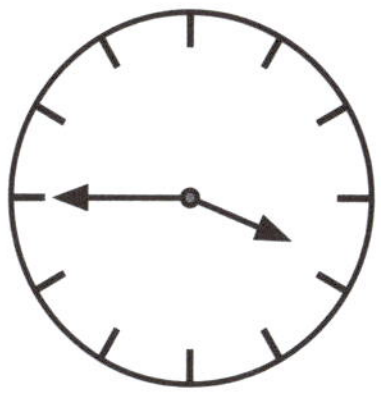

a)	b)	c)	d)	e)
9:00 Uhr	______	______	______	______
21:00 Uhr	______	______	______	______

Video

Eine Stunde hat 60 Minuten.
1 h = 60 min

Eine Minute hat 60 Sekunden.
1 min = 60 s

6. a) 1 h = ______ min
2 h = ______ min
5 h = ______ min

b) 3 h = ______ min
4 h = ______ min
6 h = ______ min

c) 600 min = ______ h
120 min = ______ h
300 min = ______ h

7. a) 30 min + ______ min = 1 h
15 min + ______ min = 1 h
40 min + ______ min = 1 h
52 min + ______ min = 1 h

b) 25 min + ______ min = 1 h
10 min + ______ min = 1 h
55 min + ______ min = 1 h
12 min + ______ min = 1 h

8. a) 1 min = ______ s
2 min = ______ s

b) 5 min = ______ s
4 min = ______ s

c) 600 s = ______ min
180 s = ______ min

9. Wie viel Minuten sind vergangen?

a) 

A: ______________________

b) 

A: ______________________

10. Die Uhr zeigt an, wann die Kinder morgens aus dem Haus gehen.
Um wie viel Uhr kommen die Kinder in der Schule an?

a) 

____

b) 

____

c) 

____

d) 

____

11. Wie viele Minuten sind vergangen? Trage ein.

a)  30 min → 

b)  ____ min → 

c)  ____ min → 

d)  ____ min → 

12. Wie viel Uhr ist es jetzt? Zeichne die Zeiger ein.

a)  25 min → 

b)  55 min → 

c)  45 min → 

d)  40 min → 

13. Trage die fehlenden Uhrzeiten ein.

a) 19:45 → 30 min → ______

b) ______ → 15 min → 08:45

c) 17:30 → 50 min → ______

d) ______ → 40 min → 11:20

SB S. 150–153

14. Ergänze die Angaben zur Busfahrt.

Abfahrt	
Fahrzeit	
Ankunft	

Schnellbus Berga-Kamp						
Haltestelle	Montag bis Freitag					
Berga	ab	13:25	13:50	14:25	14:50	15:25
Ketel	an/ab	13:40	14:05	14:40	15:05	15:40
Sund	an/ab	13:50	14:15	14:50	15:15	15:50
Irfen	an/ab	14:00	14:25	15:00	15:25	16:00
Kamp	an	14:30	14:55	15:30	15:55	16:30

15. Trage die Fahrzeiten ein.

Berga ____ min → Ketel ____ min → Sund ____ min → Irfen ____ min → Kamp

16. Wie viele Minuten dauert die Fahrt von Berga nach Kamp?

A: ____________________

17. Ergänze die fehlenden Angaben.

a) Ivo steigt um 15:15 Uhr in Sund ein. Er kommt um ________ Uhr in Kamp an.

b) Tarfa fährt um 14:25 Uhr in ________ ab.
Nach 25 Minuten Fahrt kommt sie um ________ Uhr in ________ an.

c) Frau Özkan aus Berga muss um 15:45 Uhr in Kamp sein.
Sie muss mit dem Bus in Berga spätestens um ________ Uhr abfahren.

d) Herr Bielak wohnt in Kamp. Er arbeitet in Sund bis 14:30 Uhr.
Mit dem Bus kann er frühestens um ________ Uhr nach Hause fahren.

e) Norbert kommt um 15:55 Uhr in ________ an. Seine Fahrt dauerte 50 Minuten.
Er ist um ________ Uhr in ________ losgefahren.

f) Malaika fährt um 15:40 Uhr in ________ ab. Der Bus kommt in Irfen mit einer Verspätung von 5 Minuten um ________ Uhr an. Ihre Fahrt dauerte ________ Minuten.

1. Trage für die Urlaubsfahrt passend ein: €, km, min, h, kg

a) Die Fahrt mit dem Auto dauert ungefähr 7 ______.

b) Insgesamt darf das Auto höchstens 1800 ______ wiegen.

c) An einer Raststätte macht die Familie 30 ______ Pause.

d) Auf der Strecke liegt ein Tunnel. Er ist 6 ______ lang.

e) Das Benzin für die Fahrt kostet ungefähr 130 ______.

2. Vervollständige die Tabelle.

2€ 15ct			5€ 8ct		
	3,08€				6,04€
		587ct		329ct	

3. Wie viel Euro bleiben übrig? Notiere die Rechnung mit Ergebnis.

a) 

______

b) 

______

c) 

______

4. a) 6€ + 2,30€ = ______

8€ + 0,40€ = ______

3€ + 4,70€ = ______

9€ + 1,80€ = ______

b) 8,20€ + 1,80€ = ______

2,30€ + 2,50€ = ______

7,10€ + 2,60€ = ______

9,40€ + 2,10€ = ______

c) 6€ − 3,60€ = ______

3€ − 2,30€ = ______

7€ − 3,40€ = ______

9€ − 6,70€ = ______

5. Wie viel Euro fehlen noch? Notiere die Rechnung mit Ergebnis.

a) 

______

b) 

______

c) 

______

6. Wandle um.

a) 3,50 m = ______ cm
1,05 m = ______ cm
8,99 m = ______ cm
0,87 m = ______ cm

b) 245 cm = ______ m
705 cm = ______ m
650 cm = ______ m
45 cm = ______ m

c) 3,5 cm = ______ mm
0,9 cm = ______ mm
90 mm = ______ cm
15 mm = ______ cm

7. Welche Aussagen stimmen? Kreuze an.

- ◯ Enno ist größer als Marie.
- ◯ Kemal ist größer als Anna.
- ◯ Anna ist 3 cm kleiner als Enno.
- ◯ Lukas ist 1 cm größer als Kemal.
- ◯ Marie ist 4 cm kleiner als Lukas.
- ◯ Anna ist 4 cm kleiner als Lukas.

8. Ordne nach der Größe. Beginne mit der größten Länge.

a) 2 m   300 cm   4 mm

______ > ______ > ______

b) 1,55 m   75 cm   0,80 m

______ > ______ > ______

c) 50 mm   7,3 cm   1,45 m

______ > ______ > ______

d) 0,45 m   72 mm   37 cm

______ > ______ > ______

9. Vervollständige die Tabelle.

5 km 730 m				4 km 85 m	
5,730 km	3,090 km				1,9 km
5 730 m		6 850 m	725 m		

10. Gib die Länge der Schulwege in Kilometer an.

a)

Lea: ______ km

b)

Kian: ______ km

c)

Elif: ______ km

d)

Fred: ______ km

11. Die Länge in Wirklichkeit ist angegeben. Trage ein.

a)

Maßstab 1:50
Länge in Wirklichkeit: 400 cm

50fach verkleinert: ________

b)

Maßstab 4:1
Länge in Wirklichkeit: 6 cm

4fach vergrößert: ________

12. Der Maßstab ist angegeben. Bestimme die fehlenden Werte.

a)

1:3	
Abbildung	Wirklichkeit
1 cm	3 cm
2 cm	6 cm
3 cm	
4 cm	

b)

6:1	
Abbildung	Wirklichkeit
6 cm	1 cm
12 cm	
18 cm	
24 cm	

c)

1:7	
Abbildung	Wirklichkeit
1 cm	7 cm
2 cm	
3 cm	
4 cm	

13. Trage die passende Einheit für das Gewicht der Tiere ein: g, kg oder t

40 ________

35 ________

0,8 ________

5,5 ________

2 ________

14. Vervollständige die Tabelle.

5 kg 207 g	2 kg 155 g				4 kg 25 g
5,207 kg		3,205 kg		0,8 kg	
5207 g			3700 g		

15. a) 1340 kg = ________ t
3900 kg = ________ t
4806 kg = ________ t
3070 kg = ________ t
850 kg = ________ t

b) 3,200 t = ________ kg
2,050 t = ________ kg
0,475 t = ________ kg
1,105 t = ________ kg
0,650 t = ________ kg

c) 2,9 t = ________ kg
0,2 t = ________ kg
1,6 t = ________ kg
2,1 t = ________ kg
0,8 t = ________ kg

16. a) 1 Jahr 3 Monate = ______ Monate
2 Jahre 7 Monate = ______ Monate

b) 26 Monate = ______ Jahre ______ Monate
30 Monate = ______ Jahre ______ Monate

c) 2 Wochen 3 Tage = ______ Tage
4 Wochen 2 Tage = ______ Tage

d) 20 Tage = ______ Wochen ______ Tage
40 Tage = ______ Wochen ______ Tage

17. Notiere die Uhrzeiten. Es gibt zwei Möglichkeiten.

a) 
b) 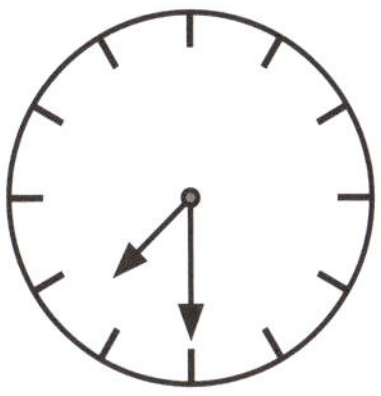
c) 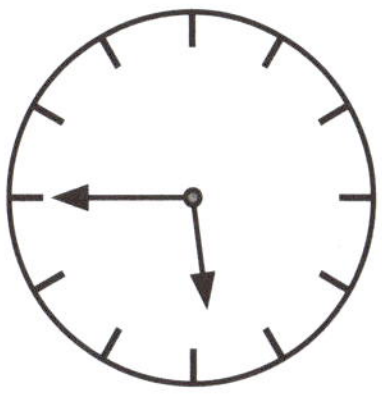
d) 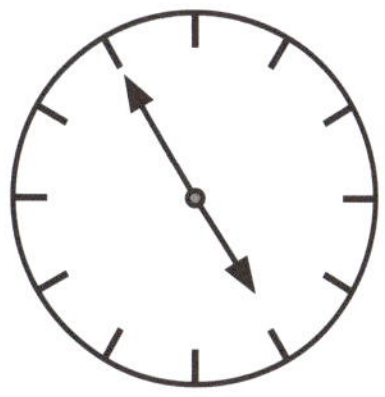
e) 

13. Zeichne die Zeiger ein.

a) 08:00 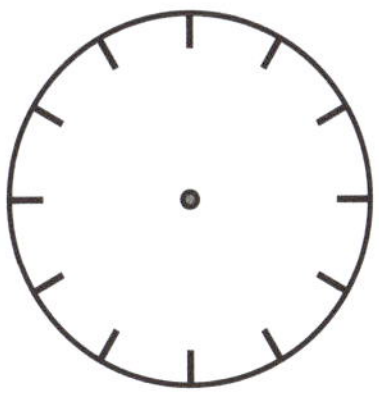
b) 09:30 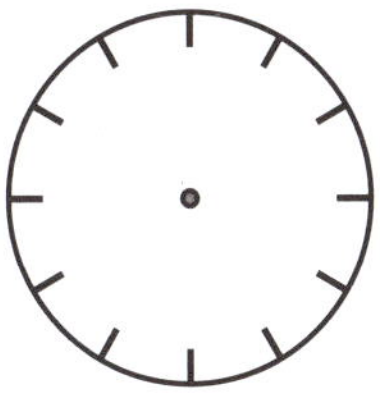
c) 12:30 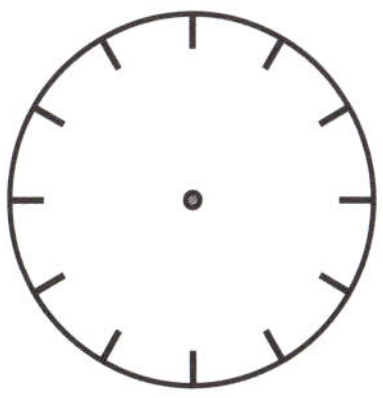
d) 16:45 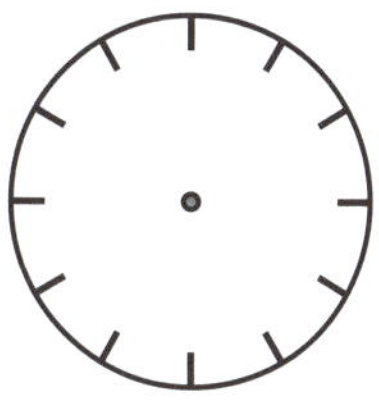
e) 21:15 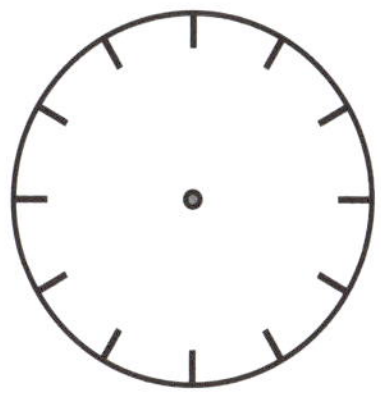

14. a) 50 min + ______ min = 1 h
45 min + ______ min = 1 h

b) 35 min + ______ min = 1 h
15 min + ______ min = 1 h

20. Die Uhr zeigt die Abfahrtszeit an. Notiere die Ankunftzeit.

a) 

b) 

c) 

d) 

9. Vervollständige die Tabelle.

Abfahrt	10:00 Uhr	11:10 Uhr			20:10 Uhr	21:20 Uhr
Fahrzeit	40 min	30 min	30 min	40 min		
Ankunft			12:40 Uhr	15:00 Uhr	20:55 Uhr	21:45 Uhr

SB S. 160 – 161

6 Umfang und Flächeninhalt

Der Schulhof der Rosa-Parks-Schule soll neu gestaltet werden.

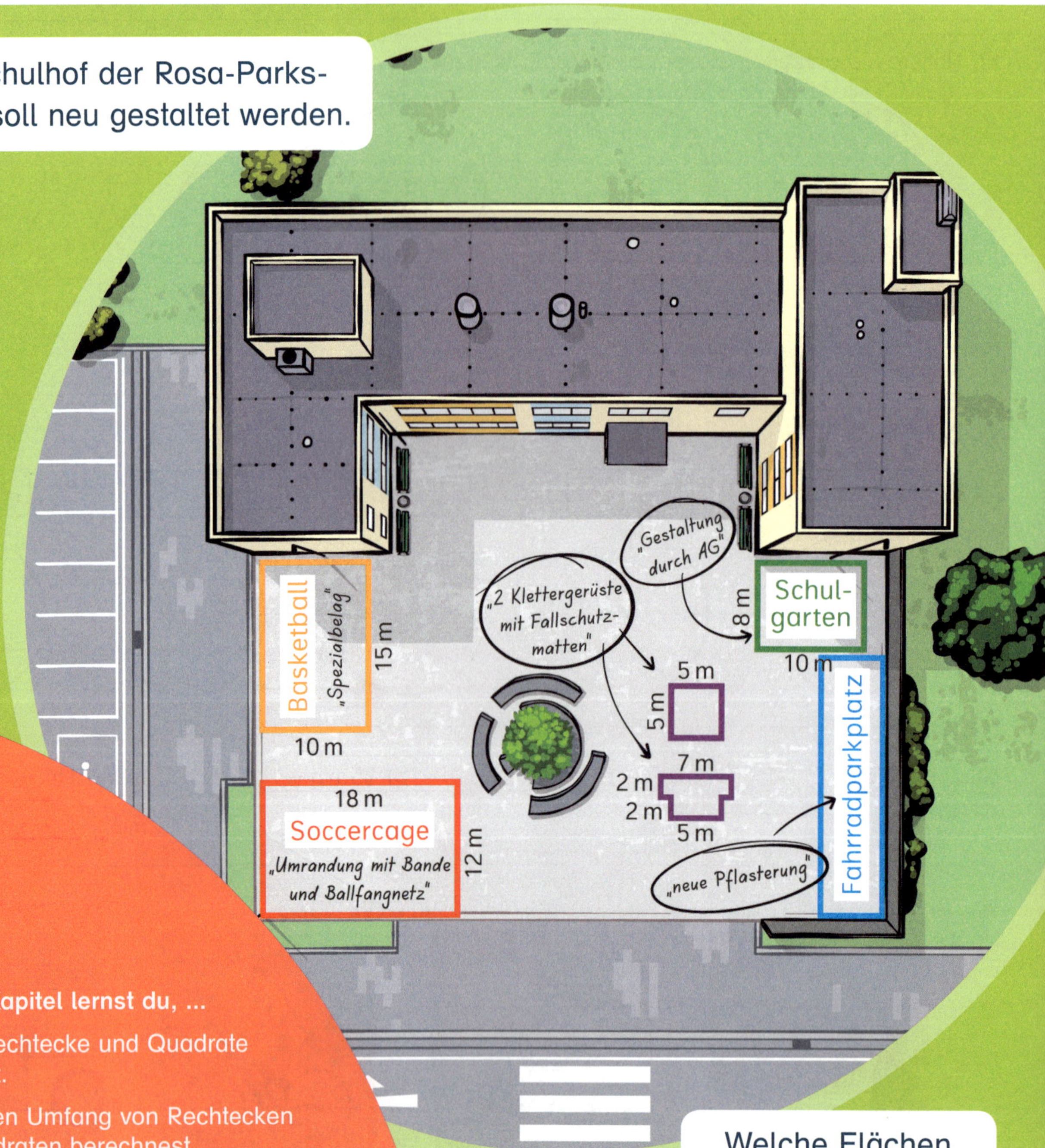

In diesem Kapitel lernst du, ...

... wie du Rechtecke und Quadrate zeichnest.

... wie du den Umfang von Rechtecken und Quadraten berechnest.

... wie du den Flächeninhalt von Rechtecken und Quadraten bestimmst.

... wie du Flächeneinheiten umwandelst.

... wie du den Umfang und den Flächeninhalt von zusammengesetzten Flächen berechnest.

Welche Flächen müssen neu belegt werden?

Welche Bereiche müssen umrandet oder eingezäunt werden?

Digital+ WES-128744-162

SB S. 162–163

Rechteck und Quadrat

Video

Ein **Rechteck** hat vier rechte Winkel.
Gegenüberliegende Seiten sind gleich lang.
Gegenüberliegende Seiten sind parallel.

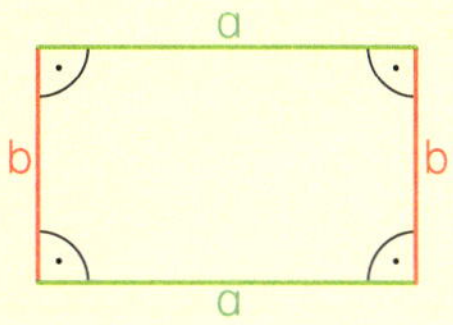

Ein **Quadrat** ist ein besonderes Rechteck.
Alle Seiten sind gleich lang.
Auch ein Quadrat hat vier rechte Winkel.
Gegenüberliegende Seiten sind parallel.

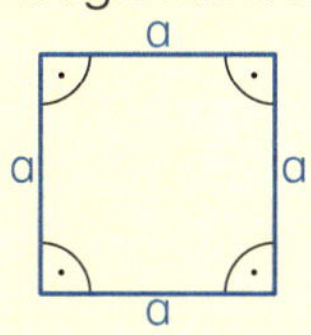

So zeichnest du ein Rechteck mit den Seitenlängen a = 5 cm und b = 3 cm.

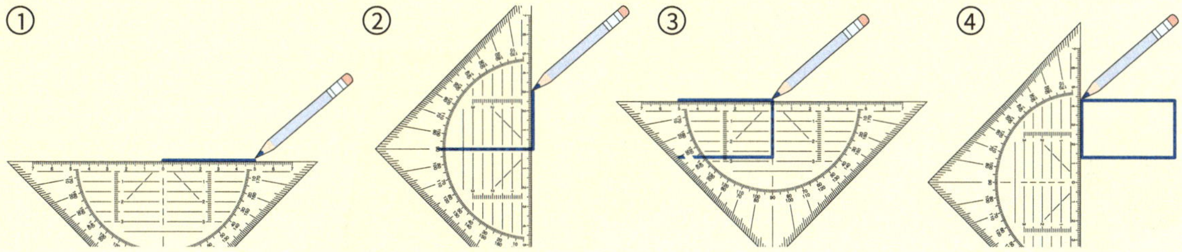

1. Ist die Aussage wahr oder falsch? Kreuze an.

	wahr	falsch
a) Jedes Rechteck hat vier gleich lange Seiten.		
b) In jedem Rechteck sind die gegenüberliegenden Seiten gleich lang.		
c) Jedes Quadrat hat vier gleich lange Seiten.		
d) Jedes Quadrat hat vier Ecken.		
e) In jedem Rechteck sind die gegenüberliegenden Seiten parallel.		

2. Miss die Seitenlängen. Ergänze zum Rechteck.

a)

_____ cm

_____ cm

b)

_____ cm

_____ cm

3. Zeichne das Rechteck.

a) a = 5 cm, b = 3 cm

b) a = 2 cm, b = 4 cm

c) a = 4 cm, b = 4 cm

a

a

a

Umfang einer Fläche

Der **Umfang u** einer Figur ist die **Summe ihrer Seitenlängen**.
Du berechnest ihn, indem du alle Seitenlängen der Figur addierst.

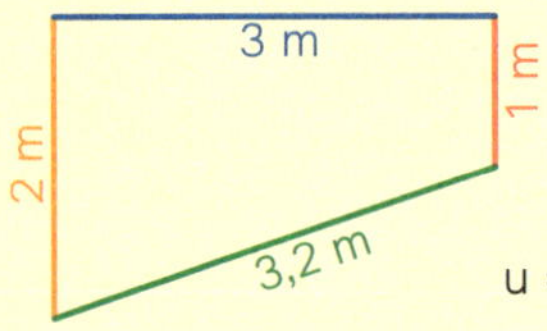

u = 2 m + 3 m + 1 m + 3,2 m = 9,2 m

1. Welche Schnecke hat den längeren Weg um die Figur herum?

Rudi:

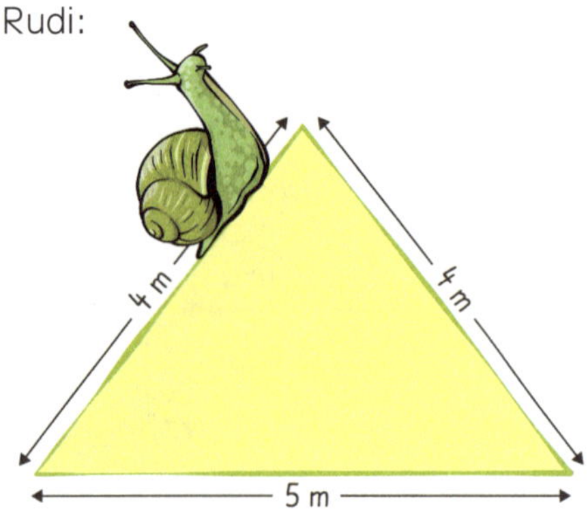

Isi:

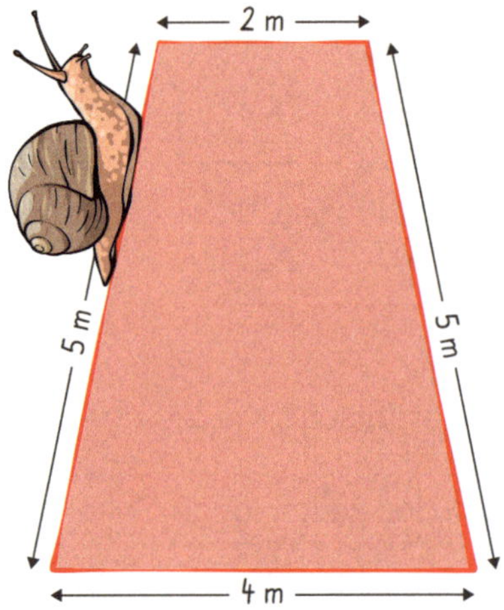

Länge des Weges:

_____ m + _____ m + _____ m = _____ m

Länge des Weges:

_____ m + _____ m + _____ m + _____ m = _____ m

A: Den längeren Weg hat __________.

---

2. Im Neustadter Tierpark bekommen zwei Gehege neue Zäune.
Wie viel Meter Zaun werden für das Gehege benötigt?

a)

u = ________________________

u = _____ m

Es werden _____ m Zaun benötigt.

b)

u = ________________________

u = _____ m

Es werden _____ m Zaun benötigt.

Umfang von Rechteck und Quadrat

Video

Umfang eines **Rechtecks**:
u = 2 · a + 2 · b

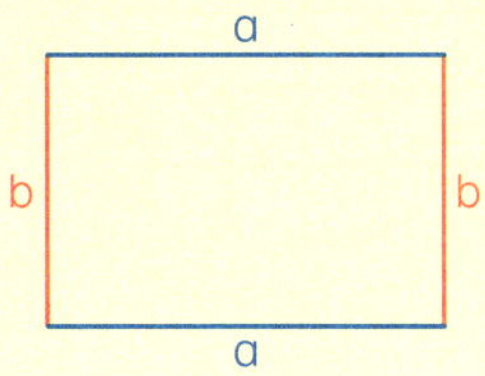

gegeben: a = 6 cm, b = 3 cm
u = 2 · a + 2 · b
u = 2 · 6 cm + 2 · 3 cm
u = 12 cm + 6 cm
u = 18 cm

Umfang eines **Quadrats**:
u = 4 · a

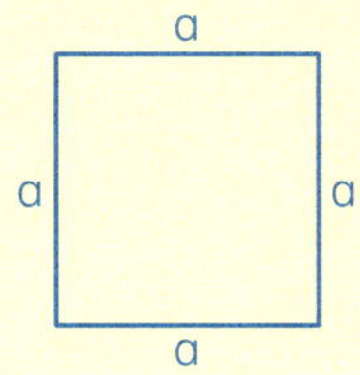

gegeben: a = 3 cm
u = 4 · a
u = 4 · 3 cm
u = 12 cm

1. Miss die Seiten a und b. Berechne den Umfang des Rechtecks.

a)

b = ____ cm

a = ____ cm

u = 2 · a + 2 · b
u = 2 · ____ + 2 · ____
u = ____ cm

b)

b = ____ cm

a = ____ cm

u = ____
u = ____
u = ____ cm

2. Zeichne ein Quadrat mit der Seitenlänge a = 2 cm. Berechne den Umfang.

u = ____
u = ____
u = ____ cm

3. Berechne die Länge des Bauzauns.

a)

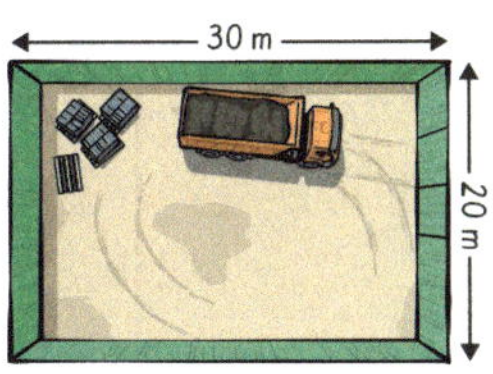

u = ____
u = ____
u = ____

b)

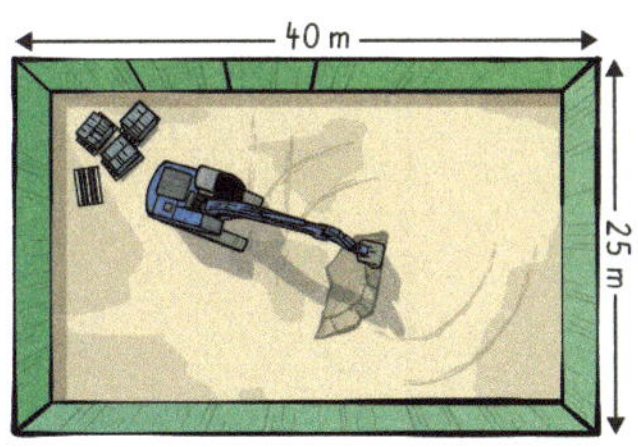

u = ____
u = ____
u = ____

c)

u = ____
u = ____
u = ____

Flächeninhalte vergleichen

Der **Flächeninhalt** ist ein Maß für die Größe einer Fläche. Du kannst die Größe von zwei verschiedenen Flächen vergleichen, indem du sie mit gleich großen Teilflächen auslegst.

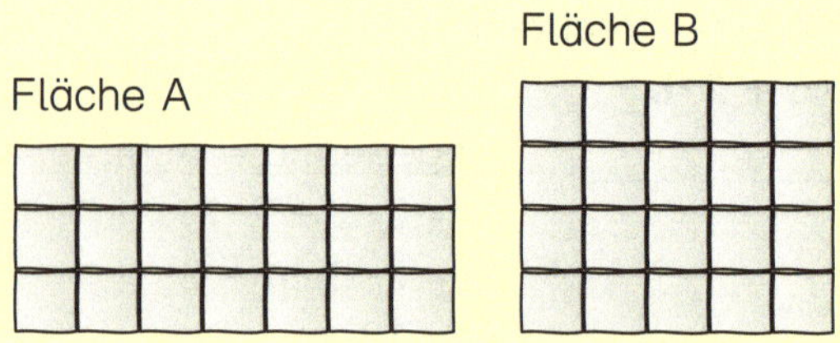

Fläche A ist mit 21 Quadraten ausgelegt, Fläche B nur mit 20. Also ist Fläche A größer.

1. Färbe gleich große Figuren in der gleichen Farbe.

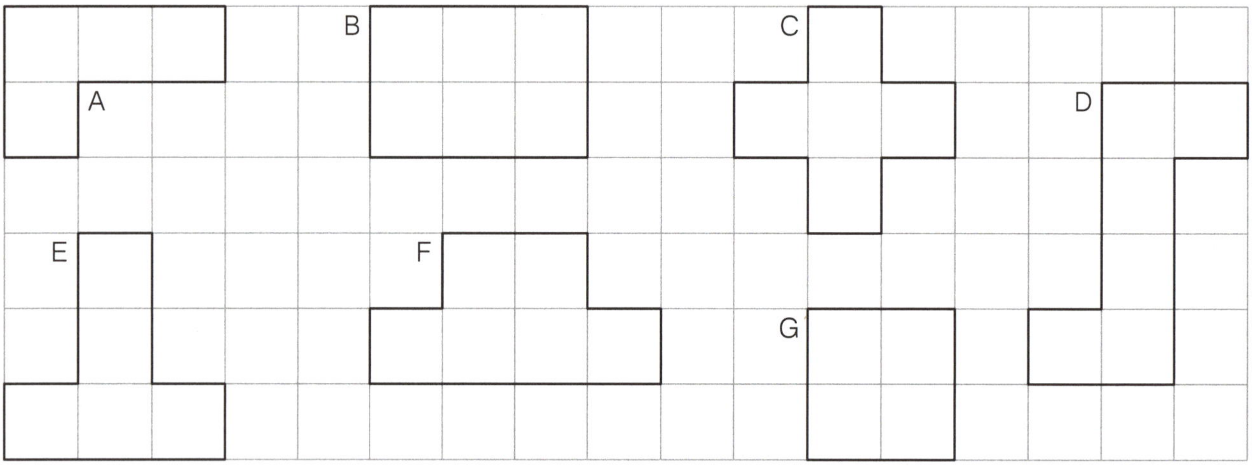

2. Zeichne zu der gegebenen Figur zwei gleich große Figuren.

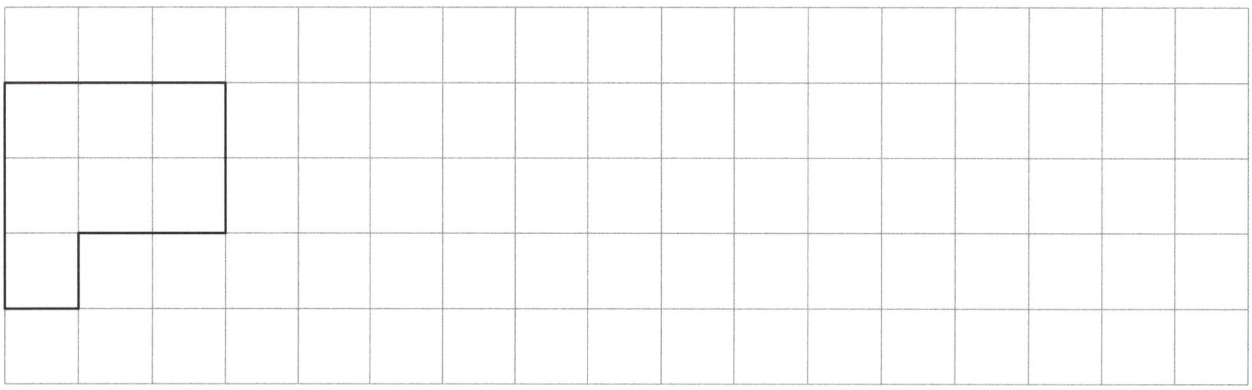

3. Wie viele Karos enthält das Rechteck?

a)

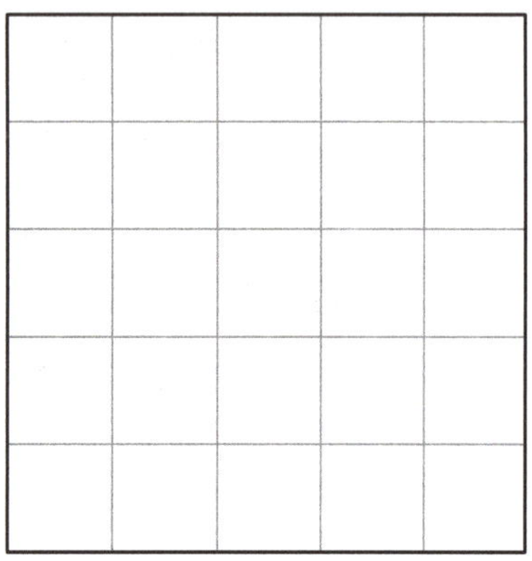

_______ Karos

b)

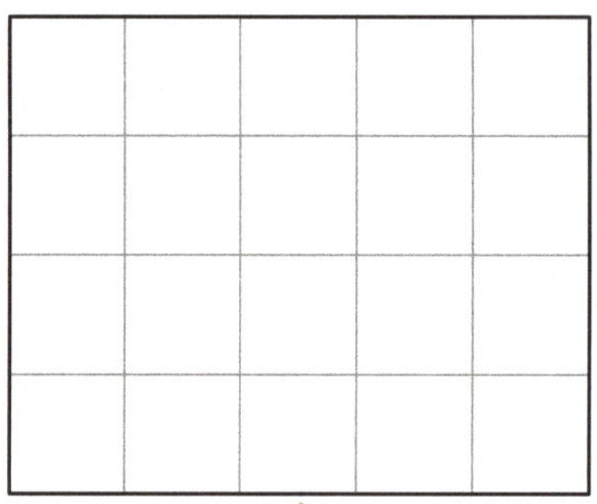

_______ Karos

c)

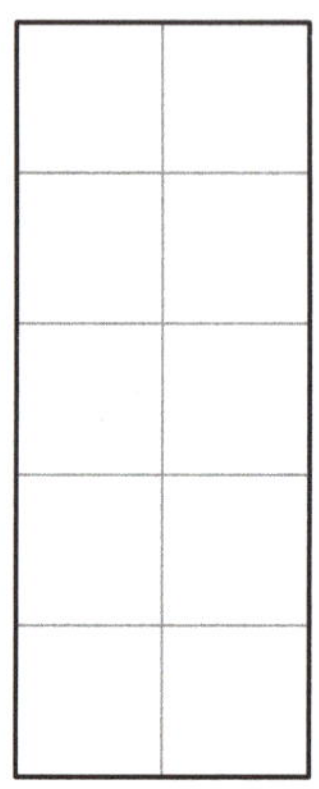

_______ Karos

Wiederholungsaufgaben

Die Lösungen ergeben die Namen von Städten in Deutschland.

1. a) 4 km 800 m = ______ m
4 km 80 m = ______ m

b) 0,080 km = ______ m
0,120 km = ______ m

2. a) 1 kg 700 g = ______ g
1 kg 967 g = ______ g

b) 1,770 kg = ______ g
0,070 kg = ______ g

1. a)		1. b)		2. a)		2. b)	

2. a) 1 h = ______ min
3 h = ______ min
1 h 30 min = ______ min

b) 3 m = ______ cm
1,20 m = ______ cm
0,56 m = ______ cm

c) 408 cm = ______ m
70 cm = ______ m
304 cm = ______ m

2. a)			2. b)			2. c)		

3. a) 7 · 8 = ______
6 · 9 = ______
5 · 6 = ______

b) 5 · 30 = ______
6 · 50 = ______
3 · 40 = ______

c) 32 : 4 = ______
63 : 9 = ______
24 : 4 = ______

d) 180 : 2 = ______
400 : 5 = ______
210 : 3 = ______

3. a)			3. b)			3. c)			3. d)		

4. a) 1 2 4 · 5
b) 1 3 4 · 3
c) 5 4 6 · 4
d) 2 8 1 · 7

5. Im Supermarkt werden Waren angeliefert. Berechne jeweils die Gesamtzahl.
a) 295 Kästen
b) 145 Paletten

______ Flaschen
______ Dosen

4. a)	4. b)	4. c)	4. d)	5. a)	5. b)

R | 0,7
G | 3,04
U | 4,08
W | 6
H | 7
C | 8
A | 30
R | 54
B | 56
F | 60
G | 70
I | 80
E | 90
S | 120
U | 150
L | 180
N | 300
R | 402
E | 620
T | 1305
B | 1700
R | 1770
U | 1967
F | 2184
U | 4080
D | 4800

Einheitsflächen: m^2, dm^2, cm^2, mm^2

Flächeninhalte werden mit **einheitlichen Maßquadraten** angegeben.
Ein Quadrat mit der Seitenlänge 1 m heißt **Quadratmeter (1 m^2)**.
Ein Quadrat mit der Seitenlänge 1 dm heißt **Quadratdezimeter (1 dm^2)**.
Ein Quadrat mit der Seitenlänge 1 cm heißt **Quadratzentimeter (1 cm^2)**.
Ein Quadrat mit der Seitenlänge 1 mm heißt **Quadratmillimeter (1 mm^2)**.

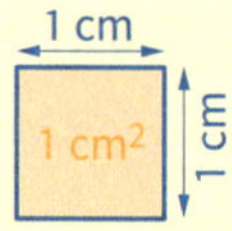

Turnmatte
ca. 2 m^2

Untersetzer
ca. 1 dm^2

Briefmarke
ca. 6 cm^2

Punkt
ca. 1 mm^2

1. Ist die Fläche größer als ein Quadratmeter? Kreuze an.

a)  ○

b)  ○

c)  ○

d)  ○

2. Ordne zu.

4 m^2

46 cm^2

4 dm^2

1 m^2

3. Mit welcher Einheit würdest du diese Flächen messen? Trage ein: mm^2, cm^2 oder m^2

 ______

 ______

 ______

 ______

 ______

 ______

Video

Du kannst Flächeninhalte in verschiedenen Einheiten angeben. Dabei gilt:

1 m² = 100 dm²   **1 dm² = 100 cm²**   **1 cm² = 100 mm²**

So wandelst du in die **nächstkleinere** Einheit um:

· 100: 4 m² = 400 dm²

· 100: 25 dm² = 2500 cm²

So wandelst du in die **nächstgrößere** Einheit um:

3400 mm² = 34 cm² (: 100)

9000 dm² = 90 m² (: 100)

4. Ergänze die fehlenden Angaben.

a) 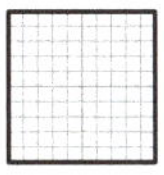

1 cm² = 100 mm²

b) 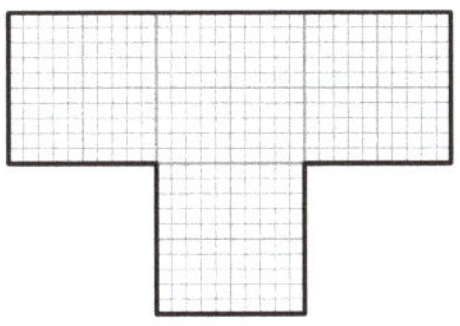

___ cm² = ___ mm²

c) 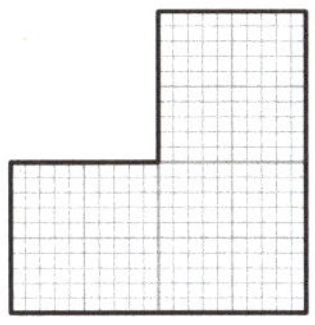

___ cm² = ___ mm²

d) 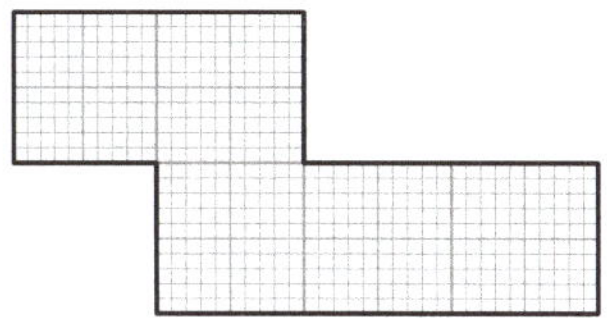

___ cm² = ___ mm²

5. Wandle um in die nächstkleinere Einheit.

a) 1 cm² = ___ mm²
3 cm² = ___ mm²

b) 6 dm² = ___ cm²
10 dm² = ___ cm²

c) 3 m² = ___ dm²
4 m² = ___ dm²

6. Schreibe ohne Komma.

a) 2,9 cm² = 290 mm²
0,6 cm² = 60 mm²

b) 4,5 cm² = ___ mm²
0,8 cm² = ___ mm²

c) 7,4 dm² = ___ cm²
0,2 dm² = ___ cm²

7. Wandle um in die nächstgrößere Einheit.

a) 600 mm² = ___ cm²
200 mm² = ___ cm²

b) 900 cm² = ___ dm²
1500 cm² = ___ dm²

c) 300 dm² = ___ m²
2000 dm² = ___ m²

8. Schreibe mit Komma.

a) 350 mm² = 3,50 cm²
75 cm² = 0,75 dm²

b) 870 mm² = ___ cm²
80 mm² = ___ cm²

c) 248 cm² = ___ dm²
90 cm² = ___ dm²

9. Kleiner, größer oder gleich? Setze ein: >, < oder =

a) 7 cm² ☐ 70 mm²
400 cm² ☐ 40 dm²
5 cm² ☐ 500 mm²

b) 3 cm² ☐ 70 mm²
600 cm² ☐ 6 dm²
5 m² ☐ 500 dm²

c) 700 cm² ☐ 7 dm²
400 mm² ☐ 1 cm²
5 m² ☐ 500 cm²

10. Ordne nach der Größe. Beginne mit dem kleinsten Wert.

a) 4 cm², 10 mm², 1 dm², 0,5 cm²

___ < ___ < ___ < ___

b) 1 m², 70 dm², 80 cm², 0,2 m²

___ < ___ < ___ < ___

Ar, Hektar, Quadratkilometer

Video

Ein Quadrat mit 1 km Seitenlänge heißt **Quadratkilometer (1 km²)**.
Ein Quadrat mit 100 m Seitenlänge heißt **Hektar (1 ha)**.
Ein Quadrat mit 10 m Seitenlänge heißt **Ar (1 a)**.

Es gilt:	1 km² = 100 ha	1 ha = 100 a	1 a = 100 m²
Beispiele:	Blausteinsee in Nordrhein-Westfalen	Innenraum des Olympiastadions in Berlin	Hälfte eines Tennisplatzes

1. Ordne zu.

① 
② 
③ 
④ 

1 ha   1 m²   1 km²   1 a

2. Wandle um in die nächstkleinere Einheit.

a) 3 km² = ____ ha
6 km² = ____ ha

b) 8 ha = ____ a
3 ha = ____ a

c) 9 a = ____ m²
10 a = ____ m²

3. Schreibe ohne Komma.

a) 0,9 km² = 90 ha
6,6 km² = 660 ha

b) 0,5 ha = ____ a
8,2 ha = ____ a

c) 4,7 a = ____ m²
6,25 a = ____ m²

4. Wandle um in die nächstgrößere Einheit.

a) 500 m² = ____ a
600 m² = ____ a

b) 400 a = ____ ha
1 000 a = ____ ha

c) 900 ha = ____ km²
1 200 ha = ____ km²

5. Schreibe mit Komma.

a) 150 m² = 1,5 a
40 m² = 0,4 ha

b) 350 a = ____ ha
70 a = ____ ha

c) 90 ha = ____ km²
670 ha = ____ km²

6. Kleiner, größer oder gleich? Setze ein: >, < oder =

a) 5 ha ☐ 3 km²
7 km² ☐ 90 ha
120 m² ☐ 1 a

b) 2 m² ☐ 0,1 a
240 ha ☐ 2,4 km²
0,5 km² ☐ 50 ha

c) 1,1 km² ☐ 110 ha
12 ha ☐ 1 200 a
5,7 a ☐ 57 m²

Flächeninhalt von Rechteck und Quadrat

Video

Für den **Flächeninhalt A** eines **Rechtecks** mit der Länge a und der Breite b gilt:
A = Länge · Breite
$A = a \cdot b$

gegeben: Rechteck mit $a = 5\,cm$ und $b = 3\,cm$
gesucht: Flächeninhalt A

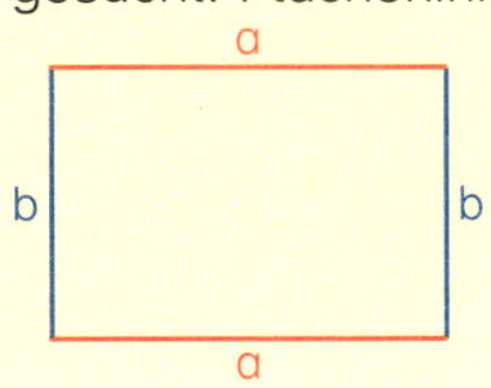

$A = a \cdot b$
$A = 5\,cm \cdot 3\,cm$
$A = 15\,cm^2$

Für den **Flächeninhalt A** eines **Quadrats** mit der Seitenlänge a gilt:
A = Seite · Seite
$A = a \cdot a$

gegeben: Quadrat mit $a = 4\,m$
gesucht: Flächeninhalt A

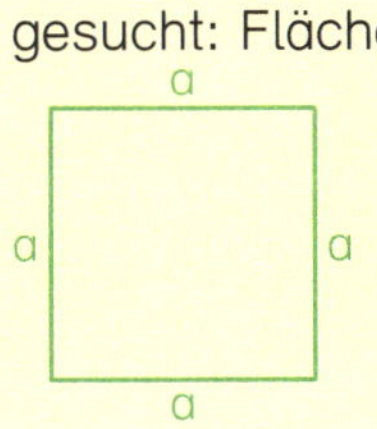

$A = a \cdot a$
$A = 4\,m \cdot 4\,m$
$A = 16\,m^2$

1. Miss die Seiten a und b. Berechne den Flächeninhalt des Rechtecks.

a)

b = ______ cm

a = ______ cm

$A = a \cdot b$

A = ______ · ______

A = ______ cm^2

b)

b = ______ cm

a = ______ cm

A = ______

A = ______

A = ______ cm^2

2. Zeichne das Rechteck. Berechne den Flächeninhalt.

a) $a = 5\,cm$, $b = 4\,cm$ b) $a = 3\,cm$, $b = 4\,cm$ c) $a = 4\,cm$, $b = 2{,}5\,cm$

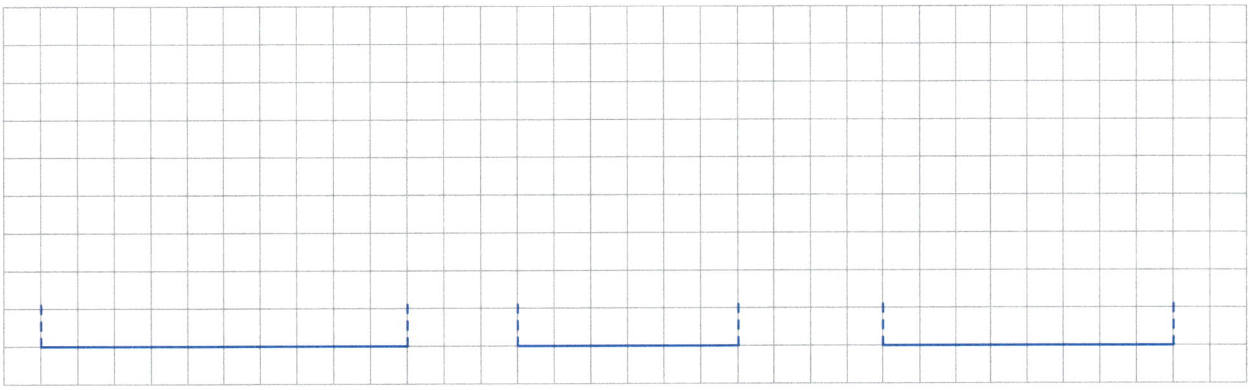

a)
A = ______
A = ______
A = ______

b)
A = ______
A = ______
A = ______

c)
A = ______
A = ______
A = ______

3. Berechne den Flächeninhalt.

a)

b)

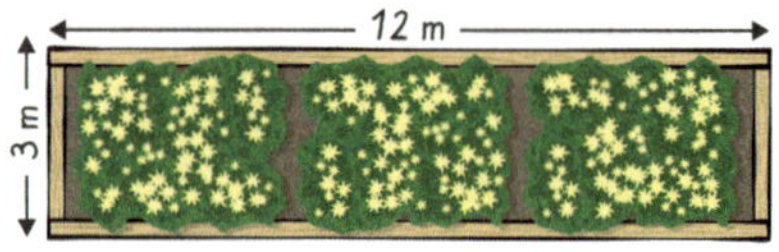

c)

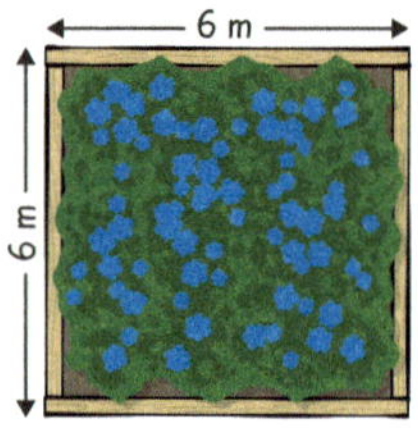

a) $A = a \cdot b$

$A =$ ______ · ______

$A =$ ______ m^2

b) $A =$ ______________

$A =$ ______ · ______

$A =$ ______ m^2

c) $A =$ ______________

$A =$ ______ · ______

$A =$ ______ m^2

---

4. Der Flächeninhalt und eine Seitenlänge des Rechtecks sind gegeben.
Wie lang ist die andere Seite des Rechtecks? Zeichne das Rechteck.

a) $a = 5\,cm$, $b =$ ______ cm

$A = 10\,cm^2$

b) $a = 3\,cm$, $b =$ ______ cm

$A = 9\,cm^2$

c) $a = 4\,cm$, $b =$ ______ cm

$A = 12\,cm^2$

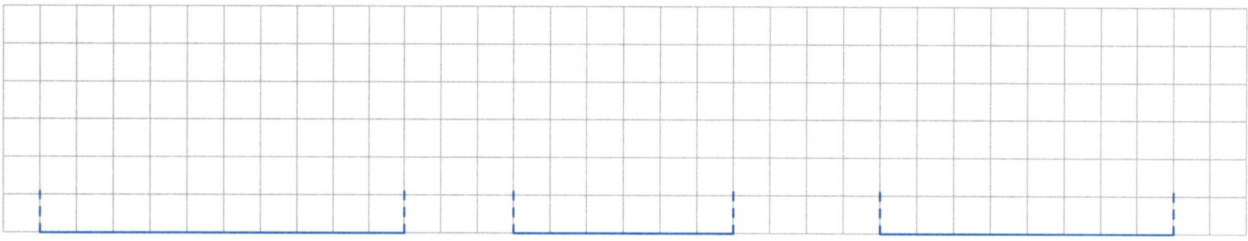

---

5. Ergänze den fehlenden Wert für das Rechteck.

	a)	b)	c)	d)	e)
Seite a	2 cm	1,5 cm	4 cm	10 cm	8 cm
Seite b	7 cm	4 cm	7,5 cm		
Flächeninhalt A				$40\,cm^2$	$16\,cm^2$

---

6. a) Zeichne ein Rechteck, das doppelt so lang und doppelt so breit ist.

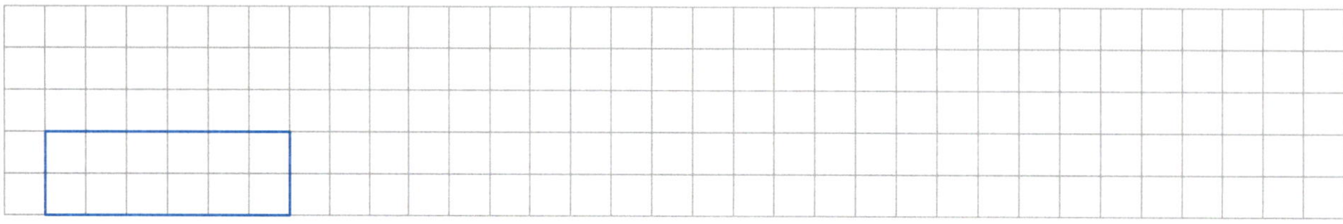

b) Welche Aussage ist richtig? Kreuze an.

Werden die Seiten eines Rechtecks verdoppelt,
dann ist der Flächeninhalt des neuen Rechtecks …

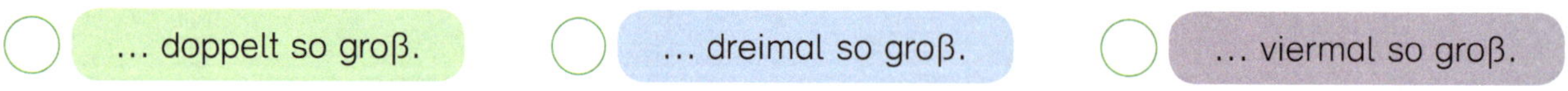

○ … doppelt so groß.

○ … dreimal so groß.

○ … viermal so groß.

Sachaufgaben

Lösen von Sachaufgaben

Video

„Ein Pferdezüchter möchte eine neue rechteckige Pferdeweide einzäunen. Sie soll 200 m lang und 400 m breit sein. Wie viel Meter Zaun benötigt er?"

① Fertige eine **Skizze** an.

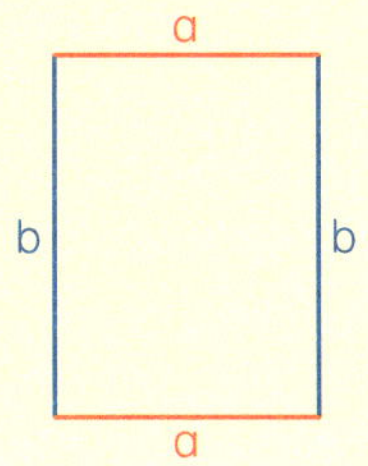

② Notiere **gegebene** und **gesuchte Größen**.

gegeben:
Länge a = 200 m
Breite b = 400 m
gesucht:
Umfang u

③ Führe die Rechnungen durch.

$u = 2 \cdot a + 2 \cdot b$
$u = 2 \cdot 200\,m + 2 \cdot 400\,m$
$u = 1\,200\,m$

④ Notiere eine **Antwort**.

Der Pferdezüchter benötigt insgesamt 1 200 m Zaun.

1. Ein Gehege ist 8 m lang und 6 m breit. Welche Fragen kannst du beantworten? Kreuze an.

◯ Wie groß ist der Flächeninhalt?

◯ Reichen 25 m Zaun?

◯ Wie teuer wird der Zaun?

2. Was ist gesucht, Flächeninhalt oder Umfang? Kreuze an.

	Flächeninhalt	Umfang
a) Das Kaninchengehege wird eingezäunt.		
b) Die Hauswand wird gestrichen.		
c) Das Zimmer wird mit Teppichboden ausgelegt.		
d) Um das Grundstück wird ein Zaun errichtet.		

3. Eine 40 m langes und 20 m breites Beet wird mit Tulpen bepflanzt.

Wie groß ist die Fläche des Beetes?

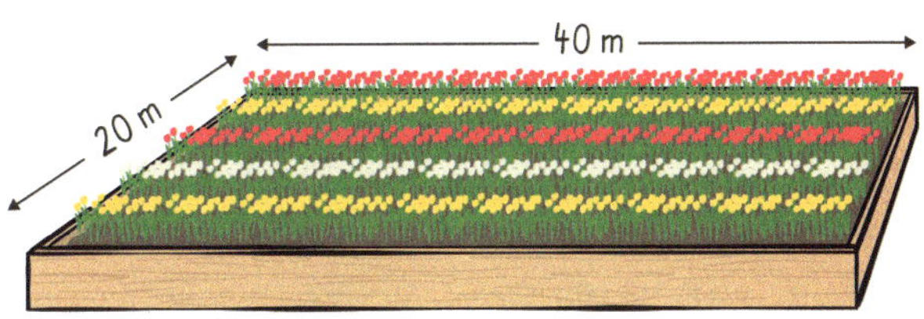

Skizze:

gegeben:

Rechnung:

gesucht:

Antwort:

4. Eine 40 m lange und 15 m breite Baustelle wird eingezäunt
Für die Einfahrt der Baufahrzeuge bleiben 4 m frei.

Wie viel Meter Zaun werden benötigt?

Skizze:

gegeben:

gesucht:

Rechnung:

Antwort:

5. Das Dach einer Scheune muss neu mit Ziegeln eingedeckt werden.

Wie viel Quadratmeter ist die Dachhälfte groß?
Wie viel Quadratmeter ist die gesamte Fläche groß?

Skizze:

gegeben:

gesucht:

Rechnung:

2

Antwort:

6. Ein Schwimmbecken ist 25 m lang und 8 m breit. Der Boden soll gefliest werden.
Wie groß ist die Bodenfläche des Schwimmbeckens?

Zusammengesetzte Flächen

Du kannst den **Flächeninhalt A** einer zusammengesetzten Fläche auf **zwei Arten** berechnen. Video

① **Zerlegen** und **addieren**.

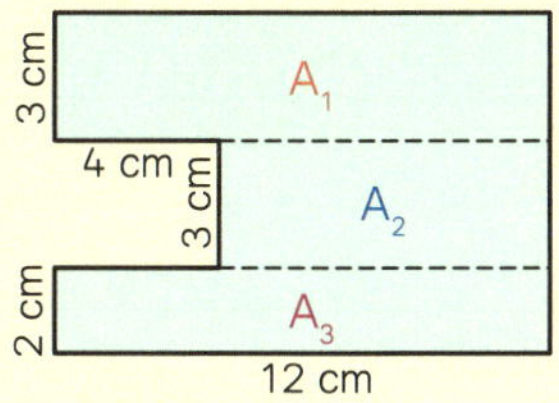

$A = A_1 + A_2 + A_3$

$A_1 = 12\,cm \cdot 3\,cm = 36\,cm^2$

$A_2 = 8\,cm \cdot 3\,cm = 24\,cm^2$

$A_3 = 12\,cm \cdot 2\,cm = 24\,cm^2$

$A = 36\,cm^2 + 24\,cm^2 + 24\,cm^2 = 84\,cm^2$

② **Ergänzen** und **subtrahieren**.

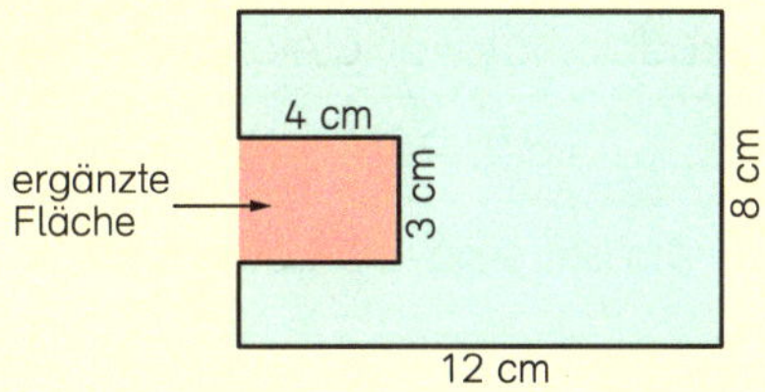

$A = A_{Rechteck} - A_{ergänzte\ Fläche}$

$A_{Rechteck} = 12\,cm \cdot 8\,cm = 96\,cm^2$

$A_{ergänzte\ Fläche} = 4\,cm \cdot 3\,cm = 12\,cm^2$

$A = 96\,cm^2 - 12\,cm^2 = 84\,cm^2$

1. Berechne den Flächeninhalt der zusammengesetzten Fläche.

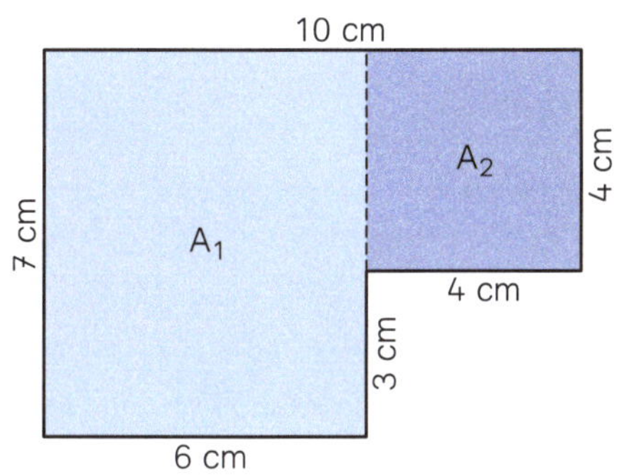

A_1 = ____ · ____

A_1 = ____ cm^2

A_2 = ____ · ____

A_2 = ____ cm^2

$A = A_1 + A_2$

A = ____ + ____

A = ____ cm^2

2. Berechne den Flächeninhalt.

a)

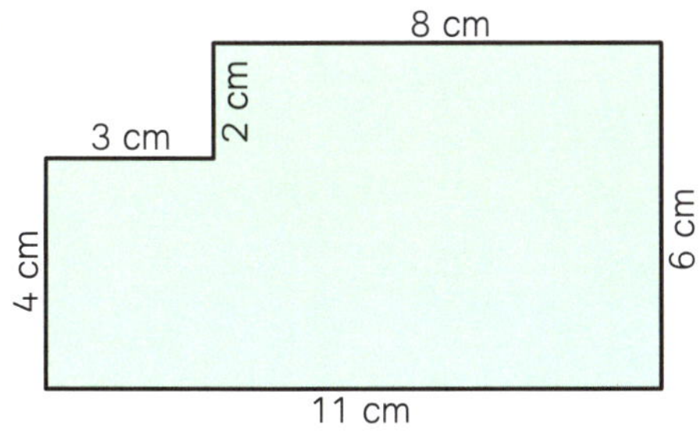

A_1 = ____

A_1 = ____ cm^2

A_2 = ____

A_2 = ____ cm^2

A = ____

A = ____

A = ____ cm^2

b)

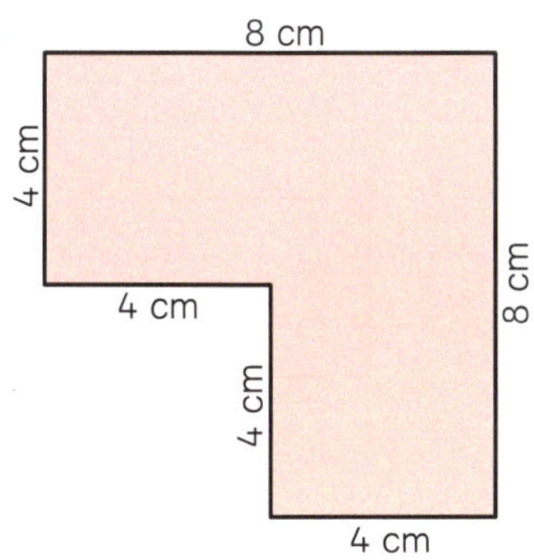

A_1 = ____

A_1 = ____

A_2 = ____

A_2 = ____

A = ____

A = ____

A = ____

1. Ist die Aussage wahr oder falsch? Kreuze an.

	wahr	falsch
a) Jedes Rechteck ist auch ein Quadrat.		
b) Jedes Rechteck hat vier gleichlange Seiten.		
c) Jedes Quadrat hat vier gleichlange Seiten.		
d) In jeder Ecke eines Rechtecks sind die Seiten senkrecht zueinander.		
e) In jedem Qudrat sind die gegenüberliegenden Seiten parallel.		

2. Miss die Seitenlängen. Ergänze zum Rechteck.

a)

___ cm

___ cm

b)

___ cm

___ cm

c)

___ cm

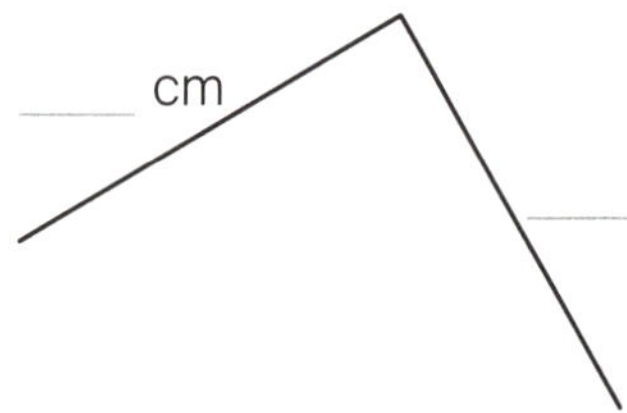

___ cm

3. Welche Fläche hat den größten Umfang?

Ⓐ

u = ______
u = ______
u = ______

Ⓑ

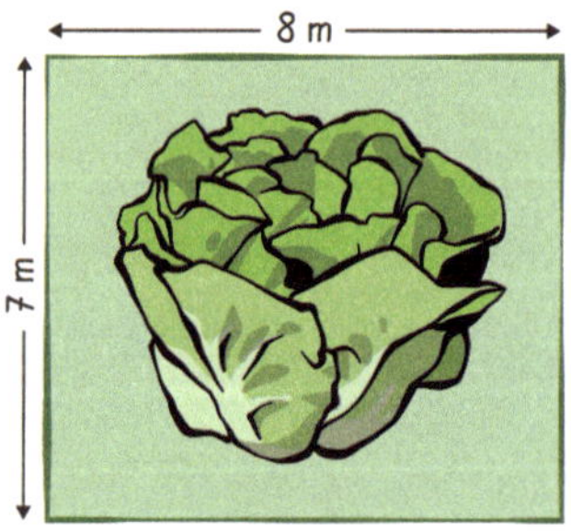

u = ______
u = ______
u = ______

Ⓒ

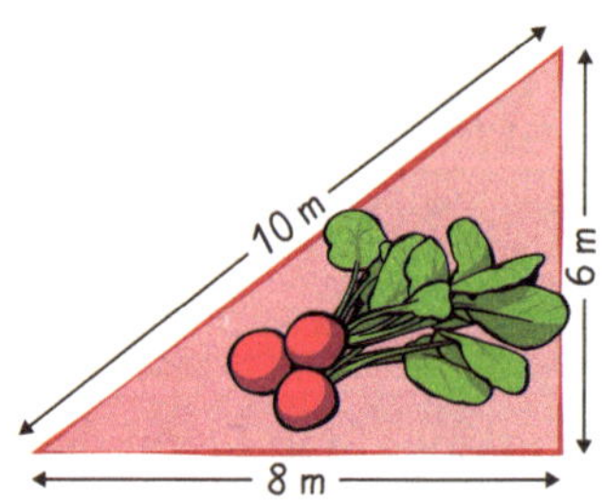

u = ______
u = ______
u = ______

A: ______

4. Ordne die Flächen nach ihrer Größe.

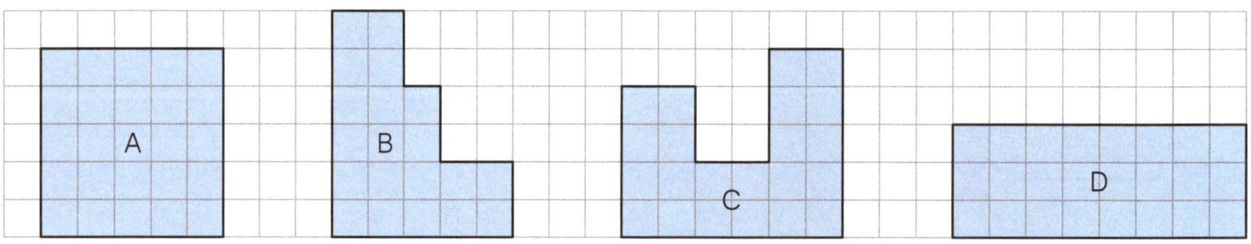

___ Karos ___ Karos ___ Karos ___ Karos

___ > ___ > ___ > ___

5. Kleiner, größer oder gleich? Setze ein: <, > oder =

a) 6 ha ☐ 2 km^2
11 m^2 ☐ 700 dm^2
200 m^2 ☐ 2 a
400 ha ☐ 5 km^2

b) 5 km^2 ☐ 400 ha
400 a ☐ 1 ha
3 km^2 ☐ 300 ha
6 dm^2 ☐ 600 cm^2

c) 5 m^2 ☐ 50 dm^2
120 cm^2 ☐ 2 dm^2
500 m^2 ☐ 5 a
300 ha ☐ 1 km^2

6. a)

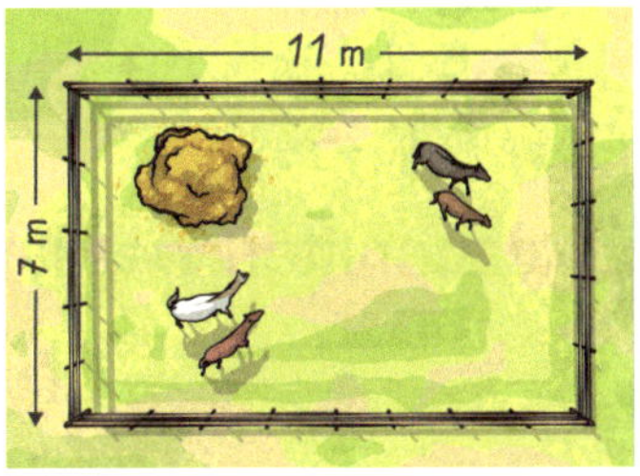

A = a · b
A = ______ · ______
A = ______ m^2
u = 2 · a + 2 · b
u = 2 · ______ + 2 · ______
u = ______ m

b)

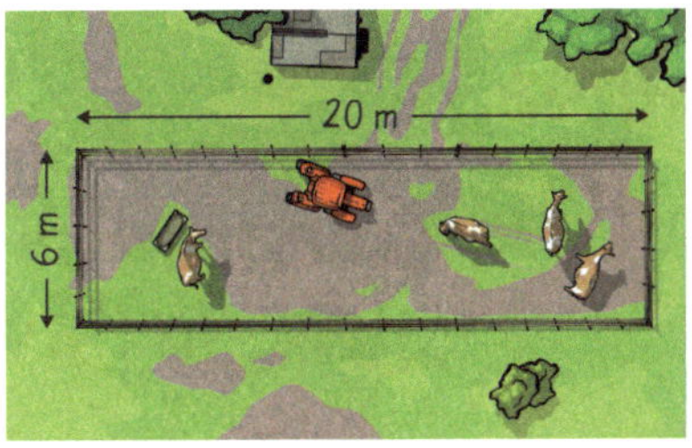

A = ______
A = ______ · ______
A = ______ m^2
u = ______
u = ______
u = ______ m

c)

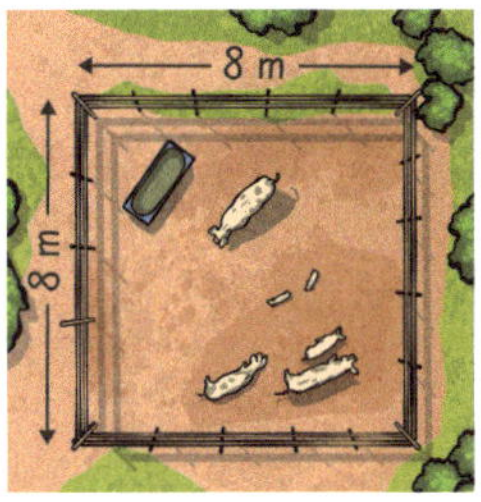

A = ______
A = ______ · ______
A = ______ m^2
u = ______
u = ______
u = ______ m

7. Eine 10 m lange und 8 m breite Gartenfläche wird mit Rollrasen belegt.
Wie viel Quadratmeter Rollrasen werden benötigt?

Skizze:

gegeben:

Rechnung:

gesucht:

Antwort:

8. Berechne den Flächeninhalt des Tiergeheges.

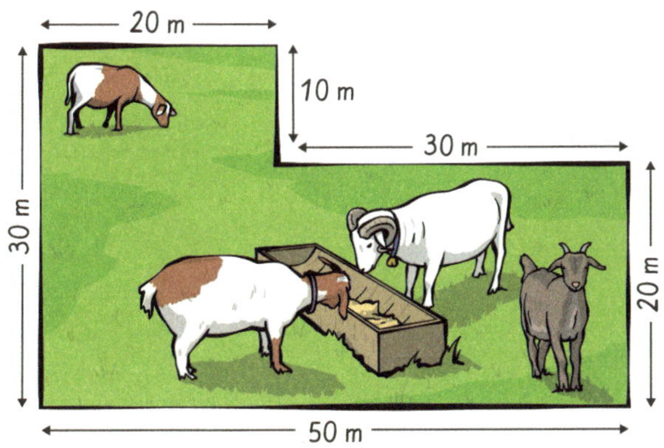

A_1 = ______
A_1 = ______
A_2 = ______
A_2 = ______

A = ______
A = ______
A = ______

SB S. 190–191

7 | Brüche

Elif hat drei Freundinnen zu ihrem Geburtstag eingeladen. Jedes Mädchen soll den gleichen Anteil an der Pizza erhalten.
Wie kann dazu die Pizza geschnitten werden?

In diesem Kapitel lernst du, …

… was Brüche sind.

… wie du Bruchteile herstellst.

… wie du Brüche darstellst.

… wie du Bruchteile von Größen berechnest.

… wie du einfache Brüche addierst und subtrahierst.

SB S. 194–197

Bruchteile erkennen und darstellen

Tabea und Jonas teilen sich eine Pizza. Jedes Kind erhält eine halbe Pizza.

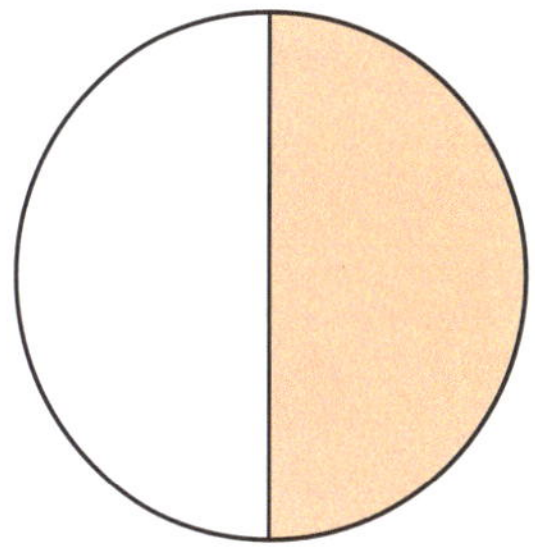

$\frac{1}{2}$

Ein **Bruchteil** ist ein Teil eines Ganzen.
Teilst du ein Ganzes in 2, 3, 4, … gleich große Teile, so erhältst du Halbe, Drittel, Viertel, …

ein Halb

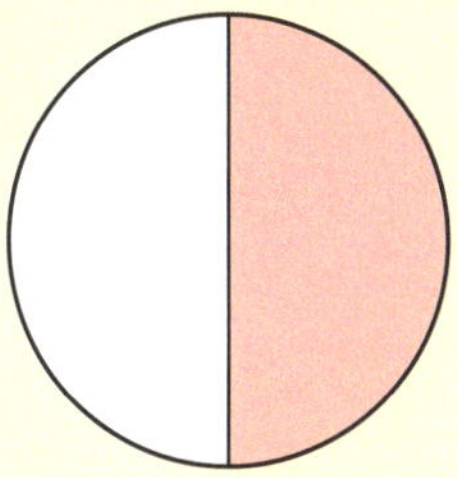

$\frac{1}{2}$

ein Drittel

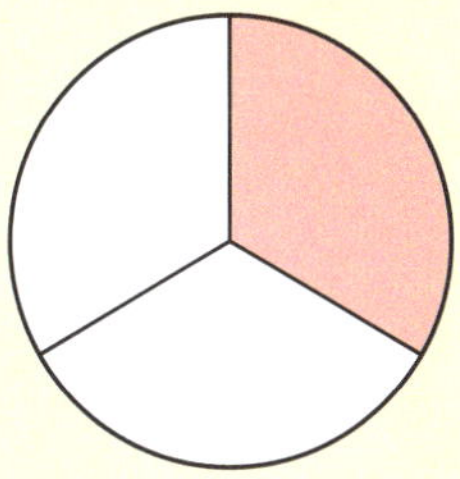

$\frac{1}{3}$

ein Viertel

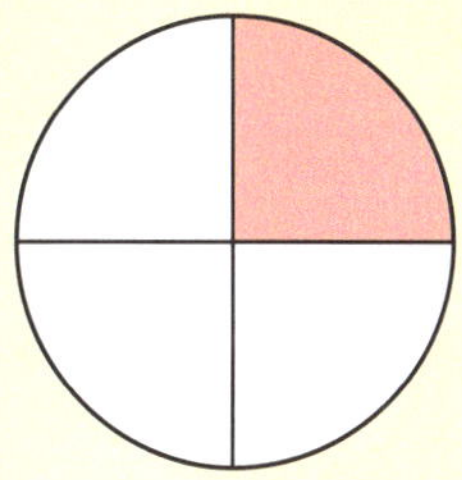

$\frac{1}{4}$

1. Welcher Bruchteil ist gefärbt?

a) 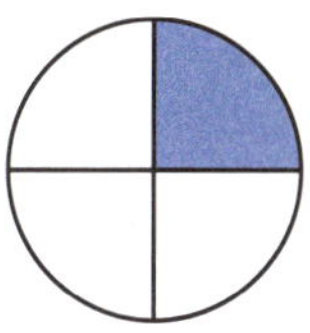 $\frac{1}{4}$

b) 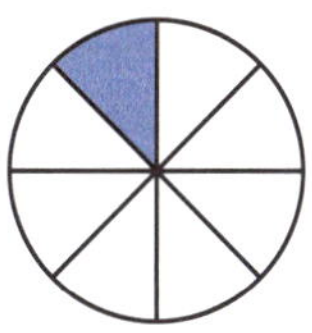 —

c) 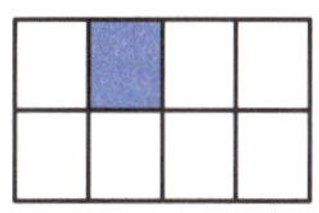 —

d) 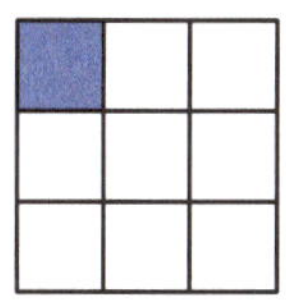 —

e) 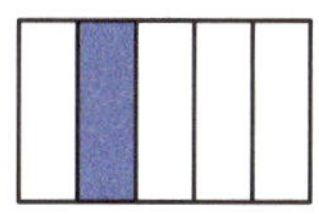 —

2. Färbe immer ein Feld. Gib den Bruchteil an.

a) 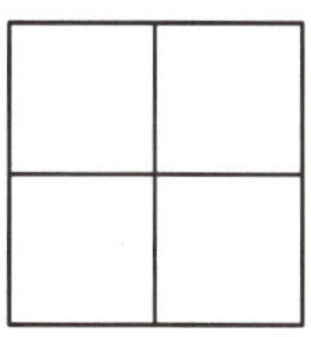 $\frac{1}{4}$

b) 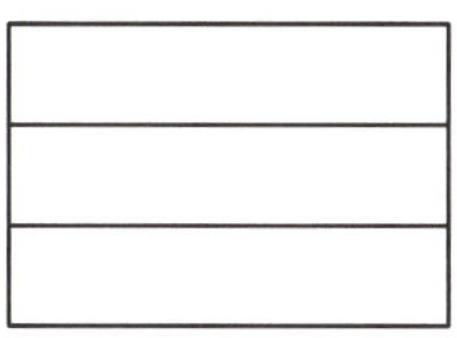 —

c) 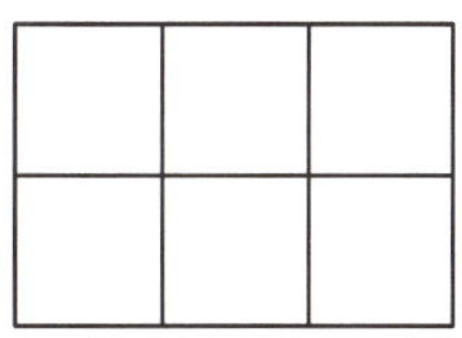 —

d) 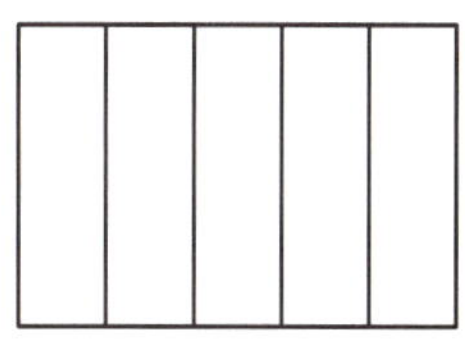 —

3. Zeichne gleich große Teile ein. Färbe den angegebenen Bruchteil.

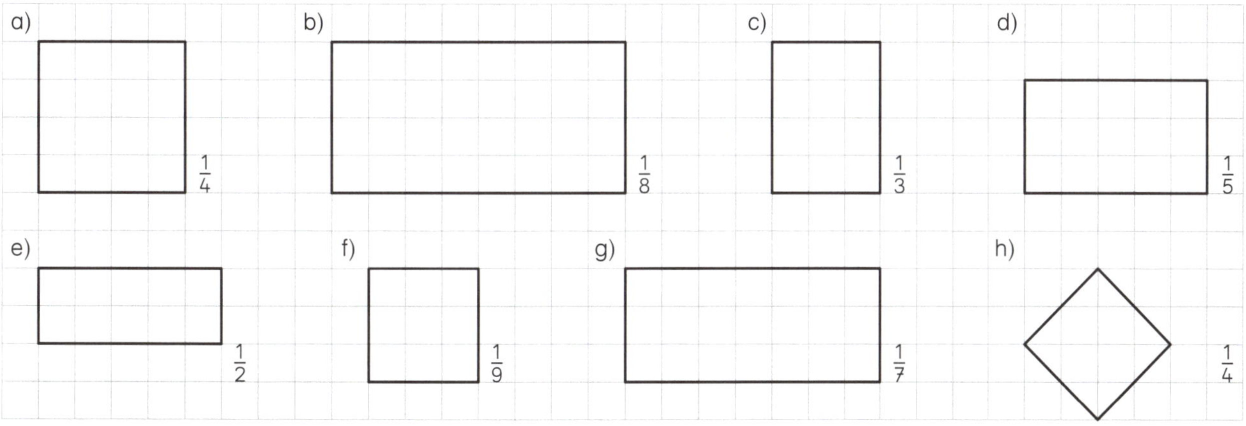

SB S. 194 – 197

Digital+ WES-128744-194

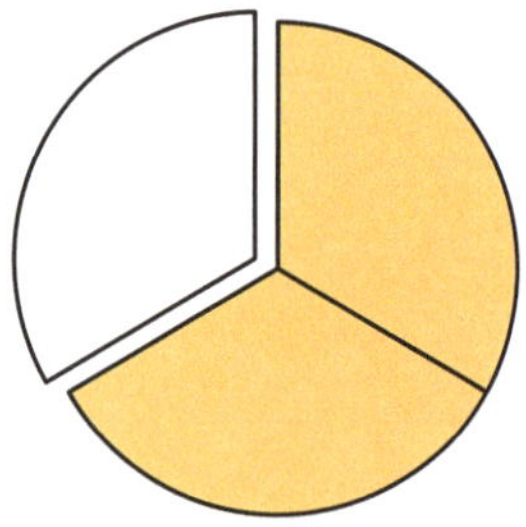

$\frac{2}{3}$

Video

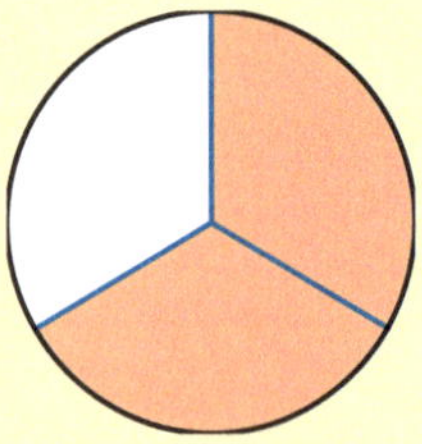

$\frac{2}{3}$ — **Zähler** — **Bruchstrich** — **Nenner**

Der **Zähler** zählt die Teile, die vom Ganzen genommen werden.

Der **Nenner** gibt an, in wie viele Teile das Ganze geteilt wurde.

4. Welcher Bruchteil der Figur ist gefärbt?

a)  —

b) 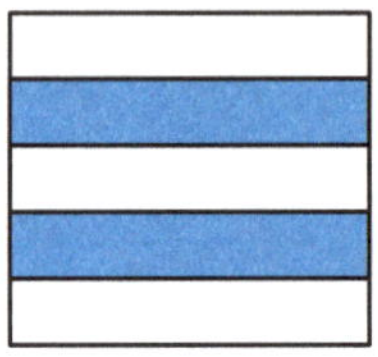 —

c)  —

d)  —

5. Färbe den angegebenen Bruchteil.

a) 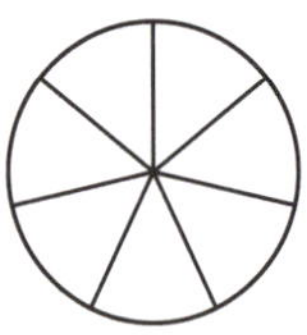 $\frac{3}{7}$

b) 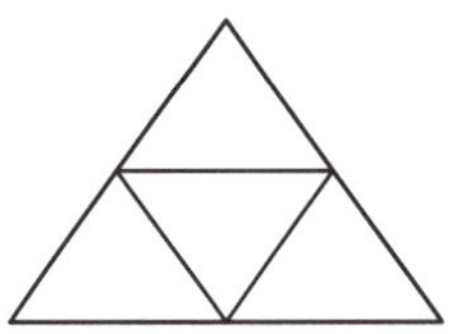 $\frac{2}{4}$

c) 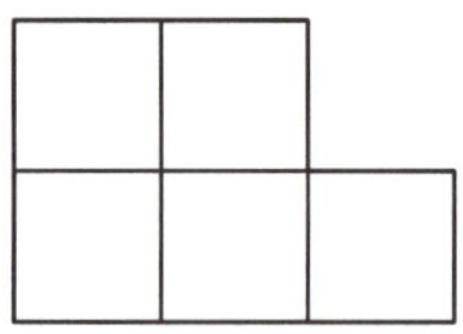 $\frac{3}{5}$

d) 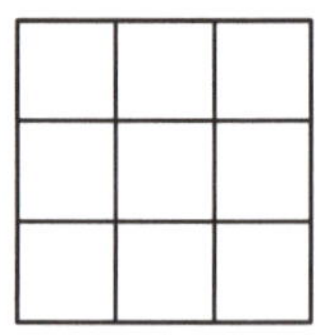 $\frac{4}{9}$

e) 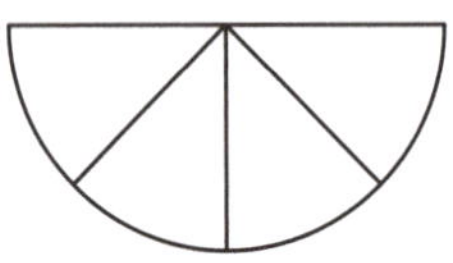 $\frac{3}{4}$

f)  $\frac{5}{6}$

g) 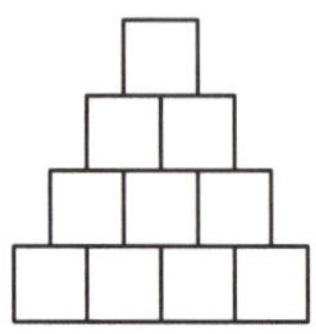 $\frac{7}{10}$

h) 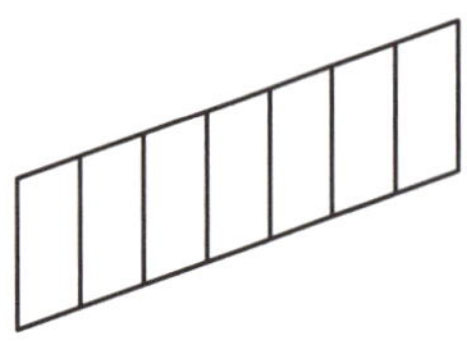 $\frac{5}{7}$

6. Welcher Bruchteil ist im Kreis gefärbt? Färbe denselben Bruchteil in jeder Figur.

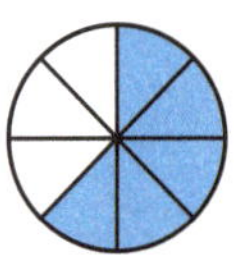 —

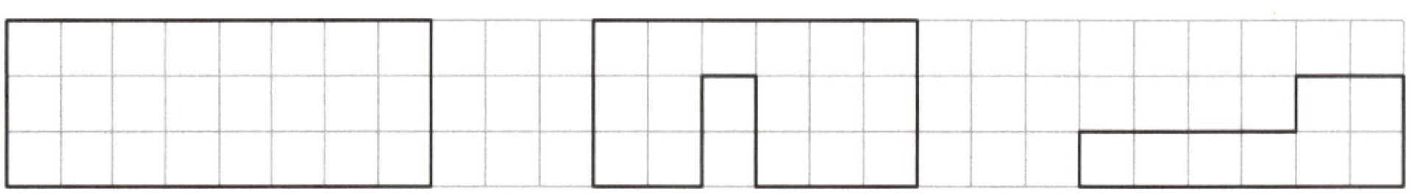

SB S. 194–197

7. Färbe den angegebenen Bruchteil.

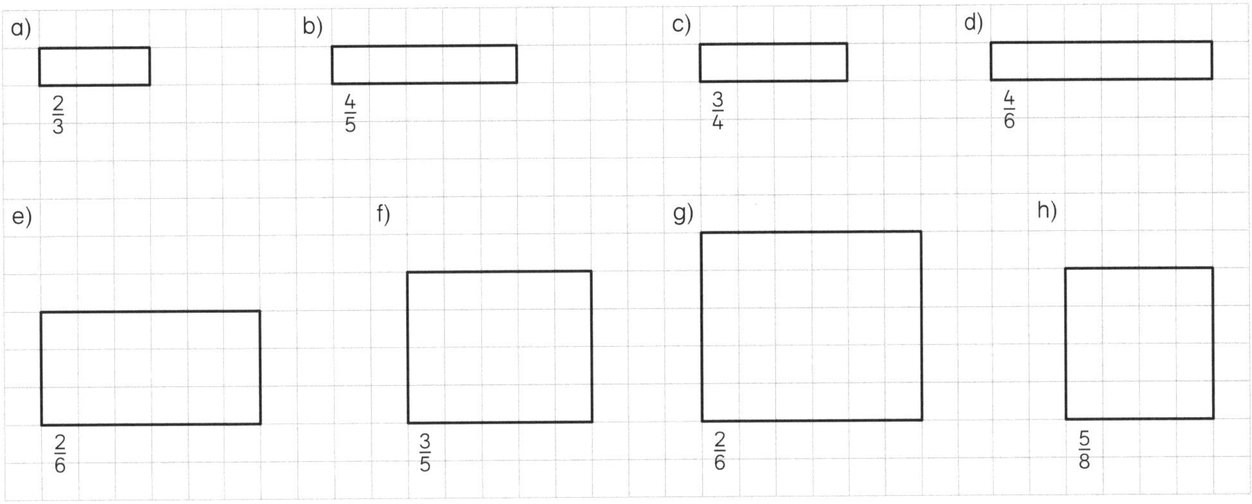

8. Immer dasselbe Rechteck. Färbe den angegebenen Bruchteil.

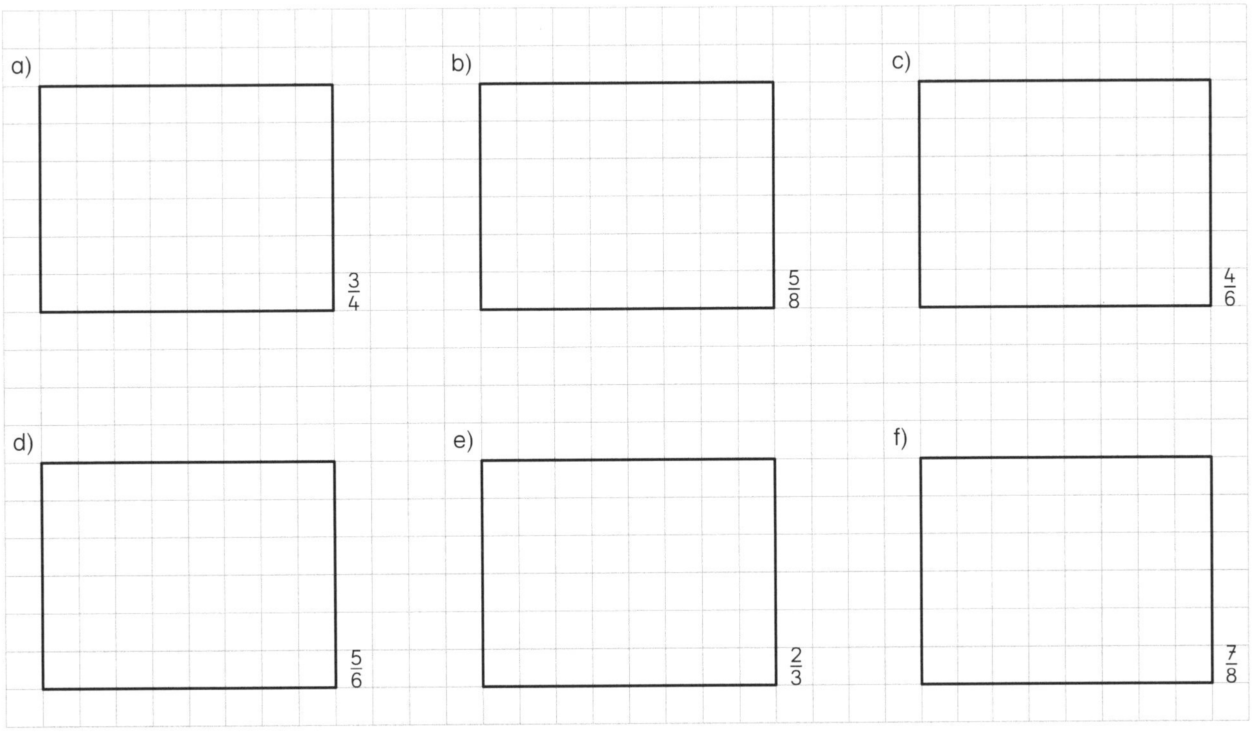

9. Welche Figuren kannst du mit 2 geraden Linien in 4 gleiche Teile zerlegen? Zeichne ein.

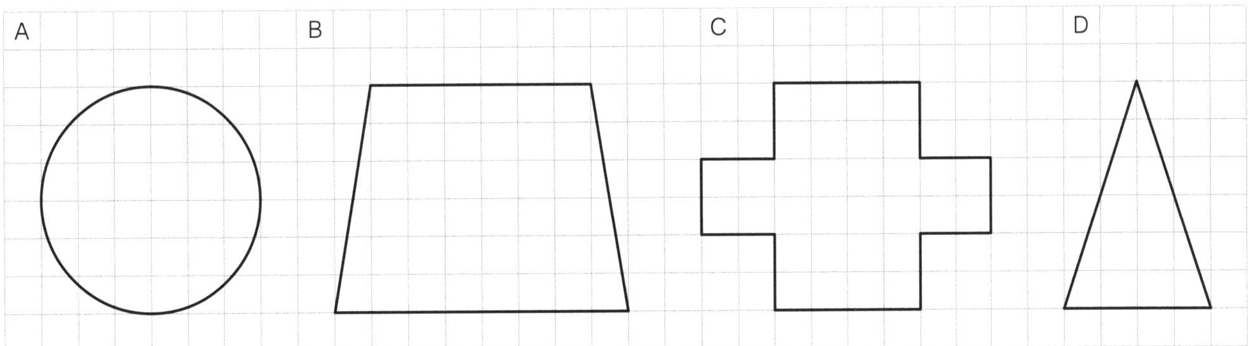

Bruchteile von Größen bestimmen

Video

So berechnest du einen **Bruchteil** vom Ganzen.

① Dividiere das Ganze durch den **Nenner**.

② Multipliziere das Ergebnis mit dem **Zähler**.

Berechne $\frac{2}{5}$ von 10 km.

① $\frac{1}{5}$ von 10 km:
10 km : 5 = 2 km

② $\frac{2}{5}$ von 10 km:
2 km · 2 = 4 km

$\frac{2}{5}$ von 10 km sind 4 km.

1. Wie viele Punkte sind es insgesamt? Färbe den Bruchteil. Schreibe auf.

a)

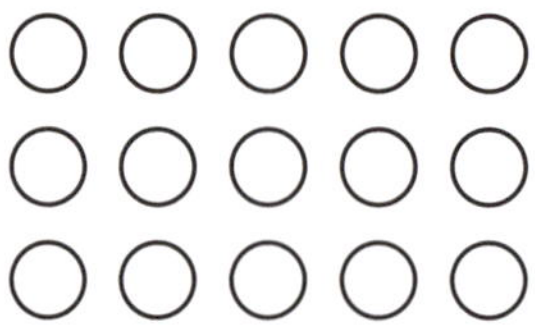

$\frac{1}{3}$ von 15 = 15 : 3 = ___

b)

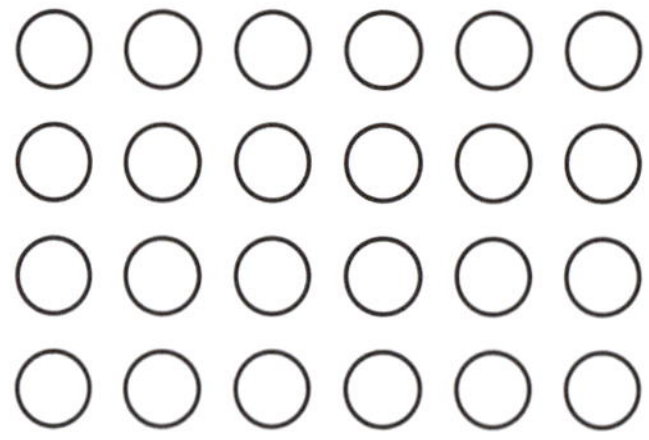

$\frac{1}{4}$ von ___ = ___ : ___ = ___

c)

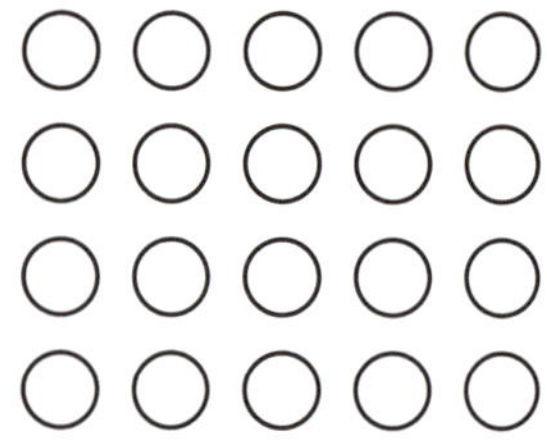

$\frac{1}{5}$ von ___ = ___ : ___ = ___

2. a) $\frac{1}{3}$ von 18 € = ___

$\frac{1}{6}$ von 18 € = ___

$\frac{1}{2}$ von 18 € = ___

$\frac{1}{9}$ von 18 € = ___

b) $\frac{1}{2}$ von 18 m = ___

$\frac{1}{5}$ von 45 m = ___

$\frac{1}{6}$ von 54 m = ___

$\frac{1}{8}$ von 72 m = ___

c) $\frac{1}{4}$ von 80 g = ___

$\frac{1}{3}$ von 90 g = ___

$\frac{1}{6}$ von 120 g = ___

$\frac{1}{5}$ von 150 g = ___

3. Färbe und berechne.

a)

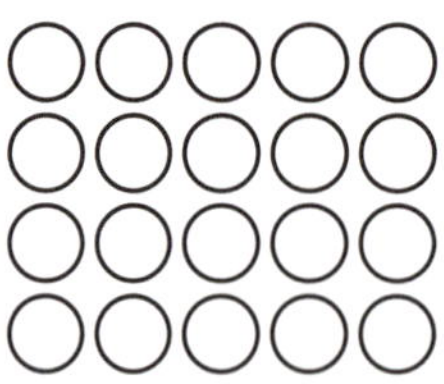

$\frac{1}{4}$ von ___ = ___

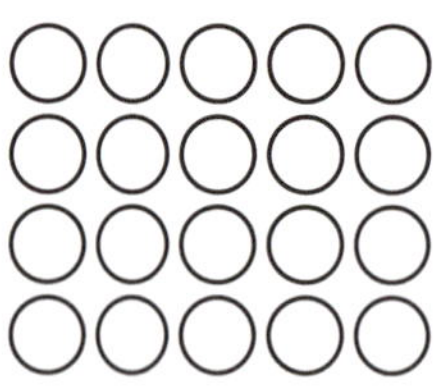

$\frac{3}{4}$ von ___ = ___

b)

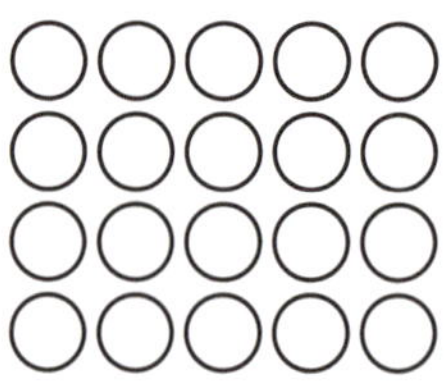

$\frac{1}{5}$ von ___ = ___

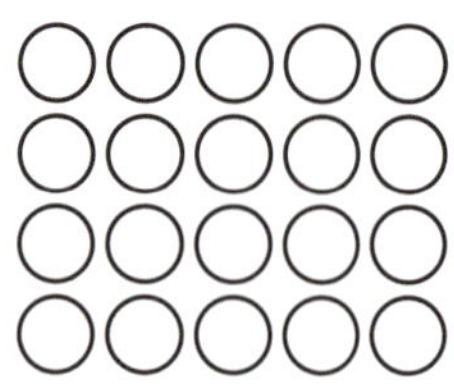

$\frac{3}{5}$ von ___ = ___

4. a)

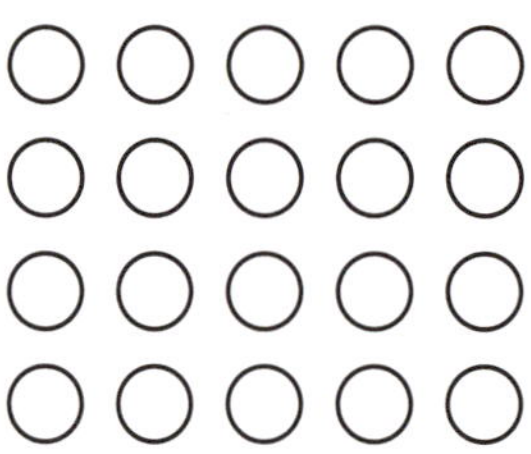

$\frac{4}{5}$ von ___ = ___

b)

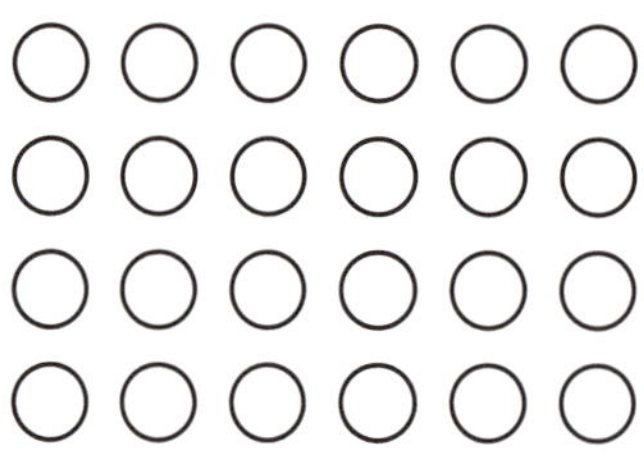

$\frac{5}{6}$ von ___ = ___

c)

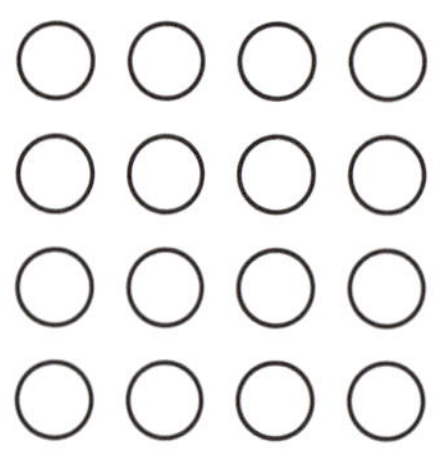

$\frac{3}{8}$ von ___ = ___

SB S. 198–199

5. Berechne.

a) $\frac{1}{4}$ von 8 = ____ b) $\frac{1}{4}$ von 40 = ____ c) $\frac{1}{4}$ von 20 = ____ d) $\frac{1}{4}$ von 100 = ____

$\frac{3}{4}$ von 8 = ____ $\frac{3}{4}$ von 40 = ____ $\frac{3}{4}$ von 20 = ____ $\frac{3}{4}$ von 100 = ____

e) $\frac{1}{3}$ von 9 = ____ f) $\frac{1}{3}$ von 30 = ____ g) $\frac{1}{3}$ von 21 = ____ h) $\frac{1}{3}$ von 60 = ____

$\frac{2}{3}$ von 9 = ____ $\frac{2}{3}$ von 30 = ____ $\frac{2}{3}$ von 21 = ____ $\frac{2}{3}$ von 60 = ____

---

6. a) $\frac{2}{3}$ von 24 = ____ b) $\frac{3}{4}$ von 400 = ____ c) $\frac{4}{5}$ von 2500 = ____

$\frac{3}{4}$ von 16 = ____ $\frac{5}{8}$ von 160 = ____ $\frac{5}{6}$ von 6000 = ____

$\frac{4}{5}$ von 25 = ____ $\frac{2}{7}$ von 140 = ____ $\frac{7}{8}$ von 4000 = ____

---

7. a) $\frac{3}{4}$ von 40 kg = ____ b) $\frac{3}{5}$ von 350 kg = ____ c) $\frac{2}{3}$ von 3000 m = ____

$\frac{3}{8}$ von 72 kg = ____ $\frac{2}{10}$ von 900 kg = ____ $\frac{5}{7}$ von 2100 m = ____

$\frac{5}{6}$ von 36 kg = ____ $\frac{5}{8}$ von 480 kg = ____ $\frac{7}{9}$ von 3600 m = ____

---

8. Ein Fahrrad kostet 320 €.

Lena hat schon $\frac{3}{4}$ davon gespart.

Wie viel Euro hat Lena gespart?

R: ____

A: ____

---

9. Die Klasse 5b hat 24 Schüler.

$\frac{1}{4}$ der Schüler kommt mit dem Fahrrad zur Schule.

$\frac{1}{3}$ der Schüler kommt zu Fuß.

Alle anderen fahren mit dem Bus.

Wie viele Schüler sind es jeweils?

Mit dem Fahrrad: $\frac{1}{4}$ von ____ = ____ Schüler

Zu Fuß: $\frac{1}{3}$ von ____ = ____ Schüler

Mit dem Bus: ____ Schüler

10. Für den Bau einer Seifenkiste benötigt Simone $\frac{1}{2}$m Rundstahl.

Wie viel Zentimeter Rundstahl muss Simone kaufen?

$\frac{1}{2}$m = $\frac{1}{2}$ von 100 cm = ______

A: ____________________

1 m = 100 cm TIPP

11. a) $\frac{1}{5}$ m = ______

$\frac{3}{5}$ m = ______

$\frac{4}{5}$ m = ______

b) $\frac{1}{4}$ m = ______

$\frac{3}{4}$ m = ______

$\frac{7}{10}$ m = ______

12. Kevin möchte für seine Freunde einen Kuchen backen. Dafür benötigt er $\frac{3}{4}$ kg Mehl.

Wie viel Gramm Mehl benötigt Kevin für den Kuchen?

$\frac{3}{4}$ kg = $\frac{3}{4}$ von 1 000 g = ______

A: ____________________

1 kg = 1 000 g TIPP

13. a) $\frac{4}{5}$ kg = ______

$\frac{6}{10}$ kg = ______

$\frac{7}{10}$ kg = ______

b) $\frac{1}{4}$ kg = ______

$\frac{1}{8}$ kg = ______

$\frac{3}{8}$ kg = ______

14. Immer zwei Längen sind gleich. Färbe mit der gleichen Farbe.

a)

25 cm	$\frac{1}{2}$ m	50 cm
$\frac{7}{10}$ m	$\frac{1}{4}$ m	70 cm

b)

40 cm	$\frac{3}{4}$ m	80 cm
$\frac{8}{10}$ m	$\frac{2}{5}$ m	75 cm

15. Immer zwei Massen sind gleich. Färbe mit der gleichen Farbe.

a)

$\frac{1}{2}$ kg	250 g	$\frac{1}{10}$ kg
100 g	200 g	
500 g	$\frac{1}{4}$ kg	$\frac{1}{5}$ kg

b)

$\frac{3}{10}$ kg	$\frac{3}{4}$ kg	300 g
750 g	900 g	
400 g	$\frac{9}{10}$ kg	$\frac{2}{5}$ kg

Wiederholungsaufgaben

Die Lösungen ergeben die Namen von Früchten.

1. a)
```
  345
+ 253
```
b)
```
  618
+  81
```
c)
```
  648
+ 345
```
d)
```
  763
+  48
```

2. a)
```
  675
− 234
```
b)
```
  476
−  54
```
c)
```
  584
− 437
```
d)
```
  853
−  76
```

1. a)	1. b)	1. c)	1. d)	2. a)	2. b)	2. c)	2. d)

3. a) Berechne den Umfang.

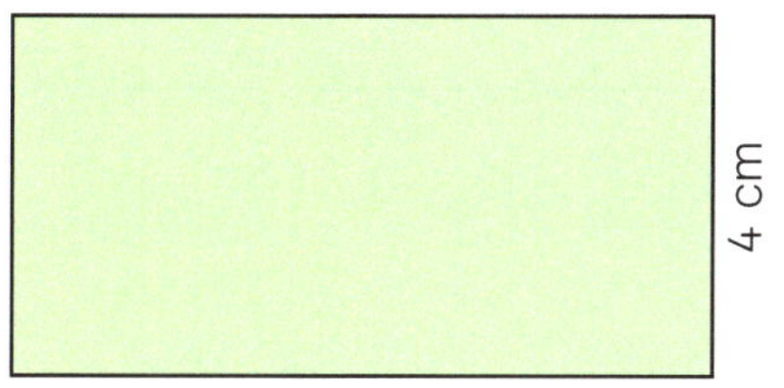

b) Berechne den Flächeninhalt.

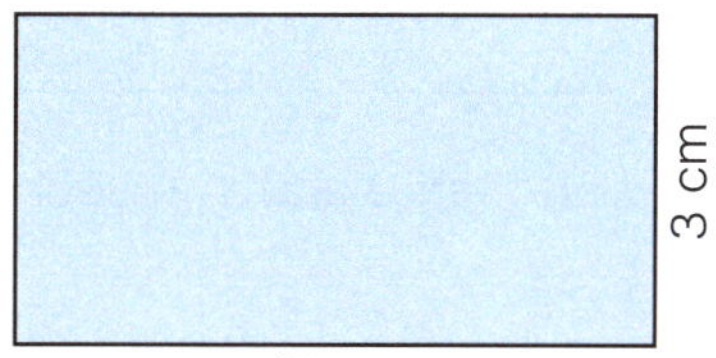

u = ______ cm

A = ______ cm^2

4. Wandle um.

a) 3 cm = ______ mm

b) 4 dm = ______ cm

c) 50 mm = ______ cm

5. Trage die Punkte in das Koordinatensystem ein und verbinde sie. Welche Figur entsteht? Kreuze an.

A(1|1), B(4|1), C(4|3), D(1|3)

○ Raute (22)

○ Rechteck (23)

○ Quadrat (25)

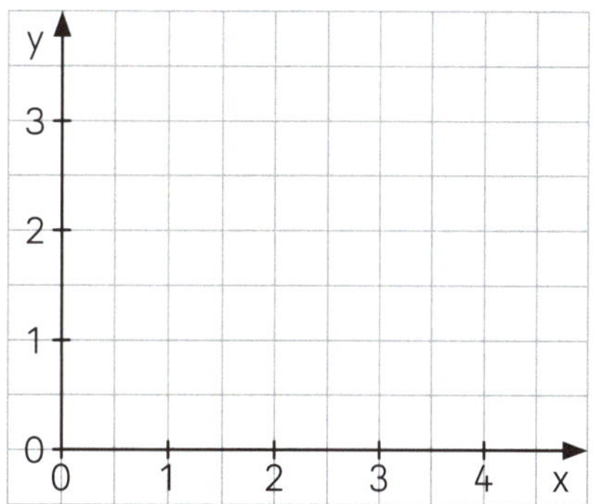

3. a)	3. b)	4. a)	4. b)	4. c)	5.

- G | 5
- R | 21
- Y | 22
- E | 23
- O | 24
- M | 25
- A | 30
- N | 40
- H | 127
- M | 137
- S | 147
- A | 153
- T | 300
- S | 400
- O | 422
- K | 441
- L | 500
- A | 598
- P | 699
- E | 777
- I | 811
- Q | 822
- U | 983
- R | 993
- F | 1001
- Y | 1992

SB S. 202–203

Digital+
WES-128744-202

Brüche am Zahlenstrahl

Brüche am Zahlenstrahl

Video

Zwischen 0 und 1 gibt es fünf gleich große Teile. → Nenner 5
Die Zahl A steht an der vierten Stelle. → Zähler 4

A = $\frac{4}{5}$

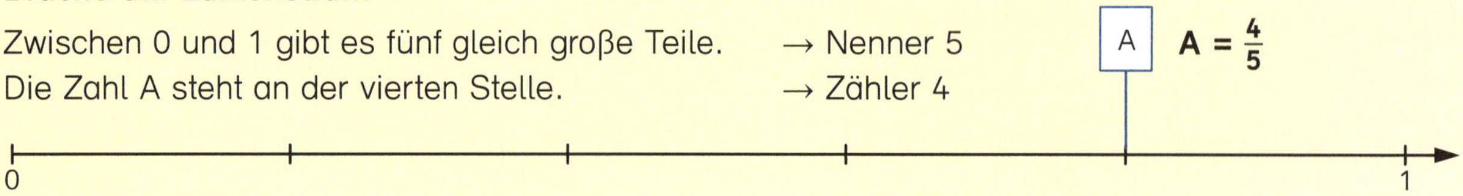

1. Wie heißen die Brüche? Trage ein.

a)

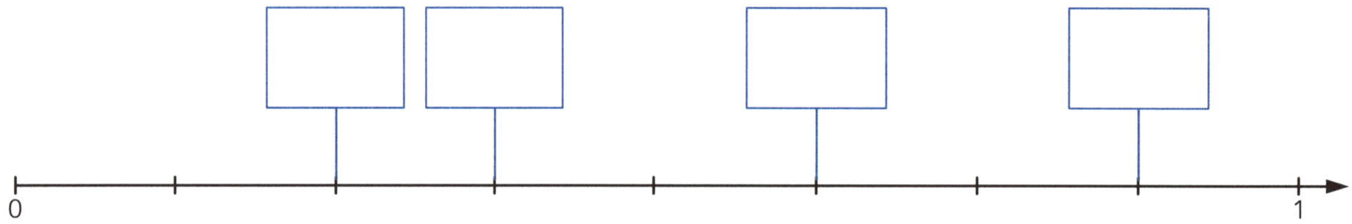

b)

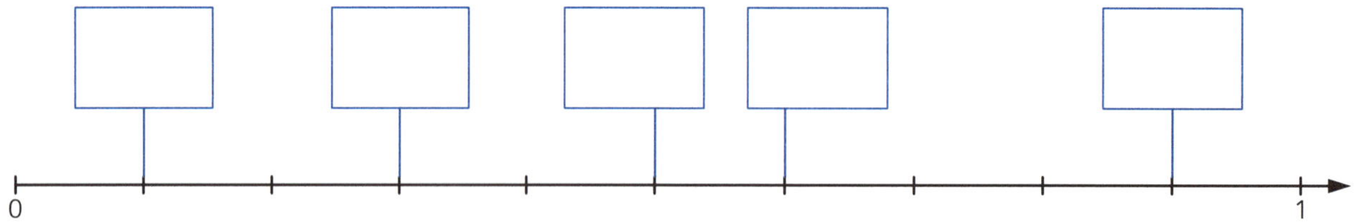

2. a) Unterteile die Strecke zwischen 0 und 1 in sechs gleich große Teile.

b) Markiere A = $\frac{2}{6}$ B = $\frac{3}{6}$ C = $\frac{5}{6}$

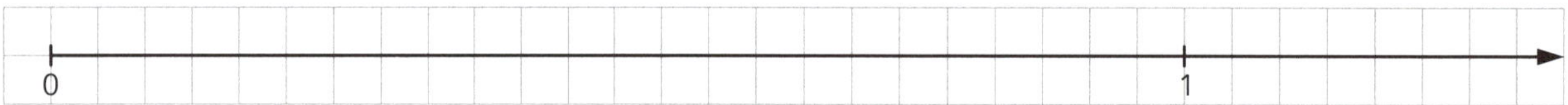

3. Trage die Brüche am passenden Zahlenstrahl ein.

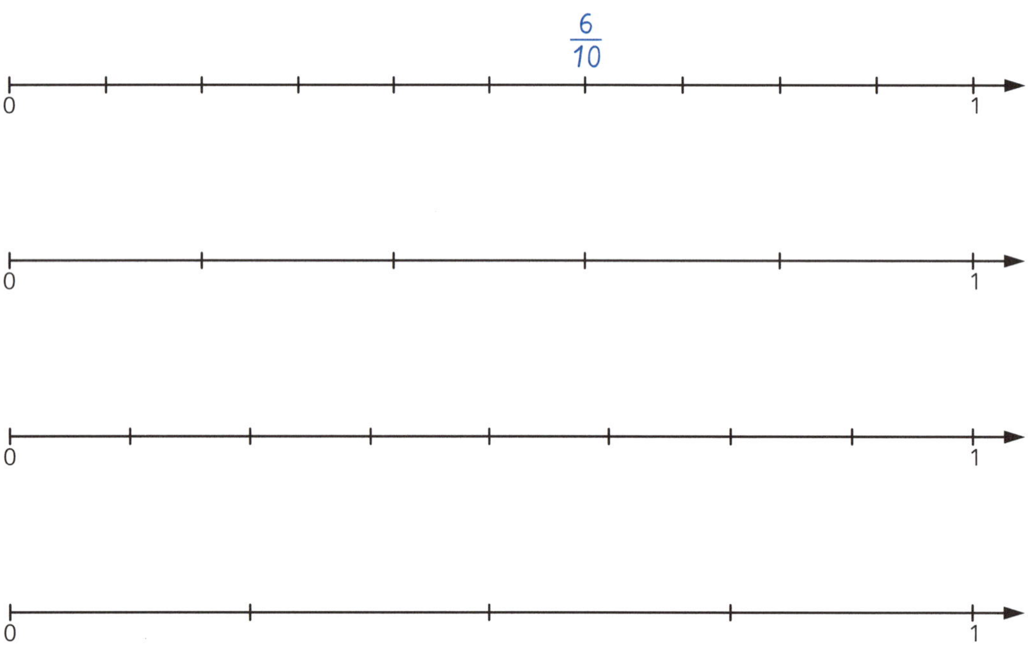

~~$\frac{6}{10}$~~	$\frac{1}{5}$
$\frac{3}{5}$	$\frac{2}{10}$
$\frac{1}{4}$	$\frac{6}{8}$
$\frac{2}{8}$	$\frac{3}{4}$

4. Setze ein: < oder >

a) $\frac{6}{10}$ ☐ $\frac{6}{8}$ b) $\frac{1}{5}$ ☐ $\frac{1}{4}$ c) $\frac{3}{4}$ ☐ $\frac{1}{5}$ d) $\frac{3}{5}$ ☐ $\frac{3}{4}$ e) $\frac{1}{4}$ ☐ $\frac{3}{5}$

Digital+ WES-128744-204

SB S. 204–205

Brüche größer als ein Ganzes

Video

Einen Bruch, der größer als ein Ganzes ist, kannst du als **gemischte Zahl** oder als **unechten Bruch** schreiben.

gemischte Zahl: $1\frac{2}{5}$

unechter Bruch: $\frac{7}{5}$

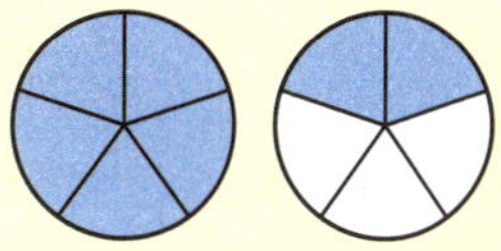

1 Ganzes und $\frac{2}{5}$

$1\frac{2}{5} = 1 + \frac{2}{5}$

$1\frac{2}{5} = \frac{5}{5} + \frac{2}{5}$

$1\frac{2}{5} = \frac{7}{5}$

1. Schreibe zu jedem Bild den Bruch und die gemischte Zahl.

a) 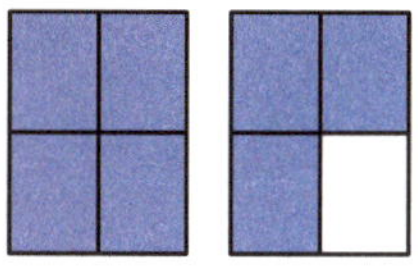

$1\frac{3}{4}$ = ______

b) 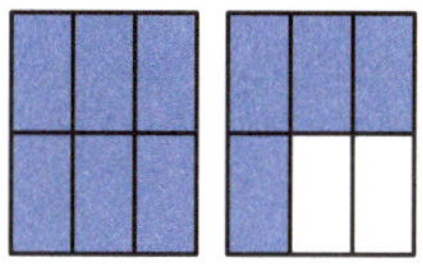

______ = ______

c) 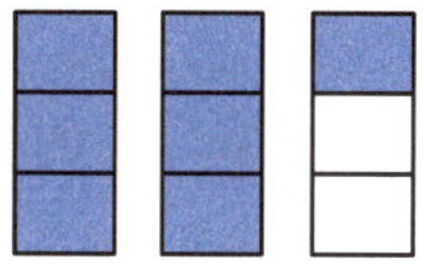

______ = ______

2. Immer drei Karten gehören zusammen. Verbinde.

$2\frac{3}{6}$	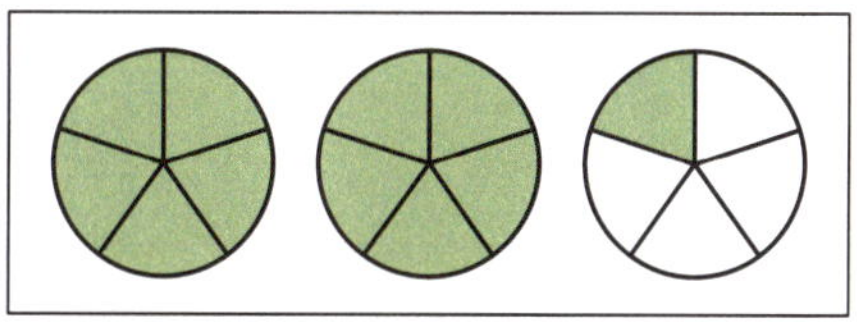	$\frac{8}{5}$
$2\frac{1}{6}$	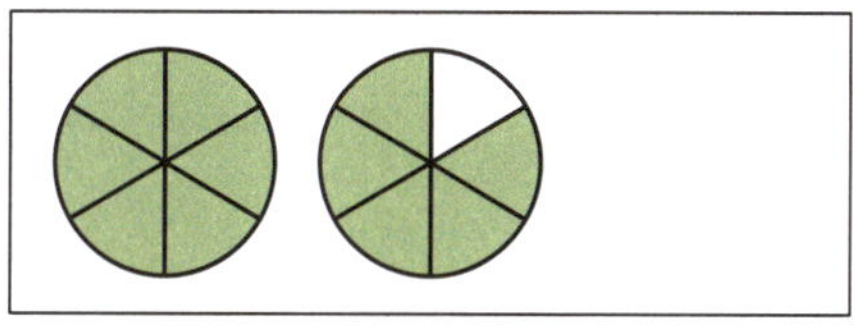	$\frac{15}{6}$
$2\frac{1}{5}$	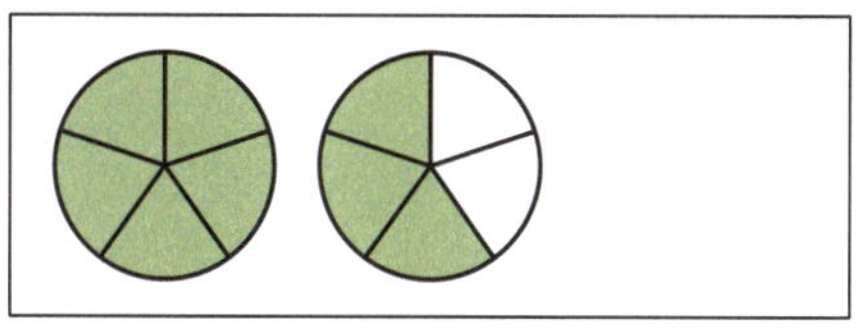	$\frac{11}{5}$
$1\frac{3}{5}$	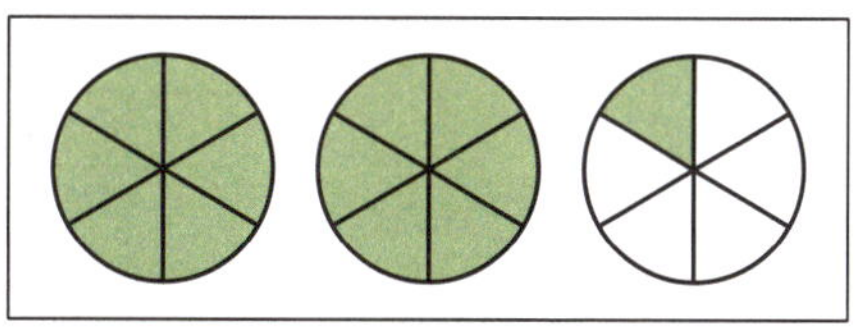	$\frac{11}{6}$
$1\frac{5}{6}$	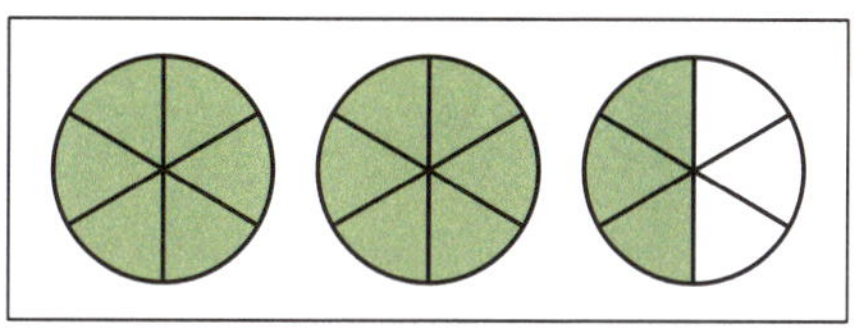	$\frac{13}{6}$

3. Schreibe die gemischte Zahl als Bruch.

a) $1\frac{1}{3}$ = ______	b) $1\frac{2}{5}$ = ______	c) $2\frac{3}{7}$ = ______	d) $3\frac{2}{3}$ = ______
$1\frac{3}{4}$ = ______	$1\frac{5}{6}$ = ______	$2\frac{3}{5}$ = ______	$4\frac{3}{8}$ = ______
$1\frac{5}{8}$ = ______	$1\frac{2}{7}$ = ______	$2\frac{1}{4}$ = ______	$3\frac{1}{5}$ = ______

SB S. 206–207

Digital+ WES-128744-206

Brüche mit gleichem Nenner addieren und subtrahieren

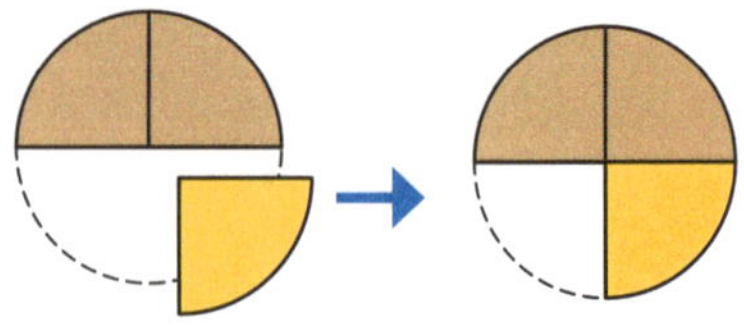

$\frac{2}{4} + \frac{1}{4}$ → $\frac{2}{4} + \frac{1}{4} = \frac{3}{4}$

Brüche mit dem gleichen Nenner addierst du so:
Addiere die **Zähler**, der **Nenner** bleibt gleich.

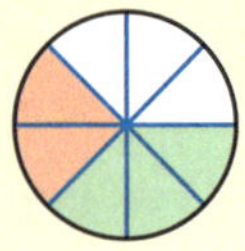

$\frac{2}{8} + \frac{3}{8} = \frac{2+3}{8} = \frac{5}{8}$

Video

1. Vervollständige die Zeichnung. Berechne.

a) 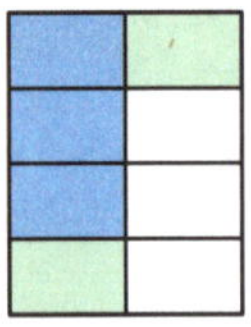 $\frac{3}{8} + \frac{2}{8} =$ ____

b) 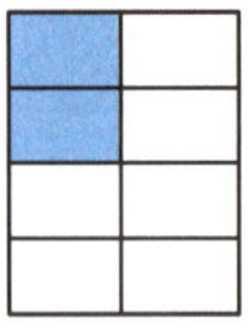 $\frac{2}{8} + \frac{2}{8} =$ ____

c) 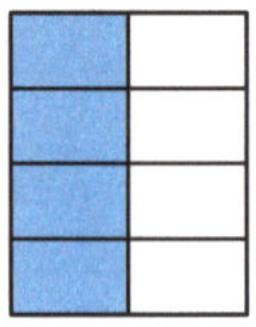 $\frac{4}{8} + \frac{3}{8} =$ ____

d) 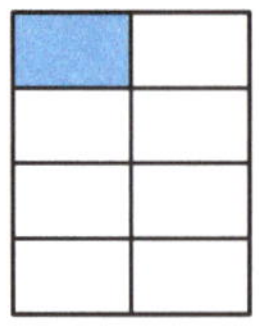 $\frac{1}{8} + \frac{5}{8} =$ ____

2. Notiere die Rechnung.

a) 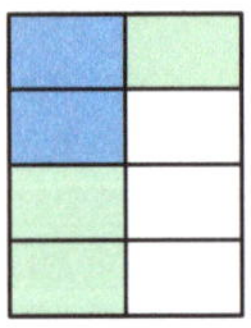 ____

b) 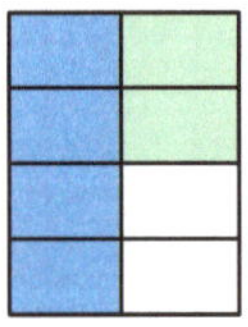 ____

c) 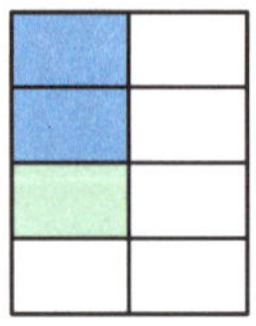 ____

d) 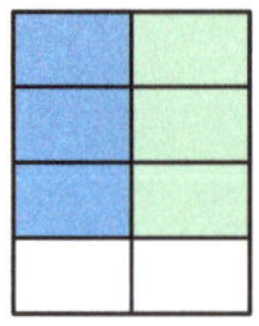 ____

3.

a) 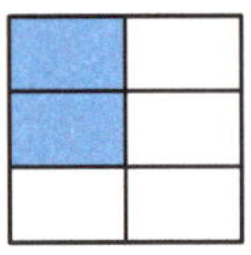 $\frac{2}{6} + \frac{2}{6} =$ ____

b) 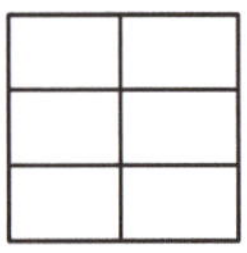 $\frac{3}{6} + \frac{2}{6} =$ ____

c) 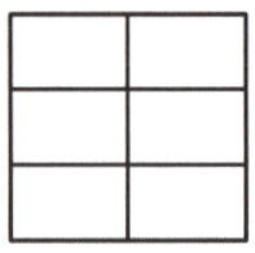 $\frac{1}{6} + \frac{4}{6} =$ ____

d) 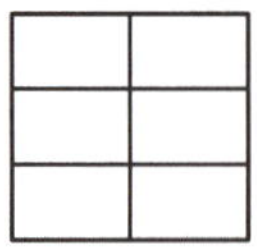 $\frac{3}{6} + \frac{3}{6} =$ ____

4.

a) $\frac{2}{5} + \frac{2}{5} =$ ____
$\frac{1}{8} + \frac{4}{8} =$ ____
$\frac{4}{9} + \frac{1}{9} =$ ____

b) $\frac{2}{10} + \frac{5}{10} =$ ____
$\frac{3}{7} + \frac{2}{7} =$ ____
$\frac{3}{10} + \frac{6}{10} =$ ____

c) $\frac{2}{5} + \frac{1}{5} =$ ____
$\frac{6}{10} + \frac{3}{10} =$ ____
$\frac{2}{8} + \frac{5}{8} =$ ____

5. Asil kauft am Getränkestand $\frac{1}{8}\ell$ Orangensaft. Ihr Bruder kauft $\frac{2}{8}\ell$.
Wie viel Liter Orangensaft kaufen sie zusammen?

R: ____

A: ____

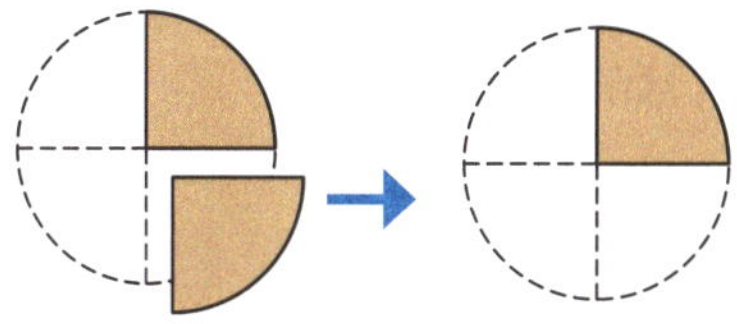

$\frac{2}{4} - \frac{1}{4}$ $\frac{2}{4} - \frac{1}{4} = \frac{1}{4}$

Brüche mit dem gleichen Nenner subtrahierst du so:
Subtrahiere die **Zähler**, der **Nenner** bleibt gleich.

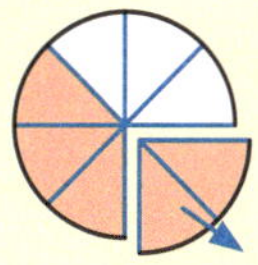

$\frac{5}{8} - \frac{2}{8} = \frac{5-2}{8} = \frac{3}{8}$

Video

6. Notiere die Rechnung.

a) 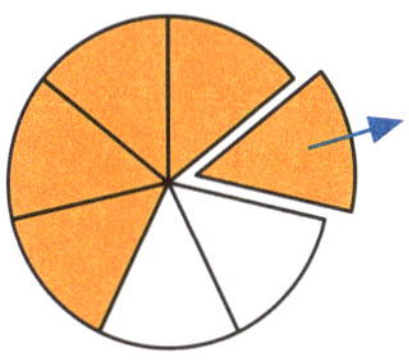

$\frac{5}{7} - \frac{1}{7} = \frac{4}{7}$

b) 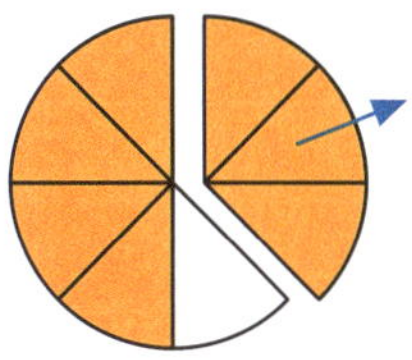

c) 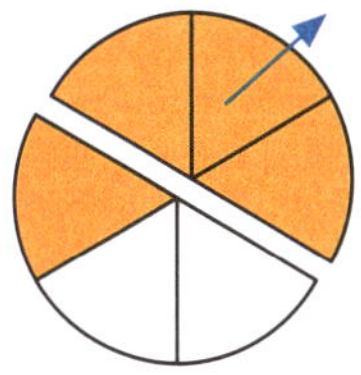

d) 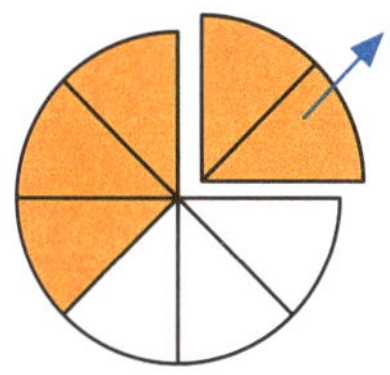

e) 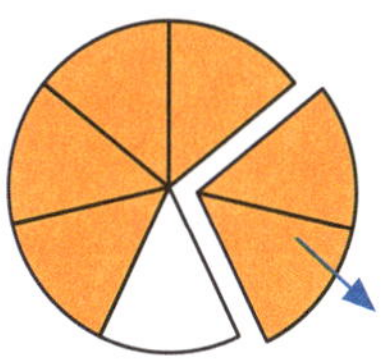

f) 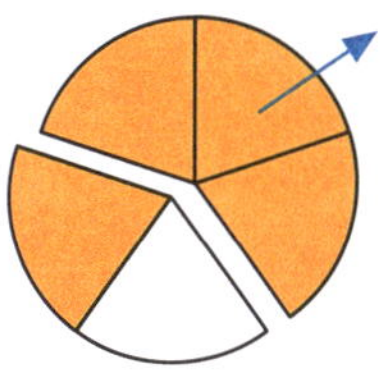

g) 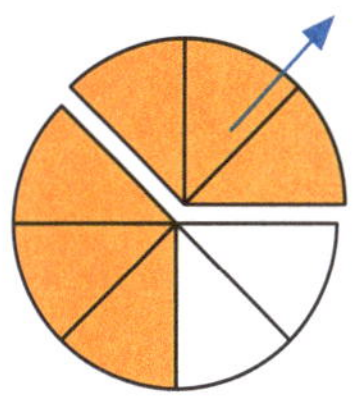

h) 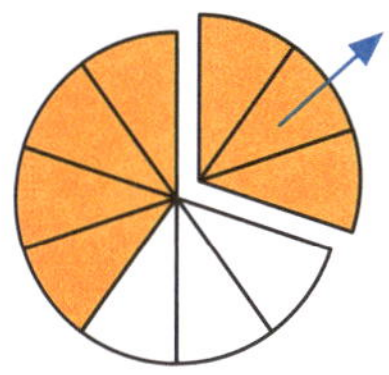

7. a) $\frac{5}{8} - \frac{3}{8} =$ ____

$\frac{7}{9} - \frac{3}{9} =$ ____

$\frac{4}{6} - \frac{3}{6} =$ ____

b) $\frac{6}{10} - \frac{5}{10} =$ ____

$\frac{8}{9} - \frac{3}{9} =$ ____

$\frac{6}{8} - \frac{3}{8} =$ ____

c) $\frac{4}{5} - \frac{1}{5} =$ ____

$\frac{6}{7} - \frac{3}{7} =$ ____

$\frac{8}{8} - \frac{3}{8} =$ ____

8. a) $\frac{5}{8} - \text{—} = \frac{1}{8}$

$\frac{4}{7} - \text{—} = \frac{2}{7}$

b) $\frac{7}{9} - \text{—} = \frac{5}{9}$

$\frac{4}{5} - \text{—} = \frac{1}{5}$

c) $\text{—} - \frac{2}{5} = \frac{1}{5}$

$\text{—} - \frac{3}{8} = \frac{1}{8}$

9. Im Krug waren $\frac{7}{8}$ ℓ Orangensaft.
Oskar füllt $\frac{2}{8}$ ℓ Orangensaft in ein Glas.
Wie viel Liter Saft sind danach noch im Krug?

R: ____

A: ____

1. Welcher Bruchteil ist gefärbt?

a) 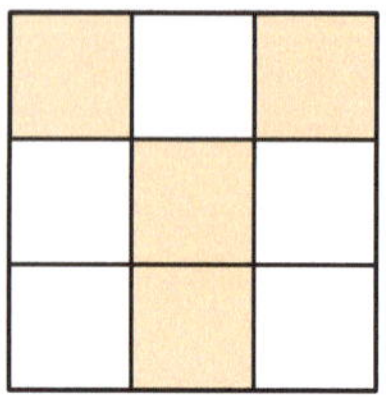 ___

b) 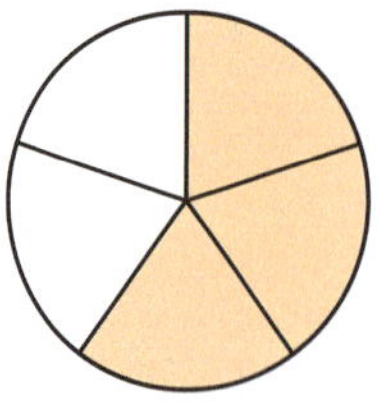 ___

c) 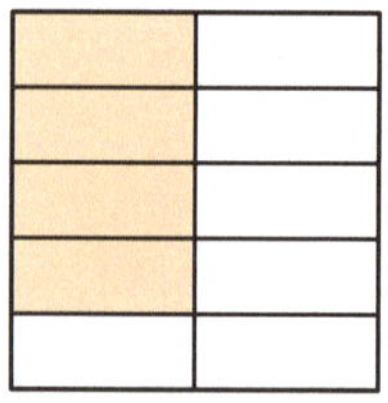 ___

d) 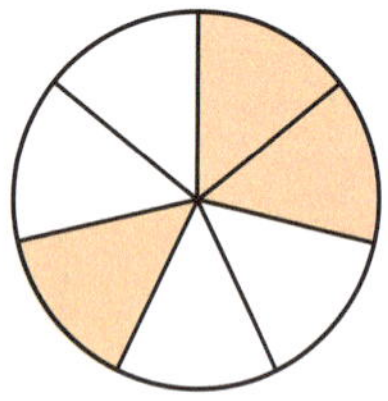 ___

2. Färbe den angegebenen Bruchteil.

a) 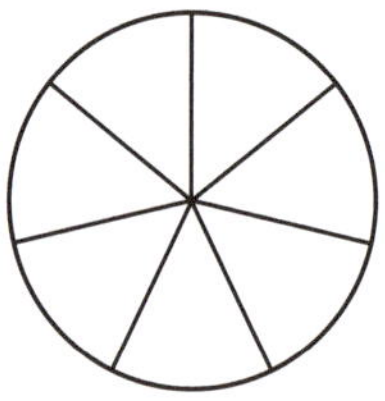 $\frac{3}{7}$

b) 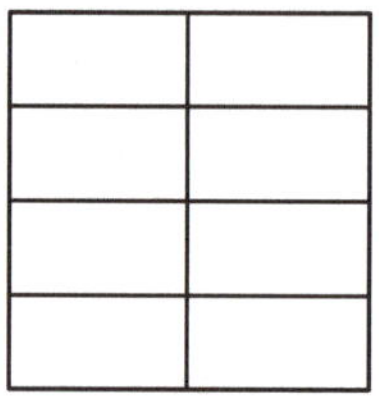 $\frac{5}{8}$

c) 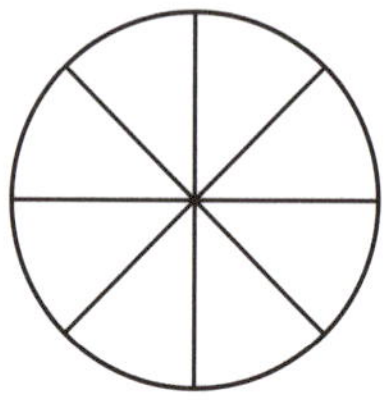 $\frac{7}{8}$

d) 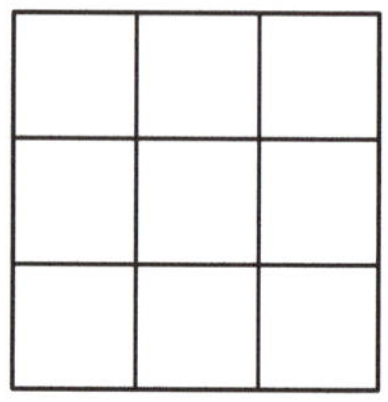 $\frac{5}{9}$

3. Färbe den Bruchteil. Ergänze die Rechnung.

a) 

$\frac{1}{3}$ von 15 = 15 : 3 = ______

b) 

$\frac{1}{5}$ von 20 = ______ = ______

4. a) $\frac{1}{3}$ von 18 € = 18 € : 3 = ______

$\frac{1}{6}$ von 24 € = ______ = ______

$\frac{1}{4}$ von 4 € = ______ = ______

b) $\frac{1}{5}$ von 30 € = ______ = ______

$\frac{1}{7}$ von 28 € = ______ = ______

$\frac{1}{8}$ von 24 € = ______ = ______

5. a) $\frac{1}{5}$ von 35 € = ______

$\frac{2}{5}$ von 35 € = ______

b) $\frac{1}{4}$ von 32 € = ______

$\frac{3}{4}$ von 32 € = ______

c) $\frac{1}{7}$ von 21 € = ______

$\frac{4}{7}$ von 21 € = ______

6. Berechne die Bruchteile.

a) $\frac{3}{4}$ von 20 = ______

$\frac{5}{6}$ von 36 = ______

$\frac{2}{3}$ von 27 = ______

b) $\frac{4}{5}$ von 500 = ______

$\frac{2}{3}$ von 210 = ______

$\frac{2}{6}$ von 300 = ______

c) $\frac{3}{8}$ von 4000 = ______

$\frac{5}{6}$ von 6000 = ______

$\frac{3}{7}$ von 5600 = ______

7. Wie viel Gramm sind es?

a) $\frac{1}{2}$ kg = ______

$\frac{1}{4}$ kg = ______

$\frac{3}{4}$ kg = ______

b) $\frac{3}{10}$ kg = ______

$\frac{2}{10}$ kg = ______

$\frac{3}{5}$ kg = ______

SB S. 209–211

8. Schreibe zu jedem Bild die gemischte Zahl und den unechten Bruch.

a)

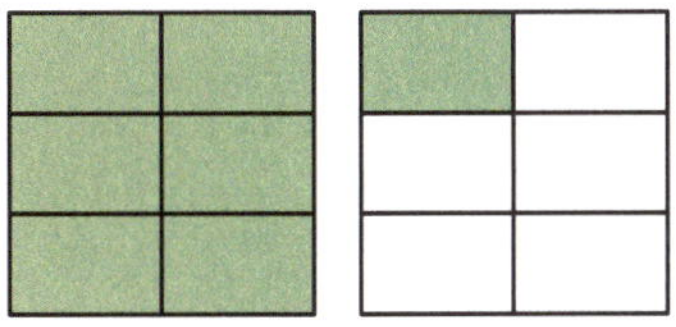

$1\frac{1}{6} =$ ______

b)

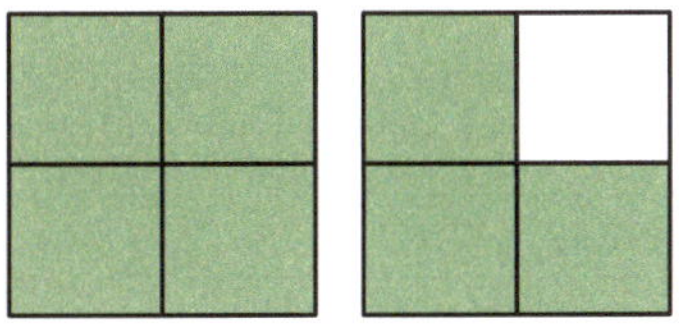

______

c)

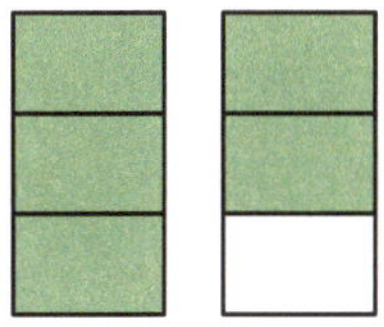

______

9. Wie heißen die Brüche? Trage ein.

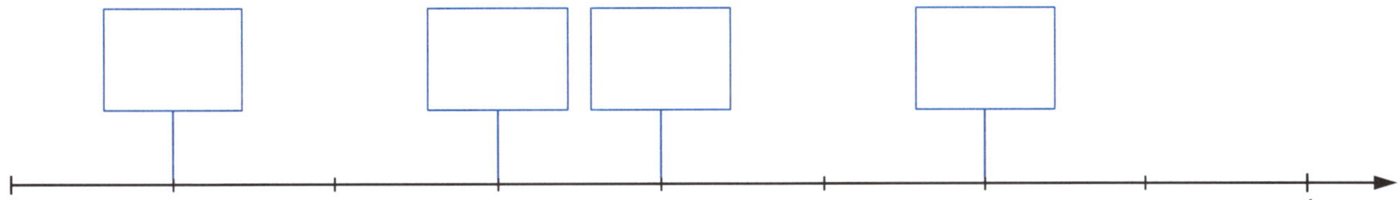

10. Zu jeder Fahne gehört ein Bruch. Färbe in der Farbe der Fahne.

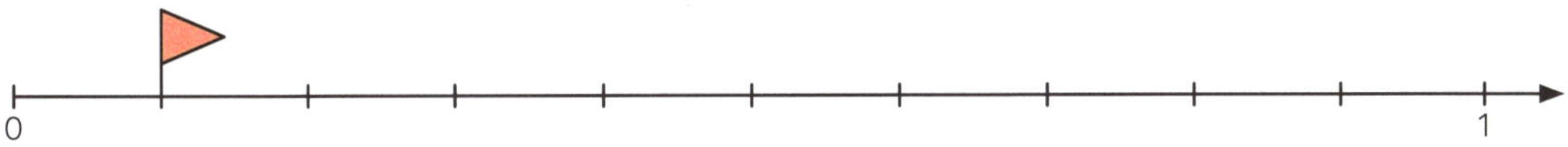

$\frac{3}{4}$

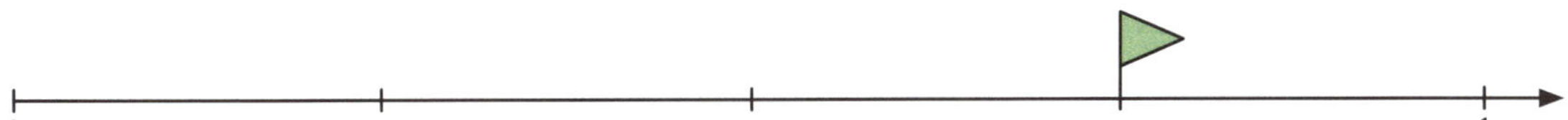

$\frac{1}{2}$

$\frac{1}{10}$

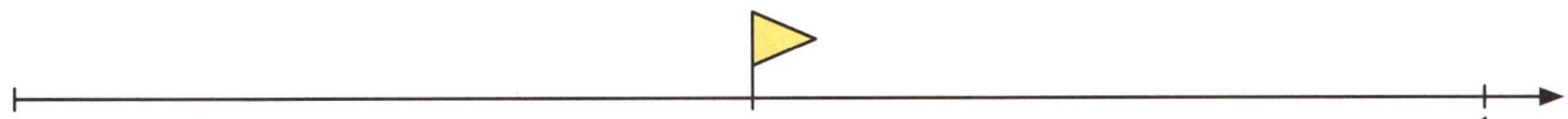

$\frac{1}{5}$

11. Berechne und vervollständige die Zeichnung.

a)

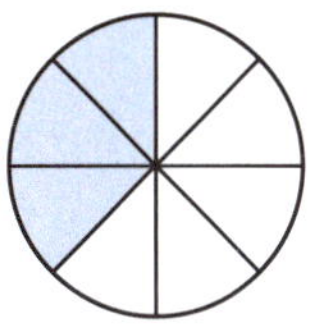

$\frac{3}{8} + \frac{2}{8} =$ ______

b)

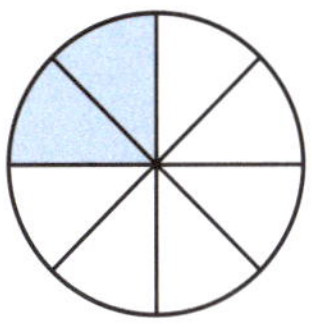

$\frac{2}{8} + \frac{5}{8} =$ ______

c)

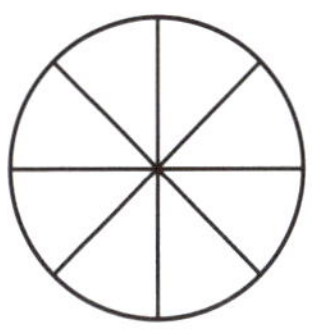

$\frac{3}{8} + \frac{4}{8} =$ ______

d)

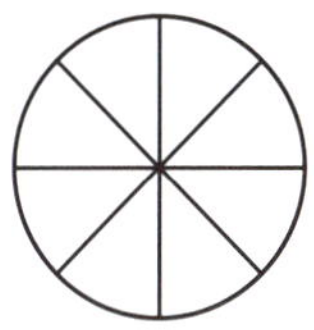

$\frac{6}{8} + \frac{1}{8} =$ ______

12. a) $\frac{1}{8} + \frac{6}{8} =$ ______

$\frac{3}{7} + \frac{2}{7} =$ ______

$\frac{4}{6} + \frac{1}{6} =$ ______

b) $\frac{2}{5} + \frac{1}{5} =$ ______

$\frac{3}{9} + \frac{2}{9} =$ ______

$\frac{2}{7} + \frac{2}{7} =$ ______

c) $\frac{7}{10} - \frac{3}{10} =$ ______

$\frac{6}{9} - \frac{5}{9} =$ ______

$\frac{4}{5} - \frac{2}{5} =$ ______

d) $\frac{10}{12} - \frac{6}{12} =$ ______

$\frac{5}{8} - \frac{3}{8} =$ ______

$\frac{7}{9} - \frac{2}{9} =$ ______

Bildquellennachweis

|Alamy Stock Photo, Abingdon/Oxfordshire: GODBEHEAR, MANDY 110.1. |Alamy Stock Photo (RMB), Abingdon/Oxfordshire: Arco Images GmbH 102.3; King, Nathan 16.1; Luke, Martin 72.1; Pressfoto.co.uk 61.1; Studioshots 100.3. |Bundesministerium der Finanzen, Berlin: alle abgebildeten Euro-Münzvorderseiten. |Deutscher Verkehrssicherheitsrat e.V. (DVR) / www.dvr.de, Bonn: 44.2, 44.3, 44.4. |Europäische Zentralbank, Frankfurt am Main: alle abgebildeten Euro-Scheine. |Fero Art - Illustration & Grafik Design, Moers: 2.2, 2.3, 3.3, 3.4, 3.5, 3.6, 3.7, 3.8, 4.2, 14.4, 14.5, 14.6, 15.1, 16.2, 16.3, 16.4, 16.5, 17.1, 17.2, 17.3, 18.1, 22.1, 23.1, 25.1, 28.1, 29.1, 29.2, 29.3, 29.4, 30.1, 31.1, 33.1, 33.2, 33.3, 33.4, 36.1, 36.2, 36.3, 36.4, 37.1, 37.2, 37.3, 37.4, 37.5, 37.6, 37.7, 37.8, 39.1, 39.2, 39.3, 40.1, 40.2, 40.3, 40.4, 40.5, 40.6, 41.1, 41.2, 52.2, 53.1, 53.2, 53.3, 53.4, 54.1, 54.2, 54.3, 55.1, 55.2, 56.1, 56.2, 57.1, 57.2, 57.3, 57.4, 58.1, 60.1, 60.2, 63.1, 64.1, 64.2, 64.3, 65.1, 65.2, 65.3, 66.1, 67.1, 68.1, 69.1, 69.2, 70.1, 70.2, 74.1, 74.2, 74.6, 74.7, 74.8, 74.9, 74.10, 74.11, 75.1, 75.2, 77.1, 77.2, 77.3, 77.4, 77.5, 78.1, 78.2, 78.3, 78.4, 79.1, 79.2, 79.3, 79.4, 79.5, 80.7, 80.8, 80.9, 81.1, 83.1, 83.2, 83.3, 83.4, 83.5, 83.6, 83.7, 83.8, 83.9, 83.10, 84.1, 84.2, 84.3, 84.4, 84.5, 84.6, 84.7, 84.8, 85.1, 85.2, 85.3, 85.4, 85.5, 85.6, 85.7, 86.1, 86.2, 86.3, 86.4, 87.1, 87.2, 88.1, 88.2, 88.3, 88.4, 88.5, 88.6, 89.1, 89.2, 89.3, 90.1, 90.7, 90.8, 90.9, 90.10, 90.11, 90.12, 91.1, 91.2, 91.3, 91.4, 91.5, 92.3, 92.4, 92.5, 92.6, 92.7, 93.1, 93.2, 93.3, 93.4, 94.1, 96.2, 96.3, 96.4, 96.5, 96.6, 97.1, 97.2, 97.3, 99.1, 99.2, 100.6, 100.7, 100.8, 100.9, 100.14, 100.15, 100.16, 100.17, 100.18, 100.19, 102.4, 102.5, 102.6, 102.7, 104.1, 104.2, 104.3, 105.1, 105.2, 106.1, 106.2, 108.1, 108.2, 108.3, 109.1, 109.2, 109.3, 109.4, 111.1, 112.1, 115.1, 115.2, 116.1, 116.2, 120.1, 120.4, 121.1, 121.12. |fotolia.com, New York: cirquedesprit 100.11; Waler 44.5. |Helga Lade Fotoagenturen GmbH, Frankfurt/M.: Euroluftbild 102.1. |Interfoto, München: mova/Schauhuber, Alfred 80.4, 80.5, 80.6. |iStockphoto.com, Calgary: GlobalP 92.1; goodmoments 2.1; hanibaram 100.13; Mizina 110.2; Nerthuz 100.12. |LIO Design GmbH, Braunschweig: Titel. |Microsoft Deutschland GmbH, München: 9.1, 9.2, 9.3, 9.4, 9.5, 9.6, 9.7, 9.8, 9.9. |Minkus Images Fotodesignagentur, Isernhagen: 100.4. |Shutterstock.com, New York: Aliaksei, Hintau 92.2; antoniomas 100.5; Prudek, Daniel 80.1, 80.2, 80.3. |stock.adobe.com, Dublin: 135pixels Titel; creativenature.nl 78.5; Fernando 102.2; Jim Cumming 78.7; Kucherova, Anna Titel; Meertins, Sander 78.6; Petair 52.1; refresh(PIX) 100.10; SENTELLO Titel; visionart 34.1; Wolfilser 20.1; www.a-horn.de 100.2. |Wojczak, Michael, Braunschweig: 3.1, 3.2, 3.9, 3.10, 3.11, 4.1, 4.3, 5.1, 5.2, 5.3, 5.4, 5.5, 5.6, 5.7, 5.8, 5.9, 5.10, 5.11, 5.12, 5.13, 5.14, 5.15, 5.16, 5.17, 5.18, 5.19, 5.20, 5.21, 5.22, 5.23, 5.24, 5.25, 5.26, 5.27, 5.28, 5.29, 5.30, 5.31, 5.32, 5.33, 5.34, 5.35, 5.36, 5.37, 5.38, 5.39, 5.40, 5.41, 5.42, 5.43, 6.1, 6.2, 7.1, 7.2, 7.3, 7.4, 7.5, 7.6, 7.7, 7.8, 7.9, 7.10, 7.11, 7.12, 7.13, 7.14, 7.15, 7.16, 7.17, 7.18, 7.19, 7.20, 7.21, 7.22, 7.23, 7.24, 7.25, 7.26, 7.27, 7.28, 7.29, 7.30, 7.31, 7.32, 7.33, 7.34, 7.35, 7.36, 7.37, 7.38, 7.39, 7.40, 7.41, 7.42, 7.43, 7.44, 7.45, 7.46, 7.47, 7.48, 7.49, 7.50, 7.51, 7.52, 10.1, 10.2, 10.3, 10.4, 10.5, 10.6, 10.7, 10.8, 10.9, 10.10, 10.11, 10.12, 10.13, 14.1, 14.2, 14.3, 18.2, 19.1, 19.2, 26.1, 26.2, 26.3, 26.4, 26.5, 26.6, 27.1, 27.2, 36.5, 36.6, 37.9, 38.1, 38.2, 39.4, 43.1, 44.1, 45.1, 45.2, 45.3, 46.1, 46.2, 46.3, 46.4, 46.5, 46.6, 46.7, 46.8, 46.9, 46.10, 46.11, 46.12, 47.1, 47.2, 47.3, 47.4, 47.5, 47.6, 47.7, 47.8, 47.9, 47.10, 47.11, 50.1, 50.2, 50.3, 62.1, 62.2, 62.3, 95.1, 95.2, 95.3, 96.1, 98.1, 98.2, 100.1, 101.1, 101.2, 101.3, 101.4, 107.1, 107.2, 107.3, 107.4, 107.5, 111.2, 111.3, 111.4, 111.5, 111.6, 111.7, 111.8, 111.9, 111.10, 112.2, 112.3, 112.4, 112.5, 112.6, 113.1, 113.2, 113.3, 118.1, 118.2, 118.3, 118.4, 118.5, 119.1, 119.2, 119.3, 119.4, 119.5, 119.6, 119.7, 119.8, 119.9, 119.10, 120.2, 120.3, 121.2, 121.3, 121.4, 121.5, 121.6, 121.7, 121.8, 121.9, 121.10, 121.11, 123.1, 123.2, 123.3, 123.4.

westermann

ERLEBNIS
Mathematik

5

Arbeitsbuch Inklusion
Lösungen

ISBN 978-3-14-**128866**-7

1 | Zahlen und Daten

Die Schulleitung möchte herausfinden, ob die Schülerinnen und Schüler mit dem Schulhof zufrieden sind. Beschreibe das Ergebnis der Klasse 6a.

In diesem Kapitel lernst du, …

- … wie du Anzahlen in Strichlisten, Tabellen, Diagrammen und anderen Schaubildern darstellst.
- … wie du Zahlen am Zahlenstrahl darstellst und abliest.
- … wie du Zahlen in eine Stellenwerttafel einträgst.
- … wie du Zahlen vergleichst, ordnest und rundest.
- … wie du große Anzahlen schätzen kannst.

Wie viele Schülerinnen und Schüler haben in der Klasse 6a abgestimmt?

Diagramme

So kannst du Daten in **Diagrammen** darstellen:

① Beschrifte die Hochachse.
② Beschrifte die Rechtsachse.
③ Zeichne die Säulen und Balken jeweils gleich breit (1 Kästchen oder 1 cm).
④ Trage die Daten ein.

Säulendiagramm

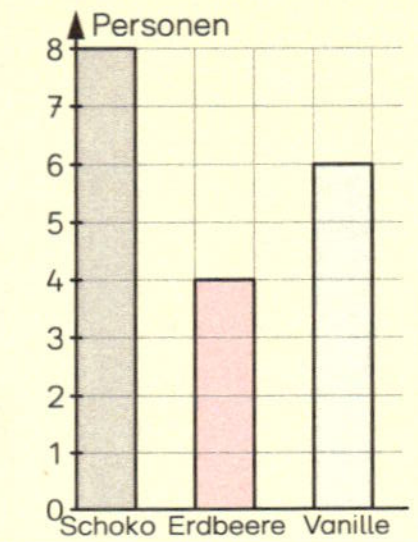

Balkendiagramm

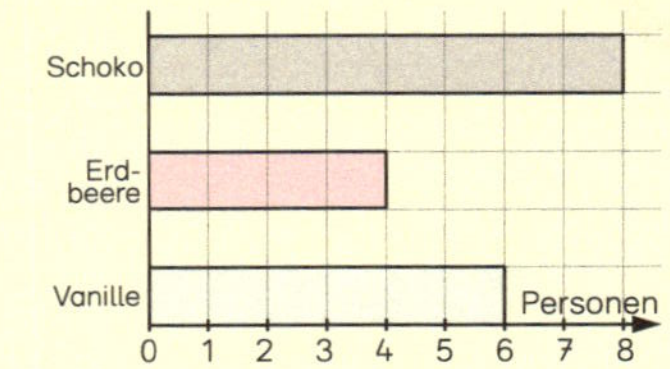

Video

1. Aus der Klasse 5b gehen 6 Kinder in den Sportverein.

Anton	Kea	Adele	Matteo	Moritz	Liam
12 Jahre	11 Jahre	10 Jahre	12 Jahre	12 Jahre	10 Jahre
Fußball	Handball	Schwimmen	Fußball	Schwimmen	Fußball

a) Erstelle ein Balkendiagramm für die Verteilung auf die Sportarten.

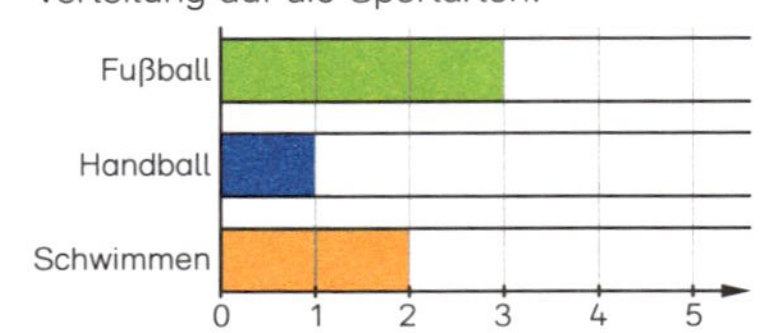

b) Erstelle ein Balkendiagramm für das Alter.

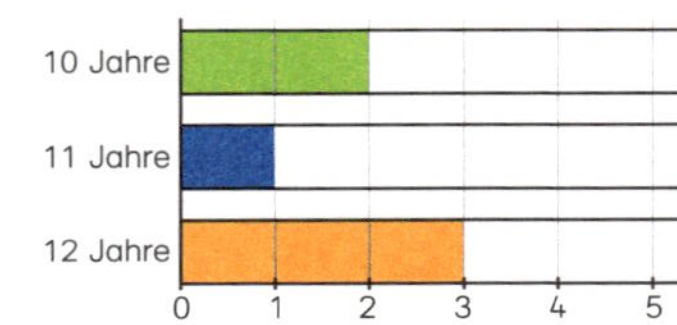

2. Die Strichliste zeigt, wie viele Kinder jeweils in der Sportabteilung sind.
a) Entnimm die Daten der Strichliste und übertrage sie in die Tabelle.
b) Zeichne ein Balkendiagramm.

Fußball 𝍸 𝍸 𝍸 𝍸 ||||
Handball 𝍸 𝍸 𝍸 |||
Schwimmen 𝍸 𝍸 ||||

Fußball	24
Handball	18
Schwimmen	14

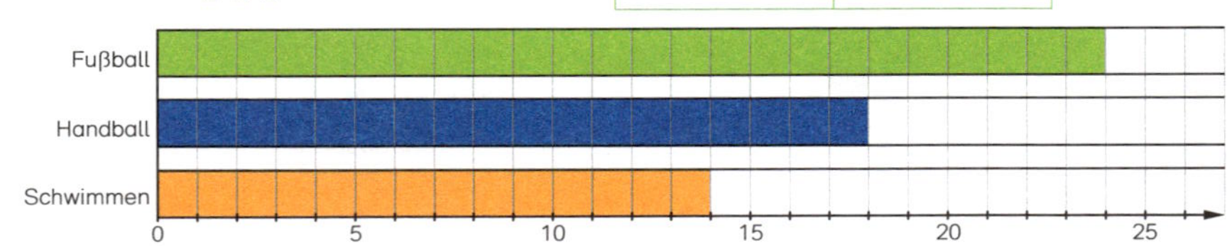

3. Bei einer Umfrage haben Kinder ihr Lieblingshaustier auf einen Zettel geschrieben.

Katze, Katze, Vogel, Hamster, Hund, Hund, Katze, Hund
Hund, Hamster, Vogel, Katze, Katze, Hund, Katze
Hund, Hamster, Hund, Hund, Vogel, Hund, Hund
Katze, Hamster, Hamster, Katze, Vogel, Katze, Vogel, Hamster

a) Erfasse in einer Strichliste, wie oft jedes Tier genannt wurde. Vervollständige die Tabelle.
b) Stelle das Ergebnis der Umfrage in einem Säulendiagramm dar.

Lieblingstier	Anzahl der Stimmen	
Hund	𝍸 𝍸	10
Vogel	𝍸	5
Katze	𝍸 IIII	9
Hamster	𝍸 I	6

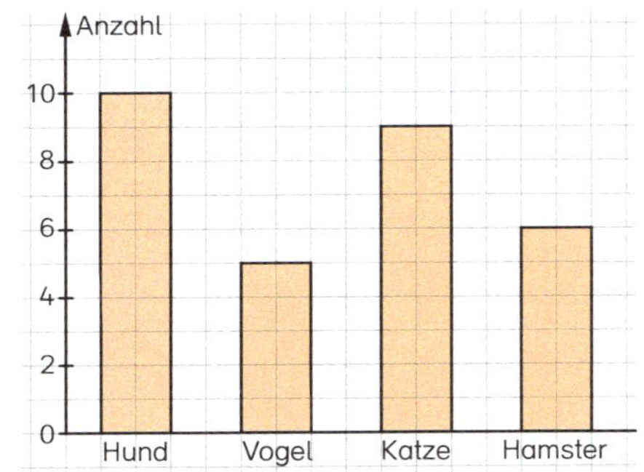

4. Nach einem Besuch im Zoo wurden Jugendliche nach ihrem liebsten Zootier gefragt. Das Ergebnis der Befragung ist im Balkendiagramm dargestellt.

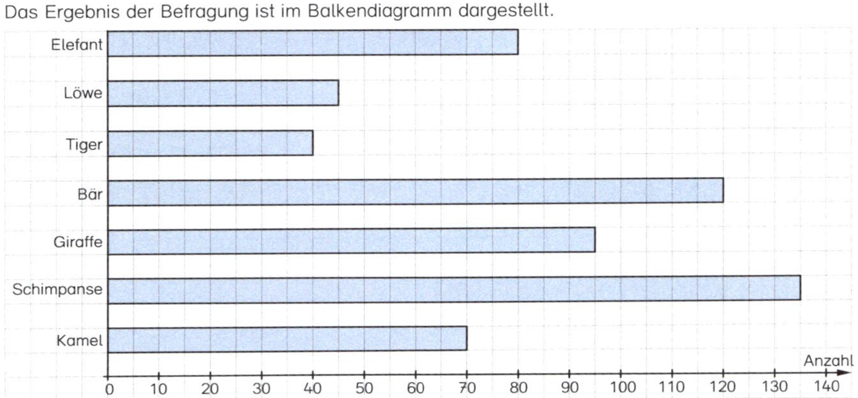

a) Lies die Zahlen im Balkendiagramm ab und trage sie in die Liste ein.
b) Ordne die Tiere nach der Anzahl der Stimmen. Beginne mit dem beliebtesten Tier.

Tier	Elefant	Löwe	Tiger	Bär	Giraffe	Schimpanse	Kamel
Anzahl der Stimmen	80	45	40	120	95	35	70

b) Ordne die Tiere nach der Anzahl der Stimmen. Beginne mit dem beliebtesten Tier.

Schimpanse, Bär, Giraffe, Elefant, Kamel, Löwe, Tiger

Ein **Bilddiagramm** ist eine besonders anschauliche Art der Darstellung. So erstellst du ein Bilddiagramm:

① Wähle passende Symbole aus.
② Lege fest, für welche Anzahl jedes Symbol steht.
③ Zeichne die passende Anzahl von Symbolen.

Video

Beliebte Autofarben

Legende: 🚗 = 50 Autos

5. In der Tabelle sind die Besucherzahlen im Freibad dargestellt.
a) Für wie viele Besucher steht eine Symbol? Trage ein.
b) Ergänze die fehlenden Besucherzahlen.
c) Vervollständige das Balkendiagramm

Symbol steht für 100 Besucher.		
Montag	🧍🧍	200
Dienstag	🧍🧍🧍	300
Mittwoch	🧍🧍🧍🧍🧍 🧍	600
Donnerstag	🧍🧍🧍🧍	400
Freitag	🧍🧍🧍🧍🧍 🧍	600
Samstag	🧍🧍🧍🧍🧍 🧍🧍	700
Sonntag	🧍🧍🧍🧍🧍	500

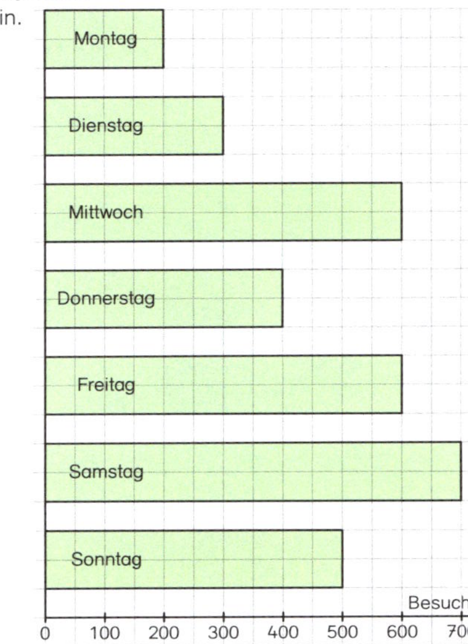

6. In der Tabelle stehen Besucherzahlen im Klettergarten. Ergänze die fehlenden Symbole.

Symbol = 100 Besucher

Mai	🧍🧍🧍🧍🧍 🧍🧍🧍	800
Juni	🧍🧍🧍🧍🧍 🧍🧍🧍🧍	900
Juli	🧍🧍🧍🧍🧍 🧍🧍🧍🧍🧍 🧍	1 100
August	🧍🧍🧍🧍🧍 🧍🧍🧍🧍🧍	1 000
September	🧍🧍🧍🧍🧍 🧍🧍	700
Oktober	🧍🧍🧍🧍🧍	500

7. So alt können Tiere werden. Erstelle zu den Daten ein Säulendiagramm.

Tier	Alter
Gorilla	50 Jahre
Wal	110 Jahre
Schaf	15 Jahre
Elefant	70 Jahre
Hund	20 Jahre
Aal	50 Jahre
Bär	45 Jahre

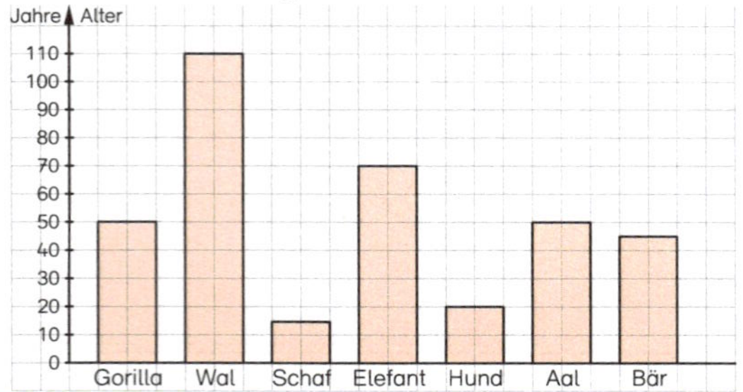

8. Das schnellste Landtier ist der Gepard. Bei der Jagd erreicht er eine Geschwindigkeit von 120 $\frac{km}{h}$.
In der Tabelle stehen Höchstgeschwindigkeiten anderer Tiere.

Tier	Antilope	Elefant	Gepard	Igel	Löwe	Nashorn	Pferd
Geschwindigkeit	90 $\frac{km}{h}$	40 $\frac{km}{h}$	120 $\frac{km}{h}$	7 $\frac{km}{h}$	50 $\frac{km}{h}$	40 $\frac{km}{h}$	70 $\frac{km}{h}$

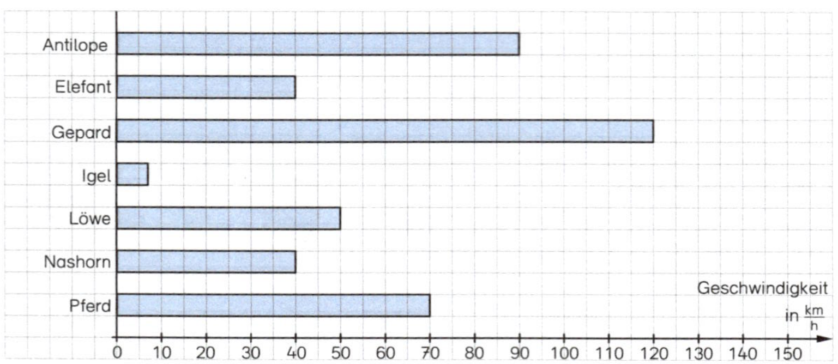

9. In der Tabelle steht für einige Tierarten das Höchstgewicht, das weibliche und männliche Tiere erreichen können. Stelle die Daten der Tabelle in einem Balkendiagramm dar.

	Gorilla	Zebra	Löwe	Tiger	Strauß
weiblich	100 kg	320 kg	160 kg	180 kg	100 kg
männlich	260 kg	320 kg	220 kg	320 kg	140 kg

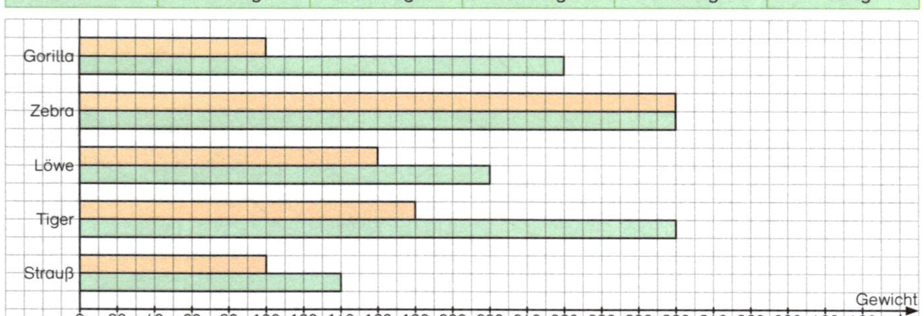

10. Familie Müller plant eine Fahrradtour mit 4 Tagesstrecken.

Montag	Dienstag	Mittwoch	Donnerstag
40 km	24 km	50 km	38 km

Erstelle ein Balkendiagramm zur Länge der Tagesstrecken.

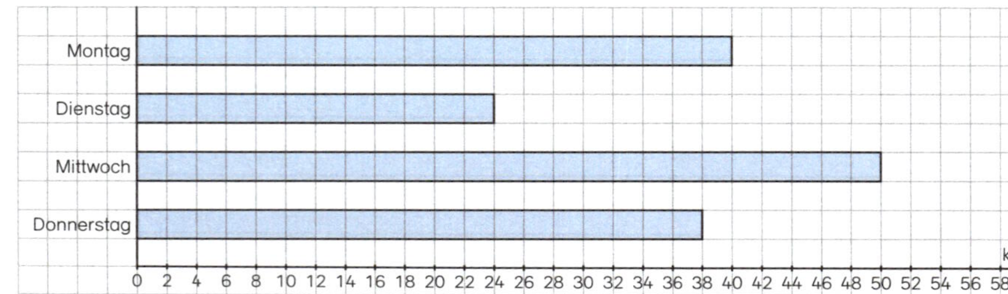

11. Im Bilddiagramm ist dargestellt, wie die Zuschauerinnen und Zuschauer eines Handballspiels zur Sporthalle kommen.

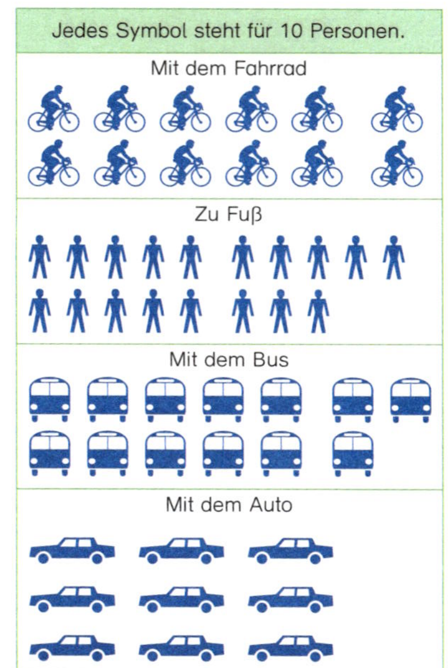

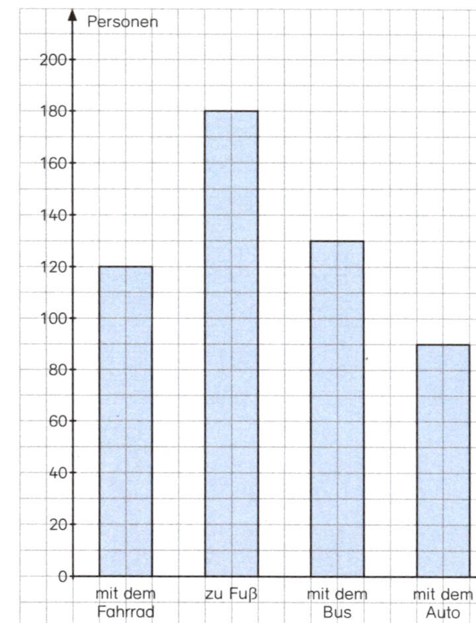

a) Trage die Zahlen in die Tabelle ein.

Mit dem Fahrrad	Zu Fuß	Mit dem Bus	Mit dem Auto
120	180	130	90

b) Stelle die Zahlen im Säulendiagramm dar.

Tabellen und Diagramme mit Tabellenkalkulation

So ist das Rechenblatt bei einem Computer eingestellt:

TIPP

Die **Spalten** sind mit Buchstaben beschriftet.

Die **Zeilen** sind mit Zahlen beschriftet.

	A	B	C	D	E	F
1			+			14
2		5			✉	
3		♥				
4	33					✈
5			19	☺		0
6	@			7		
7					8	

Wo sich eine **Spalte** und eine **Zeile** kreuzen, entsteht eine Zelle.
Hier kreuzt die Spalte **C** die Zeile **3**. Die Zelle hat deshalb den Namen **C3**.

1. Suche in der Tabelle das Herz. Notiere die Spalte, die Zeile und die Zelle.

Spalte: B Zeile: 3 Zelle: B3

2. Notiere den Namen der Zelle, in der sich das Zeichen oder die Zahl befindet.

a) ☺ D5 b) @ A6 c) ✈ F4 d) 33 A4
e) ✉ E2 f) + C1 g) 14 F1 h) 19 C5

3. Trage die Zahl in die angegebene Zelle ein.
a) 5 in Zelle B2 b) 7 in Zelle D6 c) 8 in Zelle E7 d) 0 in Zelle F5

4.

	A	B	C	D	E	F	G
1	Ergebnisse beim Dart						
2							
3		Ayla	Lea	Marc	Kim	Annika	Tom
4	1. Runde	49	67	56	42	58	71
5	2. Runde	54	45	68	58	47	40
6	3. Runde	69	63	72	49	61	55
7							
8	Endstand	172	175	196	149	166	166

ANLEITUNG

Die Inhalte der Zellen B4, B5 und B6 sollen addiert werden, das Ergebnis soll in Zelle B8 stehen.
- ☐ 1. Schritt: Das Gleichheitszeichen eingeben. = -Taste
- ☐ 2. Schritt: Die Rechnung eingeben. B4 + B5 + B6
- ☐ 3. Schritt: Eingabe mit ↵ bestätigen.

a) Erstelle die Tabelle am Computer.
b) Berechne den Endstand beim Dartspiel für jeden Spieler wie im Beispiel. Trage für jeden Spieler den Endstand in die Tabelle ein.

5. Mehrere Schulen führen ein Sportturnier durch.
Jede Schule meldet, wie viele Schülerinnen und Schüler an den einzelnen Wettbewerben teilnehmen.

Übertrage die Tabelle auf einen Computer.

	A	B	C
1	Umfrage Sportturnier		
2			
3	Sportart	Schüler	
4	Fußball	125	
5	Volleyball	86	
6	Basketball	56	
7	Völkerball	153	

6. So erstellst du auf dem Computer Diagramme zum Ergebnis der Umfrage:

ANLEITUNG

☐ 1. Schritt: Markiere deine Tabelle. Klicke dann auf Einfügen und anschließend auf diese Schaltfläche: Empfohlene Diagramme

	A	B
1	Umfrage Sportturnier	
2		
3	Sportart	Schüler
4	Fußball	125
5	Volleyball	86
6	Basketball	56
7	Völkerball	153
8		
9		
10		

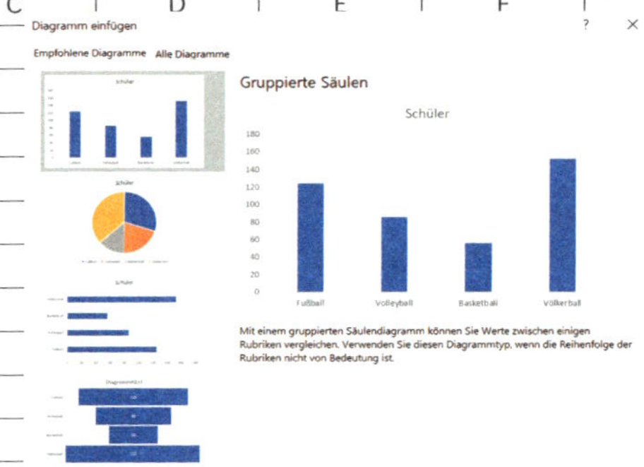

☐ 2. Schritt: Wähle einen Diagrammtyp aus. Dann klicke auf OK.

☐ 3. Schritt: Zum Ändern der Überschrift klicke auf + und anschließend auf Legende. Dann klicke auf den Text, den du ändern möchtest.

	A	B
1	Umfrage Sportturnier	
2		
3	Sportart	Schüler
4	Fußball	125
5	Volleyball	86
6	Basketball	56
7	Völkerball	153
8		
9		
10		

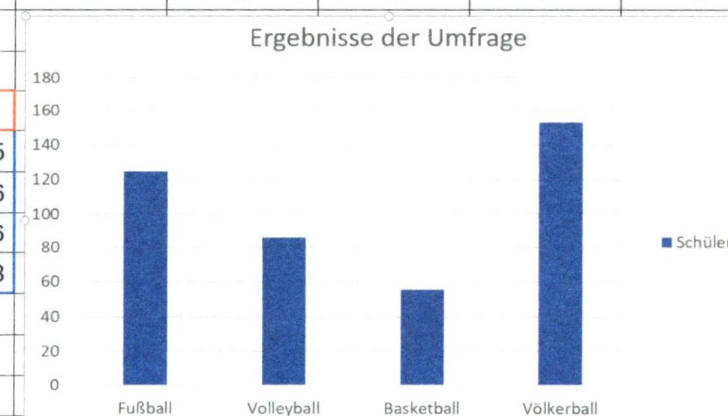

Mit 🖌 und ⏷ kannst du die Farbe der Säulen ändern und weitere Änderungen vornehmen.

Natürliche Zahlen am Zahlenstrahl

0, 1, 2, 3, 4, … heißen **natürliche Zahlen**. Es gibt unendlich viele natürliche Zahlen. Video

Auf dem Zahlenstrahl stehen die natürlichen Zahlen nach der Größe geordnet.
Nach rechts werden die Zahlen größer.

0 1 2 3 4 5 6 7 8 9 10 11 12 13 14 15 16

1. Wie heißen die Zahlen?

a) 8, 20, 32, 48, 63, 76, 88, 99 (Zahlenstrahl 0 – 110)

b) 202, 225, 233, 249, 264, 281, 298, 312 (Zahlenstrahl 200 – 320)

2. Ordne die Zahlen zu.

408, 415, 430, 451, 467, 478, 494, 509 (Zahlenstrahl 400 – 510)

3. Wie heißen die Zahlen?

a) 50, 180, 370, 510, 700, 840, 980 (Zahlenstrahl 0 – 1100)

b) 2100, 2280, 2450, 2590, 2740, 2880, 3090, 3240 (Zahlenstrahl 2100 – 3300)

4. Wie heißt die Zahl in der Mitte?

a) 50 – 60 – 70
b) 80 – 85 – 90
c) 120 – 130 – 140
d) 50 – 75 – 100
e) 160 – 165 – 170
f) 200 – 250 – 300
g) 550 – 575 – 600
h) 700 – 725 – 750

Stellenwerttafel

Natürliche Zahlen kannst du in eine **Stellenwerttafel** eintragen. Video
So lassen sich Zahlen übersichtlich darstellen.

1 Tausender (T) = 10 Hunderter (H)
1 Hunderter (H) = 10 Zehner (Z)
1 Zehner (Z) = 10 Einer (E)

Summenschreibweise:
4 208 = 4 T + 2 H + 8 E

T	H	Z	E
4	2	0	8

Zahlwort: viertausendzweihundertacht

1. Ergänze wie im Beispiel.

			H	Z	E	Zahl
400	10	7	4	1	7	417
200	0	3	2	0	3	203
600	30	5	6	3	5	635
500	20	6	5	2	6	526
300	50	0	3	5	0	350
800	70	8	8	7	8	878
700	40	9	7	4	9	749
900	50	3	9	5	3	953

2. Trage in die Stellenwerttafel ein. Wie heißt die Zahl?

	T	H	Z	E	Zahl
a) 9T + 5H + 3E	9	5	0	3	9 503
b) 4T + 3H + 8Z + 4E	4	3	8	4	4 384
c) 6H + 2Z + 7E		6	2	7	627
d) 6T + 4H + 3Z + 8E	6	4	3	8	6 438
e) 3T + 3Z + 4E	3	0	3	4	3 034
f) 2T + 5H + 6Z	2	5	6	0	2 560
g) 9T	9	0	0	0	9 000
h) 5H + 5E		5	0	5	505
i) 7T + 7E	7	0	0	7	7 007

3. Bilde Zahlen mit den Ziffern auf den Karten. 4 6 7 1

7641 7614 7461 7416 7164 7146
1764 1647 1467 1476 4176 4167

4. Bilde mit den Ziffern auf den Karten die kleinste und die größte Zahl. 5 2 9 3

kleinste Zahl 2 359 größte Zahl 9 532

5. Zerlege die Zahl in Tausender, Hunderter, Zehner und Einer und trage sie in die Stellenwerttafel ein.

			T	H	Z	E
a)	5 793	5T + 7H + 9Z + 3E	5	7	9	3
b)	4 805	4T + 8H + 5E	4	8	0	5
c)	2 641	2T + 6H + 4Z + 1E	2	6	4	1
d)	5 068	5T + 6Z + 8E	5	0	6	8
e)	587	5H + 8Z + 7E		5	8	7
f)	6 849	6T + 8H + 4Z + 9E	6	8	4	9
g)	3 251	3T + 2H + 5Z + 1E	3	2	5	1
h)	5 795	5T + 7H + 9Z + 5E	5	7	9	5
i)	8 003	8T + 3E	8	0	0	3
j)	700	7H		7	0	0

6. Immer zwei Karten gehören zusammen. Färbe sie in derselben Farbe.

4269	9 H + 5 Z	325	3 T + 2 Z + 5 E
3025	6924	9500	6 T + 9 H + 2 Z + 4 E
4 T + 2 H + 6 Z + 9 E	9 T + 5 H	950	3 H + 2 Z + 5 E

7. Was gehört zusammen? Ordne zu.

fünftausendvierhundert	9318
dreihundertsiebenundzwanzig	5038
neuntausenddreihundertachtzehn	5400
fünftausendachtunddreißig	981
dreitausendsechshundertzehn	3610
neunhunderteinundachtzig	327

8. Hier wurden Fehler gemacht. Berichtige.

a) 3T + 4H + 6Z + 7E = ~~7643~~ 3467
8T + 5H + 9Z + 6E = ~~8569~~ 8596
5T + 3H + 7Z + 9E = ~~5397~~ 5379

b) 5T + 3H + 9E = ~~539~~ 5309
3T + 4Z + 2E = ~~3420~~ 3042
7T + 5Z + 1E = ~~157~~ 7051

Zahlen vergleichen und ordnen

Vergleichen am Zahlenstrahl: Video
Nach rechts werden die Zahlen größer.

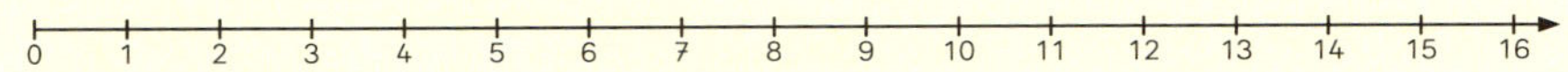

4 < 12
4 ist kleiner als 12.

14 > 5
14 ist größer als 5.

1. Kleiner, größer oder gleich? Setze ein: <, > oder =

a) 704 < 7040
8267 > 827
1000 > 111
824 < 2048

b) 94 < 108
563 > 365
334 < 339
740 > 470

c) 405 < 450
450 < 504
405 = 405
550 > 505

2. Ordne die Zahlen nach der Größe. Beginne mit der kleinsten Zahl.
Du erhältst ein Lösungswort.

a) 7200 P, 8702 R, 8270 E, 7280 A, 7802 P, 8207 I

7200	P
7280	A
7802	P
8207	I
8270	E
8702	R

b) 2319 I, 1923 S, 2193 T, 3219 E, 3192 T, 3129 F

1923	S
2193	T
2319	I
3129	F
3192	T
3219	E

3. Trage den Vorgänger und den Nachfolger ein.

a)

673	674	675
7391	7392	7393
4098	4099	4100
7999	8000	8001

b)

238	239	240
6454	6455	6456
3213	3214	3215
7528	7529	7530

c)

399	400	401
9599	9600	9601
5209	5210	5211
4326	4327	4328

4. Trage die fehlenden Zahlen in die Tabelle ein.

a)

Vorgänger	Zahl	Nachfolger
4725	4726	4727
5888	5889	5890
3198	3199	3200
5309	5310	5311

b)

Vorgänger	Zahl	Nachfolger
2768	2769	2770
4398	4399	4400
5999	6000	6001
7209	7210	7211

Zahlen runden

Natürliche Zahlen runden Video

Runden auf **Tausender:**	6**4**97 ≈ 6000	8**7**13 ≈ 9000
Runden auf **Hunderter:**	48**2**9 ≈ 4800	32**6**4 ≈ 3300
Runden auf **Zehner:**	576**3** ≈ 5760	523**8** ≈ 5240
	Abrunden bei 0, 1, 2, 3, 4	**Aufrunden bei 5, 6, 7, 8, 9**

1. Runde auf Tausender.

2000 2100 2200 2300 2400 2500 2600 2700 2800 2900 3000 3100

a) 2200 ≈ 2000 | b) 2090 ≈ 2000 | c) 2370 ≈ 2000 | d) 7830 ≈ 8000
2300 ≈ 2000 | 2330 ≈ 2000 | 2760 ≈ 3000 | 1430 ≈ 1000
2500 ≈ 3000 | 2650 ≈ 3000 | 2970 ≈ 3000 | 9810 ≈ 10000

2. Runde auf Hunderter.

4000 4100 4200 4300 4400 4500 4600 4700 4800 4900 5000 5100

a) 4080 ≈ 4100 | b) 4120 ≈ 4100 | c) 4490 ≈ 4500 | d) 3630 ≈ 3600
4420 ≈ 4400 | 4180 ≈ 4200 | 4980 ≈ 5000 | 9450 ≈ 9500
4760 ≈ 4800 | 4690 ≈ 4700 | 4010 ≈ 4000 | 5530 ≈ 5500

3. Runde auf Zehner.

3610 3620 3630 3640 3650 3660 3670 3680 3690 3700 3710 3720

a) 3618 ≈ 3620 | b) 3671 ≈ 3670 | c) 3699 ≈ 3700 | d) 5734 ≈ 5730
3642 ≈ 3640 | 3685 ≈ 3690 | 3612 ≈ 3610 | 7237 ≈ 7240
3666 ≈ 3670 | 3647 ≈ 3650 | 3654 ≈ 3650 | 1498 ≈ 1500

4. a)

Runde auf Tausender	
4266	4000
948	1000
8499	8000

b)

Runde auf Hunderter	
2308	2300
4371	4400
769	800

c)

Runde auf Zehner	
523	520
3259	3260
7702	7700

5. Wo ist das Runden nicht sinnvoll? Kreuze an.

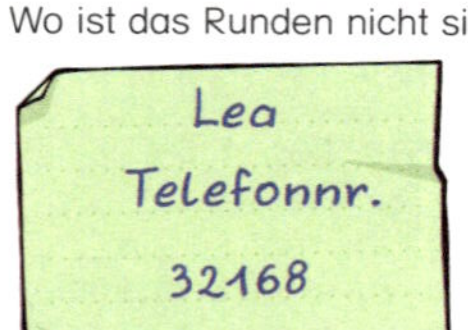

☒

☒

○

Große Zahlen

Zahlwörter für große Zahlen Video

Milliarden (Mrd)			Millionen (Mio)			Tausender (T)					
HMrd	ZMrd	Mrd	HMio	ZMio	Mio	HT	ZT	T	H	Z	E
		3	8	7	1	0	8	6	4	9	3

- Gliederung in Dreierpäckchen: 3 871 086 493
- mit Abkürzungen: 3 Mrd 871 Mio 86 T 493
- Zahlwort: drei Milliarden achthunderteinundsiebzig Millionen sechsundachtzigtausendvierhundertdreiundneunzig

1. Trage in die Stellenwerttafel ein. Wie heißt die Zahl?

	Mio	HT	ZT	T	H	Z	E	Zahl
a) 2 Mio + 4 HT + 2 ZT + 5 T + 3 H	2	4	2	5	3	0	0	2425300
b) 7 HT + 3 ZT + 6 H + 4 Z + 8 E		7	3	0	6	4	8	730648
c) 4 Mio + 5 ZT + 3 T + 8 H + 6 E	4	0	5	3	8	0	6	4053806
d) 9 HT + 6 ZT + 2 T		9	6	2	0	0	0	962000
e) 9 Mio + 4 ZT + 8 T + 7 E	9	0	4	8	0	0	7	9048007

2. Wie heißt die Zahl?

a) 3 Mio + 6 HT + 5 ZT + 2 T + 4 Z + 8 E = 3652048
b) 7 HT + 8 ZT + 1 T + 6 H + 2 Z + 1 E = 781621
c) 9 Mio + 2 HT + 7 T + 5 H + 8 Z = 9207580
d) 1 Mio + 9 ZT + 7 T + 4 H + 8 E = 1097408

3. Verbinde die Zahlen nach der Größe.

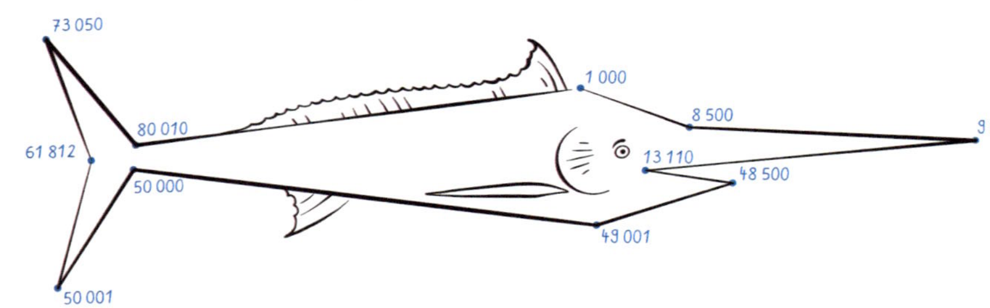

4. Kleiner, größer oder gleich? Setze ein: <, > oder =

a) 63498 < 128715 | b) 356000 < 456000 | c) 1245676 > 1245667
40215 < 440215 | 580398 > 518260 | 7384221 < 7438212
13140 < 140103 | 805613 < 806513 | 5002405 < 5204005

Schätzen

Beim Schätzen erhältst du einen **Näherungswert**.

Dazu zählst du zunächst die Anzahl in einem Teilbereich. Dann schätzt du das Gesamte.

Video

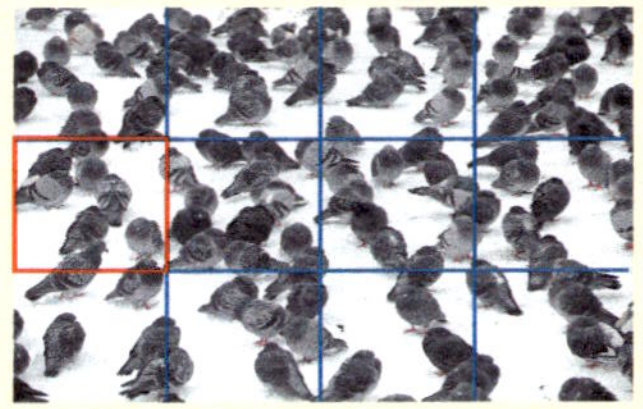

Das Bild ist in 12 gleich große Rasterfelder unterteilt.

In dem rot markierten Feld sind 8 Tauben.
12 · 8 = 96

Auf dem Bild sind insgesamt etwa 96 Tauben.

1. Bei welchem Bild kannst du die Anzahl besser bestimmen? Begründe.

Ⓐ 

48 Knöpfe

Ⓑ 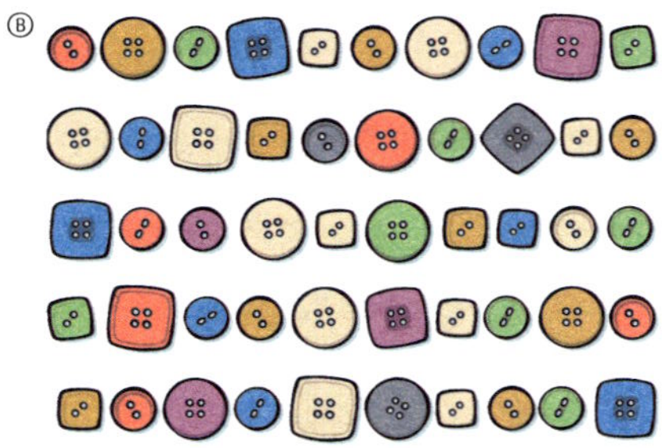

50 Knöpfe

In Bild B kann ich die Anzahl besser bestimmen, weil die Knöpfe in Reihen liegen.

2. Wie viele Gegenstände sind abgebildet?

a) 

geschätzt: ____
gezählt: 250

b) 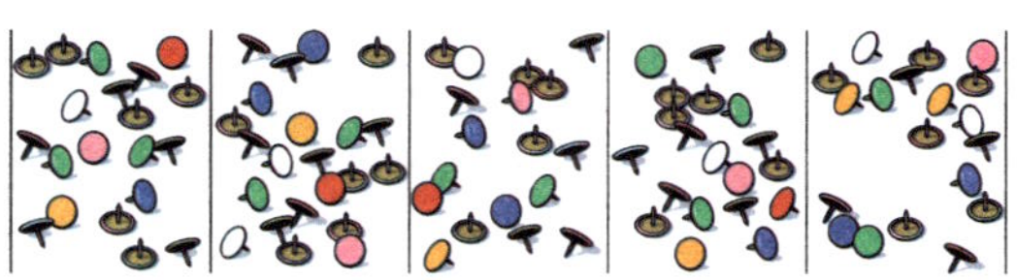

geschätzt: ____
gezählt: 99

Römische Zahlen

Bei der römischen Zahlschreibweise gelten folgende Regeln:
- Es gibt 7 römische Zahlzeichen:
  I = 1 V = 5 X = 10 L = 50 C = 100 D = 500 M = 1000
- Die Werte der Zahlzeichen werden addiert.
- Ein Zahlzeichen darf höchstens dreimal hintereinander geschrieben werden.
- Steht I, X oder C links vor einem der beiden nächstgrößeren Zeichen, wird subtrahiert.

M C L X X X I = 1181
1000 + 100 + 50 + 10 + 10 + 10 + 1 = 1181

M C M L = 1950
1000 + (1000 − 100) + 50 = 1950

1. Setze die Zahlenreihe mit römischen Zahlzeichen fort.

I	II	III	IV	V	VI	VII	VIII	IX	X
XI	XII	XIII	XIV	XV	XVI	XVII	XVIII	XIX	XX

2. Welche Zahl ist es?

1520

1410

1625

3. Schreibe mit römischen Zahlzeichen.

a) 4 = IV 15 = XV 14 = XIV 22 = XXII 30 = XXX
b) 9 = IX 19 = XIX 29 = XXIX 40 = XL 49 = IL

4. Ordne zu.

a) 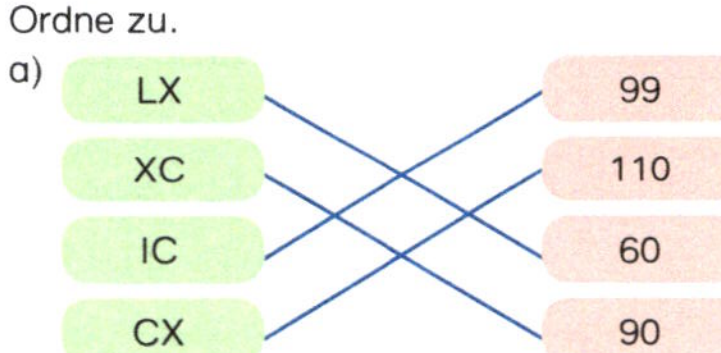

b) 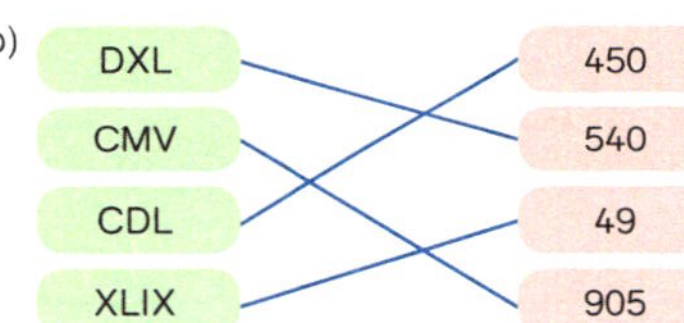

5. Notiere mit römischen Zahlzeichen.

a) das Zehnfache von II XX
b) das Zehnfache von V L
c) das Zehnfache von CC MM
d) das Zehnfache von IX XC
e) das Doppelte von VIII XVI
f) das Fünffache von VI XXX

1. In der Bergschule findet ein Sportfest statt. Das Säulendiagramm zeigt für Mädchen und Jungen der Klasse 5a die Verteilung der Urkunden.

a) Lies die Zahlen im Säulendiagramm ab. Trage sie in die Tabelle ein.
b) Vervollständige die Tabelle.

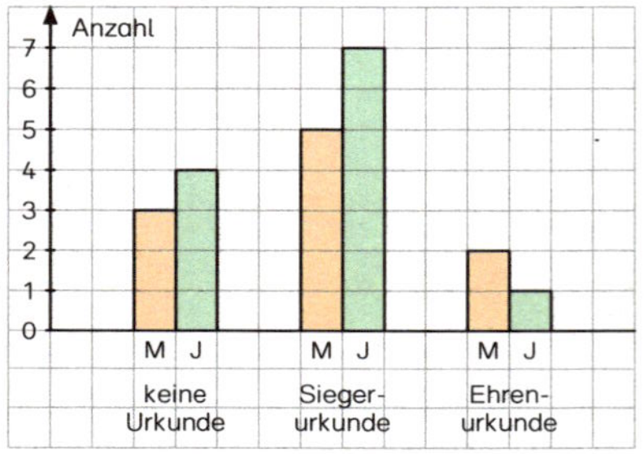

Klasse 5a	Mädchen	Jungen	insgesamt
keine Urkunde	3	4	7
Sieger-urkunde	5	7	12
Ehren-urkunde	2	1	3

c) Wie viele Mädchen und wie viele Jungen der Klasse 5a erhalten eine Urkunde?

A: 7 Mädchen und 8 Jungen der Klasse 5a erhalten eine Urkunde.

2. a) Erstelle ein Säulendiagramm zur Tabelle für die Klasse 5b.
b) Vervollständige die Tabelle.

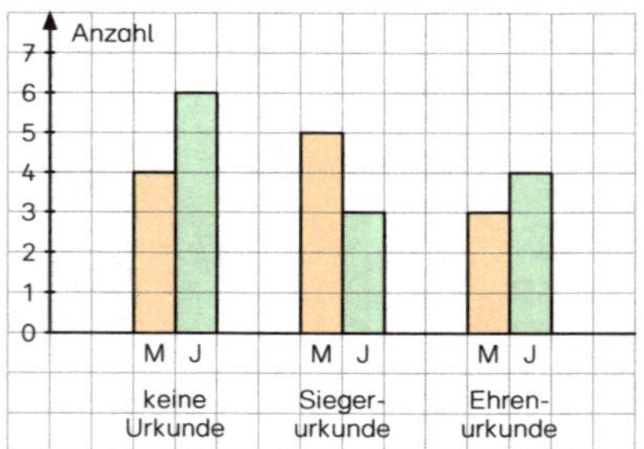

Klasse 5b	Mädchen	Jungen	insgesamt
keine Urkunde	4	6	10
Sieger-urkunde	5	3	8
Ehren-urkunde	3	4	7

c) Wie viele Mädchen und wie viele Jungen der Klasse 5b erhalten eine Urkunde?

A: 8 Mädchen und 7 Jungen der Klasse 5b erhalten eine Urkunde.

3. Bei einer Umfrage wurden Schülerinnen und Schüler der 5. Klassen nach ihrem liebsten Pausensnack gefragt. Erstelle zu den Zahlen in der Tabelle ein Balkendiagramm.

Schokoriegel	8
belegtes Brot	14
Obst	15

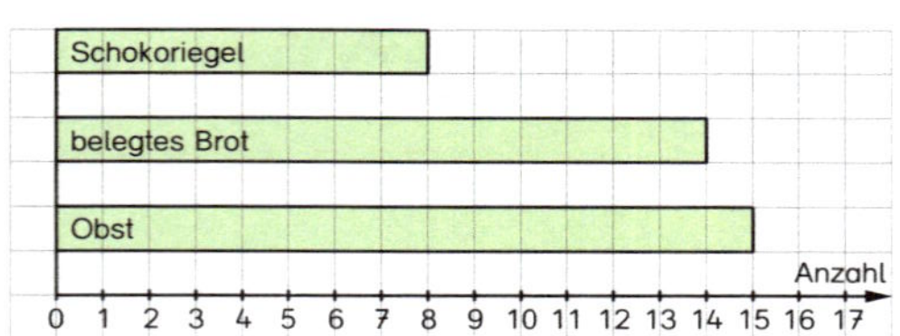

4. Wie heißen die Zahlen?

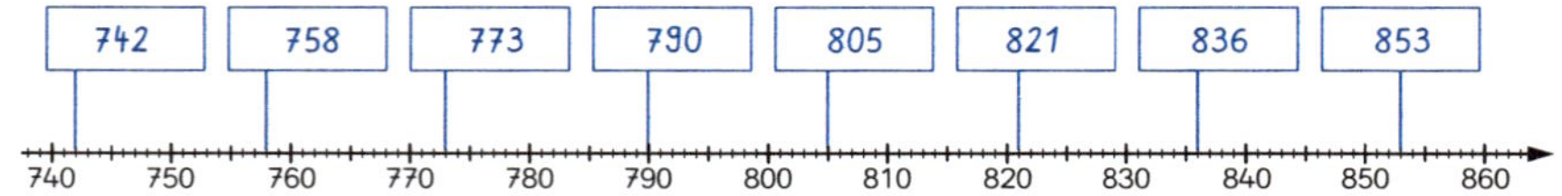

5. Ordne die Zahlen zu.

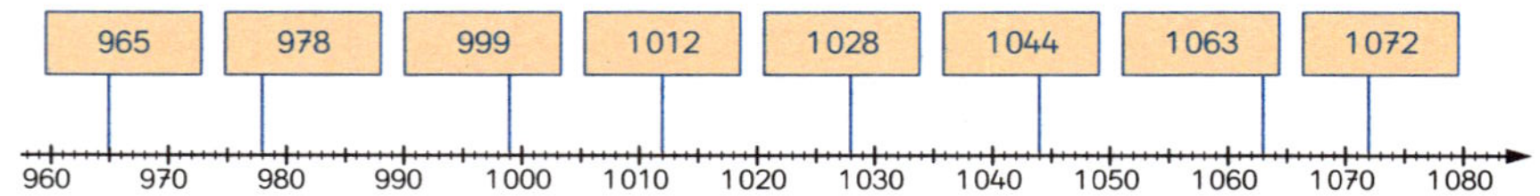

6. Ergänze die fehlenden Angaben.

	T	H	Z	E	Zahl
4T + 3H + 7Z + 8E	4	3	7	8	4378
5T + 9Z + 3E	5	0	9	3	5093
6T + 4H + 7Z + 3E	6	4	7	3	6473
8T + 9Z + 7E	8	0	9	7	8097
7T + 5H + 6E	7	5	0	6	7506
2T + 5H + 5Z + 3E	2	5	5	3	2553

7. Ordne die Zahlen. Beginne mit der kleinsten Zahl. Du erhältst ein Lösungswort.

a) 389 U, 4398 A, 499 M, 286 P
286 < 389 < 499 < 4398
PUMA

b) 8550 W, 8555 E, 8055 L, 8505 Ö
8055 < 8505 < 8550 < 8555
LÖWE

c) 5088 L, 805 O, 5805 F, 508 W
508 < 805 < 5088 < 5805
WOLF

8. Runde auf Hunderter.

a) 754 ≈ 800; 838 ≈ 800
b) 985 ≈ 1000; 407 ≈ 400
c) 7354 ≈ 7400; 2983 ≈ 3000
d) 2222 ≈ 2200; 60 ≈ 100

9. Runde auf Tausender.

a) 3719 ≈ 4000; 9210 ≈ 9000
b) 3056 ≈ 3000; 6713 ≈ 7000
c) 3333 ≈ 3000; 8888 ≈ 9000
d) 875 ≈ 1000; 2199 ≈ 2000

10. Kleiner, größer oder gleich? Setze ein: <, > oder =

a) 51497 > 15974; 30318 < 81002
b) 543219 > 453921; 810670 > 709106
c) 4222229 < 4222292; 3289875 > 3189999

2 | Addieren und Subtrahieren

Bei Bauer Gräter holt das Milchauto 840 Liter Milch ab. Auf den beiden Nachbarhöfen sind es 700 Liter und 1050 Liter. Die gesamte Milch wird an eine Molkerei geliefert.

In diesem Kapitel lernst du, ...

- ... wie du geschickt im Kopf addierst und subtrahierst.
- ... wie du beim Addieren und Subtrahieren Rechenvorteile nutzt.
- ... wie du mit Klammern rechnest.
- ... wie du mehrere Zahlen schriftlich addierst und subtrahierst.
- ... wie du beim Rechnen einen Überschlag nutzt.

Im Kopf addieren und subtrahieren

Video

Die **Addition** (**Plus**rechnen)

Summand + **Summand** = Summe
245 + 130 = 375

Die Summe von 245 und 130 ist 375.

Die **Subtraktion** (**Minus**rechnen)

Minuend − **Subtrahend** = Differenz
375 − 245 = 130

Die Differenz von 375 und 245 ist 130.

1.

a)	b)	c)	d)
23 + 5 = 28	30 + 40 = 70	35 − 3 = 32	50 − 40 = 10
34 + 3 = 37	60 + 20 = 80	56 − 4 = 52	70 − 30 = 40
62 + 6 = 68	10 + 70 = 80	87 − 2 = 85	60 − 20 = 40
75 + 4 = 79	40 + 60 = 100	99 − 7 = 92	40 − 10 = 30

2. Die Summe der Zahlen in zwei nebeneinander liegenden Steinen steht im Stein darüber.

a)
80
50 | 30
30 | 20 | 10

b)
60
35 | 25
15 | 20 | 5

c)
84
34 | 50
4 | 30 | 20

d)
77
27 | 50
7 | 20 | 30

3.

a)	b)	c)	d)
64 + 10 = 74	20 + 35 = 55	120 + 70 = 190	141 + 30 = 171
22 + 30 = 52	42 + 46 = 88	280 + 10 = 290	412 + 60 = 472
53 + 20 = 73	61 + 27 = 88	460 + 30 = 490	328 + 40 = 368

4.

a)	b)	c)	d)
49 − 20 = 29	88 − 28 = 60	200 − 80 = 120	162 − 50 = 112
54 − 30 = 24	72 − 51 = 21	500 − 70 = 430	253 − 20 = 233
78 − 40 = 38	46 − 15 = 31	600 − 50 = 550	345 − 40 = 305

5. Notiere die Aufgabe mit Ergebnis.

a) Addiere die Zahlen 300 und 200.
300 + 200 = 500

b) Subtrahiere die Zahl 100 von 800.
800 − 100 = 700

c) Addiere zu 400 die Zahl 500.
400 + 500 = 900

d) Subtrahiere von 650 die Zahl 50.
650 − 50 = 600

e) Bilde die Summe von 780 und 200.
780 + 200 = 980

f) Bilde die Differenz von 900 und 700.
900 − 700 = 200

6.

a)	b)	c)	d)
28 + 5 = 33	36 + 6 = 42	43 − 5 = 38	25 − 9 = 16
47 + 4 = 51	13 + 9 = 22	82 − 4 = 78	95 − 7 = 88
59 + 6 = 65	64 + 7 = 71	31 − 5 = 26	44 − 8 = 36

So rechnest du geschickt im Kopf:

Schrittweise rechnen

65 + 18 = 83
65 + 10 = 75
75 + 8 = 83

73 − 17 = 56
73 − 10 = 63
63 − 7 = 56

Hilfsaufgabe nutzen

49 + 39 = 88
49 + 40 = 89
89 − 1 = 88

84 − 29 = 55
84 − 30 = 54
54 + 1 = 55

7. a) 37 + 14 = 51; 37 + 10 = 47; 47 + 4 = 51
b) 38 + 25 = 63; 38 + 20 = 58; 58 + 5 = 63
c) 56 + 37 = 93; 56 + 30 = 86; 86 + 7 = 93
d) 59 + 34 = 93; 59 + 30 = 89; 89 + 4 = 93

8. a) 72 − 37 = 35; 72 − 30 = 42; 42 − 7 = 35
b) 94 − 56 = 38; 94 − 50 = 44; 44 − 6 = 38
c) 43 − 25 = 18; 43 − 20 = 23; 23 − 5 = 18
d) 63 − 46 = 17; 63 − 40 = 23; 23 − 6 = 17

9. Nutze die Hilfsaufgabe.
a) 63 + 19 = 82; 63 + 20 = 83; 83 − 1 = 82
b) 28 + 58 = 86; 28 + 60 = 88; 88 − 2 = 86
c) 44 − 29 = 15; 44 − 30 = 14; 14 + 1 = 15
d) 85 − 38 = 47; 85 − 40 = 45; 45 + 2 = 47

10. a)

+	4	30	19
48	52	78	67
26	30	56	45

b)

−	5	20	18
21	16	1	3
47	42	27	29

c)

+	13	29	36
16	29	45	52
33	46	62	69

11. a)
81
36 | 45
11 | 25 | 20

b)
49
24 | 25
16 | 8 | 17

c)
50
26 | 24
12 | 14 | 10

d)
88
34 | 54
12 | 22 | 32

12. a) Wie viel Euro kosten das T-Shirt und der Pulli zusammen?

R: 32 + 19 = 51

A: Das T-Shirt und der Pulli kosten zusammen 51 €.

b) Frau Arp kauft die Schuhe und die Strümpfe.
Sie bezahlt mit einem 50-€-Schein.
Wie viel Euro bekommt sie zurück?

R: 38 + 6 = 44 50 − 44 = 6

A: Frau Arp bekommt 6 € zurück.

13. Hier wird auf verschiedenen Wegen gerechnet. Vervollständige die Rechnungen.

Jan hat zwei Gewinnlose gezogen.

Jan rechnet:
340 + 190 = 530
340 + 100 = 440
440 + 90 = 530

Tom rechnet:
340 + 190 = 530
340 + 90 = 430
430 + 100 = 530

Julia rechnet:
340 + 190 = 530
340 + 200 = 540
540 − 10 = 530

Julia hat mit ihren Losen 530 Punkte gesammelt. Sie möchte den Teddy.

Jan rechnet:
530 − 180 = 350
530 − 100 = 430
430 − 80 = 350

Tom rechnet:
530 − 180 = 350
530 − 80 = 450
450 − 100 = 350

Julia rechnet:
530 − 180 = 350
530 − 200 = 330
330 + 20 = 350

14. Führe alle Rechenwege fort. Welcher Weg gefällt dir am besten?
a) 260 + 270 = 530; 260 + 200 = 460; 460 + 70 = 530
b) 260 + 270 = 530; 260 + 70 = 330; 330 + 200 = 530
c) 260 + 270 = 530; 260 + 300 = 560; 560 − 30 = 530

15. a) 420 − 170 = 250; 420 − 100 = 320; 320 − 70 = 250
b) 420 − 170 = 250; 420 − 70 = 350; 350 − 100 = 250
c) 420 − 170 = 250; 420 − 200 = 220; 220 + 30 = 250

16. Wähle deinen Rechenweg. Dein Lösungsweg könnte anders aussehen.
a) 570 + 250 = 820; 570 + 200 = 770; 770 + 50 = 820
b) 380 + 340 = 720; 380 + 40 = 420; 420 + 300 = 720
c) 630 + 190 = 820; 630 + 200 = 830; 830 − 10 = 820

17. a) 640 − 290 = 350; 640 − 300 = 340; 340 + 10 = 350
b) 450 − 260 = 190; 450 − 200 = 250; 250 − 60 = 190
c) 630 − 190 = 440; 630 − 200 = 430; 430 + 10 = 440

18. a) 240 + 580 = 820; 240 + 500 = 740; 740 + 80 = 820
b) 510 − 350 = 160; 510 − 300 = 210; 210 − 50 = 160
c) 490 + 490 = 980; 490 + 500 = 990; 990 − 10 = 980

Rechenregeln

Die Klammerregel

Der Rechenausdruck in der Klammer wird zuerst ausgerechnet.

64 – (20 – 6) =
64 – 14 = 50

Sonst wird schrittweise von links nach rechts gerechnet.

64 – 20 – 6 =
44 – 6 = 38

1. Rechne aus und vergleiche die Ergebnisse.

a) 24 – (4 + 5) =
24 – 9 = 15
24 – 4 + 5 =
20 + 5 = 25

b) 37 – (6 + 22) =
37 – 16 = 21
37 – 6 + 22 =
31 + 22 = 53

c) 46 – (21 + 8) =
46 – 29 = 17
46 – 21 + 8 =
25 + 8 = 33

2. a) 35 + (9 – 4) =
35 + 5 = 40
35 + 9 – 4 =
44 – 4 = 40

b) 68 + (12 – 8) =
68 + 4 = 72
68 + 12 – 8 =
80 – 8 = 72

c) 53 + (16 – 5) =
53 + 11 = 64
53 + 16 – 5 =
69 – 5 = 64

3. a) 11 + (6 – 2) + 5 =
11 + 4 + 5 = 20
11 + 6 – (2 + 5) =
11 + 6 – 7 = 10

b) 58 – (28 + 2) + 3 =
58 – 30 + 3 = 31
58 – 28 + (2 + 3) =
58 – 28 + 5 = 35

c) (44 + 12) – 6 – 6 =
56 – 6 – 6 = 44
44 + (12 – 6) – 6 =
44 + 6 – 6 = 44

4. Wer hat Fehler gemacht? Kreuze an und berichtige.

a) Bea ☒ ☹
20 – (2 + 3) = 15

b) Finn ☒ ☹
17 + 29 + 13 = 59

c) Lara ☺ ☒
25 – (10 – 5) = 10
25 – 5 = 20

d) Elif ☒ ☹
39 – (20 + 4) = 15

e) Timo ☺ ☒
28 + (19 – 5) = 52
28 + 14 = 42

f) Sina ☺ ☒
64 – (17 – 4) = 43
64 – 13 = 51

5. Setze die Klammern so, dass das Ergebnis richtig ist.

a) (80 – 40) + 30 = 70
b) 34 – (16 + 10) = 8
c) 20 + 15 – (8 + 12) = 15

6. Setze die Klammern so, dass das Ergebnis möglichst groß ist.

a) 37 – (17 – 7) = 27
b) 48 – (18 – 5) = 35
c) 60 – (20 – 10) + 30 = 80
d) (59 – 20) + 5 = 44
e) 66 – (16 – 6) = 56
f) 75 – (35 – 20 – 10) = 70

Video

Das Kommutativgesetz (Vertauschungsgesetz)

Beim Addieren darfst du die Summanden vertauschen.

47 + 16 + 3 =
47 + 3 + 16 =
50 + 16 = 66

Das Assoziativgesetz (Verbindungsgesetz)

Beim Addieren darfst du die Klammern beliebig setzen oder auch weglassen.

51 + 18 + 12 =
51 + (18 + 12) =
51 + 30 = 81

7. Tim kauft das T-Shirt, die Kappe und die Strümpfe. Wie viel Euro muss Tim bezahlen? Rechne geschickt.

A: Tim muss 32 € bezahlen.

8. Vertausche die Summanden und rechne geschickt.

a) 17 + 24 + 3 =
17 + 3 + 24 = 44

b) 36 + 29 + 4 =
36 + 4 + 29 = 69

c) 59 + 15 + 11 =
59 + 11 + 15 = 85

d) 180 + 37 + 20 =
180 + 20 + 37 = 237

e) 110 + 55 + 90 =
110 + 90 + 55 = 255

f) 250 + 78 + 50 =
250 + 50 + 78 = 378

9. Setze Klammern und rechne geschickt.

a) 14 + 92 + 8 =
14 + (92 + 8) = 114

b) 45 + 15 + 27 =
(45 + 15) + 27 = 87

c) 58 + 7 + 33 =
58 + (7 + 33) = 98

d) 27 + 13 + 5 =
(27 + 13) + 5 = 45

e) 28 + 14 + 16 =
28 + (14 + 16) = 58

f) 29 + 11 + 30 =
(29 + 11) + 30 = 70

10. Wähle deinen Rechenweg. Dein Lösungsweg könnte anders aussehen.

a) 5 + 69 + 25 =
5 + 25 + 69 = 99

b) 72 + 60 + 40 =
72 + (60 + 40) = 172

c) 38 + 43 + 2 =
38 + 2 + 43 = 83

d) 89 + 11 + 9 =
(89 + 11) + 9 = 109

e) 15 + 85 + 12 =
(15 + 85) + 12 = 112

f) 44 + 16 + 20 =
(44 + 16) + 20 = 80

Wiederholungsaufgaben

Die Lösungen ergeben die Namen von Tieren.

1. Das Säulendiagramm zeigt die Besucherzahlen im Kletterwald.
Lies die Zahlen im Säulendiagramm ab und trage sie in die Tabelle ein.

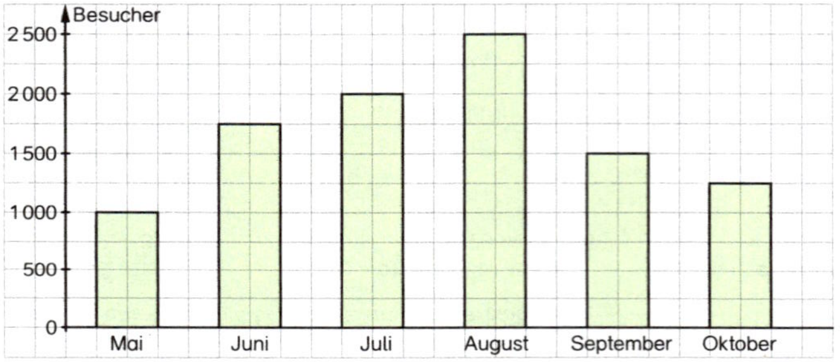

Besucher im Kletterwald:

Mai	Juni	Juli	August	September	Oktober
1000	1750	2000	2500	1500	1250
L	E	G	U	A	N

2. Wie heißen die Zahlen?

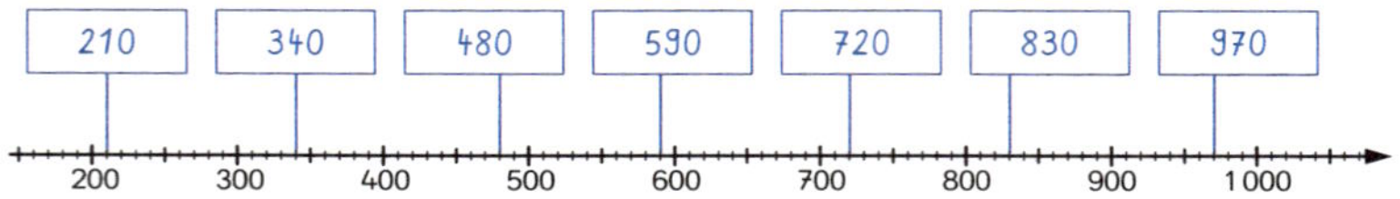

3. Wie heißt die Zahl in der Mitte?

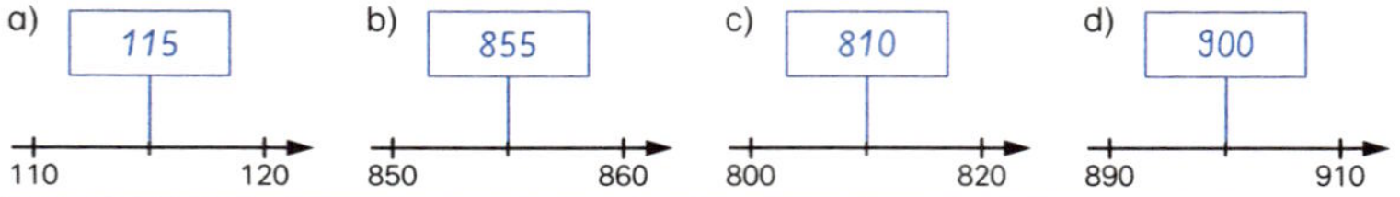

2. a)	2. b)	2. c)	2. d)	2. e)	2. f)	2. g)	3. a)	3. b)	3. c)	3. d)
T	I	N	T	E	N	F	I	S	C	H

4. a) 2 · 10 = 20
6 · 2 = 12
3 · 10 = 30

b) 5 · 3 = 15
2 · 8 = 16
10 · 7 = 70

c) 5 · 10 = 50
5 · 7 = 35
4 · 5 = 20

d) 9 · 5 = 45
3 · 4 = 12
6 · 5 = 30

4. a)			4. b)			4. c)			4. d)		
O	C	H	S	E	N	F	R	O	S	C	H

C | 12
S | 15
E | 16
O | 20
H | 30
R | 35
S | 45
F | 50
N | 70
I | 115
T | 210
I | 340
N | 480
T | 590
E | 720
C | 810
N | 830
S | 855
H | 900
F | 970
L | 1000
N | 1250
A | 1500
E | 1750
G | 2000
U | 2500

Überschlagen und schriftliches Addieren

Überschlagsrechnung
Das Ergebnis kannst du vor der Rechnung schon ungefähr abschätzen.
Runde dafür alle Zahlen so, dass du im Kopf rechnen kannst.

183 + 152 = ?
Ü: 180 + 150 = 330

1. Runde auf Hunderter.

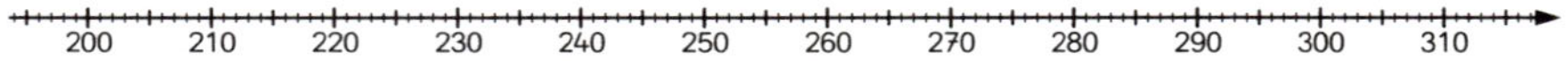

a) 220 ≈ 200
230 ≈ 200
250 ≈ 300

b) 209 ≈ 200
233 ≈ 200
265 ≈ 300

c) 237 ≈ 200
276 ≈ 300
297 ≈ 300

d) 783 ≈ 800
143 ≈ 100
983 ≈ 1000

2. Runde auf Zehner.

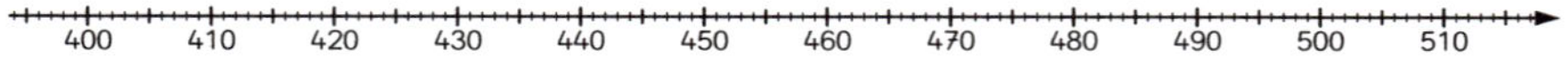

a) 408 ≈ 410
442 ≈ 440
476 ≈ 480

b) 412 ≈ 410
418 ≈ 420
469 ≈ 470

c) 449 ≈ 450
498 ≈ 500
401 ≈ 400

d) 363 ≈ 360
945 ≈ 950
553 ≈ 550

3. Runde auf Tausender.

a) 7700 ≈ 8000
2900 ≈ 3000
6100 ≈ 6000

b) 3420 ≈ 3000
5860 ≈ 6000
4497 ≈ 4000

c) 5194 ≈ 5000
4802 ≈ 5000
7518 ≈ 8000

d) 22321 ≈ 22000
18879 ≈ 19000
37185 ≈ 37000

4. Überschlage. Verbinde mit dem richtigen Ergebnis.

a) 49 + 39 — 68 | 88 | 108

b) 28 + 55 — 83 | 91 | 93

c) 67 + 19 — 76 | 82 | 86

d) 190 + 130 — 220 | 260 | 320

e) 470 + 380 — 750 | 850 | 950

f) 260 + 550 — 710 | 730 | 810

Schriftliches Addieren Video

① Schreibe die Zahlen richtig untereinander: Einer unter Einer, Zehner unter Zehner, …
② Addiere von rechts nach links einzeln: zuerst die Einer, dann die Zehner, …
③ Entsteht ein Übertrag, schreibe ihn unten in die nächste linke Stelle.

183 + 152 = ?
Ü: 180 + 150 = 330

	1	8	3
+	1	5	2
		1	
	3	3	5

5. Überschlage zuerst. Berechne danach das genaue Ergebnis.

a) 298 + 105 = 403 Ü: 300 + 100 = 400
b) 414 + 287 = 701 Ü: 400 + 300 = 700
c) 319 + 392 = 711 Ü: 300 + 400 = 700

298 + 105 (Übertrag 1 1) = 403; 414 + 287 (Übertrag 1 1) = 701; 319 + 392 (Übertrag 1 1) = 711

6. Schreibe untereinander und addiere.

a) 763 + 138
b) 609 + 98
c) 95 + 408

763 + 138 (Übertrag 1 1) = 901; 609 + 98 (Übertrag 1 1) = 707; 95 + 408 (Übertrag 1 1) = 503

7. Überschlage zuerst. Berechne danach das genaue Ergebnis.

a) 5069 + 2205 = 7274 Ü: 5000 + 2000 = 7000
b) 1987 + 3048 = 5035 Ü: 2000 + 3000 = 5000
c) 7012 + 1929 = 8941 Ü: 7000 + 2000 = 9000

5069 + 2205 (Übertrag 1) = 7274; 1987 + 3048 (Übertrag 1 1 1) = 5035; 7012 + 1929 (Übertrag 1) = 8941

8. a) 2751 + 3893
b) 284 + 5239
c) 2075 + 750

2751 + 3893 (Übertrag 1 1) = 6644; 284 + 5239 (Übertrag 1 1) = 5523; 2075 + 750 (Übertrag 1) = 2825

9. Bilde mindestens 4 Additionsaufgaben. Die Summe soll kleiner als 3000 sein.

Weitere Aufgaben sind möglich.

984 + 768 (Übertrag 1 1) = 1752; 2167 + 768 (Übertrag 1 1) = 2935; 1755 + 1096 (Übertrag 1 1) = 2851; 1660 + 1096 (Übertrag 1) = 2756

10. Überschlage. Verbinde mit dem richtigen Ergebnis.

a) 2309 + 7654 — 7073 | 9963 | 8893 (verbunden: 9963)
b) 4114 + 3636 — 7750 | 5010 | 9160 (verbunden: 7750)
c) 5930 + 987 — 6037 | 6917 | 6997 (verbunden: 6917)

11. a) 1682 + 3353 + 239 (Übertrag 1 1 1) = 5274
b) 504 + 3657 + 320 (Übertrag 1 1) = 4481
c) 6172 + 214 + 1623 (Übertrag 1 1) = 8009
d) 2365 + 1890 + 3241 (Übertrag 1 1) = 7496

12. Wo waren am Wochenende die meisten Besucher?
Überschlage zuerst. Berechne dann die genauen Summen.

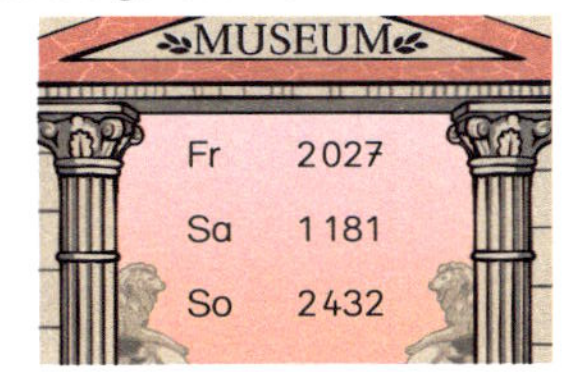

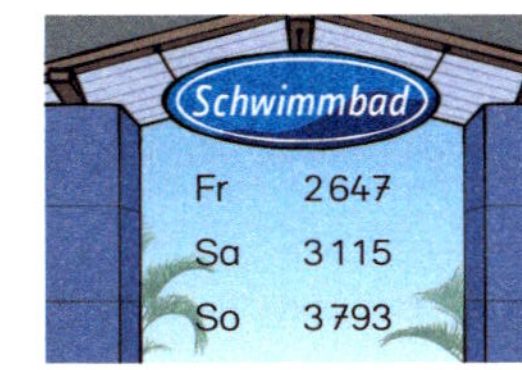

2854 + 3018 + 3901 (Übertrag 1 1) = 9773; 2027 + 1181 + 2432 (Übertrag 1 1) = 5640; 2647 + 3115 + 3793 (Übertrag 1 1 1) = 9555

A: Am Wochenende waren die meisten Besucher im Zoo.

13. Am Freitag wurden 2180 Eintrittskarten für das Pop-Konzert verkauft. Am Samstag kamen noch 2250 verkaufte Eintrittskarten hinzu. Wie viele Eintrittskarten wurden an beiden Tagen insgesamt verkauft?

A: An beiden Tagen wurden insgesamt 4430 Eintrittskarten verkauft.

2180 + 2250 (Übertrag 1) = 4430

14. Welche Fragen kannst du beantworten? Kreuze an.

- [x] Wie viele Personen besuchten den Freizeitpark am Samstag?
- [x] Wie viele Besucher kamen am Freitag und am Samstag insgesamt?
- [ ] Wie viele Besucher hatten freien Eintritt?

Schriftliches Subtrahieren

Schriftliches Subtrahieren Video

① Schreibe die Zahlen richtig untereinander: Einer unter Einer, Zehner unter Zehner, …
② Subtrahiere von rechts nach links: zuerst die Einer, dann die Zehner, …
③ Entsteht ein Übertrag, schreibe ihn unten in die nächste linke Stelle.

318 − 195 = ?
Ü: 320 − 200 = 120

	3	1	8
−	1	9	5
	1		
	1	2	3

1. Überschlage zuerst. Berechne danach das genaue Ergebnis.

a) 513 − 295 = 218 Ü: 500 − 300 = 200
b) 892 − 126 = 766 Ü: 900 − 100 = 800
c) 406 − 288 = 118 Ü: 400 − 300 = 100

513 − 295 (Überträge 1 1) = 218; 892 − 126 (Übertrag 1) = 766; 406 − 288 (Überträge 1 1) = 118

2. Schreibe untereinander und subtrahiere.

a) 424 − 219
b) 513 − 62
c) 651 − 308

424 − 219 (Übertrag 1) = 205; 513 − 62 (Übertrag 1) = 451; 651 − 308 (Übertrag 1) = 343

3. Überschlage zuerst. Berechne danach das genaue Ergebnis.

a) 4961 − 1205 = 3756 Ü: 5000 − 1000 = 4000
b) 6103 − 3897 = 2206 Ü: 6000 − 4000 = 2000
c) 3098 − 978 = 2210 Ü: 3000 − 1000 = 2000

4961 − 1205 (Übertrag 1) = 3756; 6103 − 3897 (Überträge 1 1 1) = 2206; 3098 − 978 (Übertrag 1) = 2120

4. a) 5892 − 2729
b) 3952 − 1860
c) 9274 − 891

5892 − 2729 (Übertrag 1) = 3163; 3952 − 1860 (Übertrag 1) = 2092; 9274 − 891 (Überträge 1 1) = 8383

5. Bilde mindestens 4 Subtraktionsaufgaben. Die Differenz soll kleiner als 5000 sein.

Weitere Aufgaben sind möglich.

1276 − 863 (Übertrag 1) = 413; 4058 − 2105 (Übertrag 1) = 1953; 7349 − 4058 (Übertrag 1) = 3291; 7349 − 3421 (Übertrag 1) = 3928

6. Überschlage. Verbinde mit dem richtigen Ergebnis.

a) 5618 − 3328: 1980 | 2290 | 2970 (verbunden: 2290)
b) 6234 − 1522: 3972 | 4552 | 4712 (verbunden: 4712)
c) 4082 − 2906: 996 | 1176 | 2006 (verbunden: 1176)

7. Subtrahiere. Die Lösungen stehen auf den Kärtchen. Eine Zahl bleibt übrig.

a) 3250 − 2831 = 419; 7392 − 7232 = 160; 3197 − 2735 = 462; 4722 − 3157 = 1565
Kärtchen: 160, 419, 462, 1162, 1565

b) 9472 − 1784 = 7688; 7045 − 4623 = 2422; 9274 − 5469 = 3805; 8809 − 4235 = 4574
Kärtchen: 2422, 3805, 4104, 4574, 7688

8. Welche Fragen kannst du beantworten? Kreuze an.

○ Wie viel Euro kosten 317 Eintrittskarten?
☒ Wie viele Eintrittskarten hat Herr Thiel noch?
☒ Wie viele Eintrittskarten hat Herr Thiel verkauft?

9. Am Freitag wurden 956 Eintrittskarten verkauft.
Am Samstag wurden 883 Eintrittskarten verkauft.
Wie viele Karten weniger wurden am Samstag verkauft?

A: An Samstag wurden 73 Karten weniger verkauft.

R: 956 − 883 (Übertrag 1) = 73

10. Am Sonntag wurden im Erlebnispark 4121 Besucher gezählt.
Am Montag kamen 1350 Besucher weniger.
Wie viele Personen besuchten den Erlebnispark am Montag?

A: Am Montag besuchten 2771 Personen den Erlebnispark.

R: 4121 − 1350 (Überträge 1 1) = 2771

11. Schreibe eine Rechengeschichte zur Aufgabe. Notiere dazu Frage, Rechnung und Antwort. 1451 − 326

Am Mittwoch fuhren 1451 Personen mit der Wasserbahn.
Am Donnerstag fuhren 326 Personen weniger.
F: Wie viele Personen fuhren am Donnerstag mit der Wasserbahn?
A: Am Donnerstag fuhren 1125 Personen mit der Wasserbahn.

R: 1451 − 326 (Übertrag 1) = 1125

1. Die Zahlen in jedem Stockwerk ergeben zusammen die Zahl im Dach.

a)

1000	
700	300
800	200
100	900
500	500
400	600

b)

1000	
920	80
10	990
930	70
60	940
950	50

c)

1000	
350	650
550	450
850	150
750	250
50	950

d)

1000	
490	510
290	710
560	440
380	620
270	730

2. Trage die Buchstaben bei den Lösungszahlen ein. Du erhältst ein Lösungswort.

a) 24 + 17 = 41 I
35 + 12 = 47 S
57 + 25 = 82 R
49 + 32 = 81 A

b) 36 − 18 = 18 E
52 − 31 = 21 L
64 − 35 = 29 E
95 − 55 = 40 N

c) 18 + 32 = 50 P
66 + 26 = 92 K
71 − 32 = 39 B
43 − 24 = 19 R

18	19	21	29	39	40	41	47	50	81	82	92
E	R	L	E	B	N	I	S	P	A	R	K

3. Rechne aus und vergleiche die Ergebnisse.

a) 450 − (20 + 80) =
450 − 100 = 350
450 − 20 + 80 =
430 + 80 = 510

b) 500 − (150 − 100) =
500 − 50 = 450
500 − 150 − 100 =
350 − 100 = 250

c) 630 − (40 + 60) =
630 − 100 = 530
630 − 40 + 60 =
590 + 60 = 650

4. Wähle deinen Rechenweg. Dein Lösungsweg könnte anders aussehen.

a) 430 + 380 + 70 =
430 + 70 + 380 = 880

b) 260 + 480 + 20 =
260 + (480 + 20) = 760

c) 185 + 540 + 15 =
185 + 15 + 540 = 740

d) 111 + 598 + 2 =
111 + (598 + 2) = 711

e) 116 + 110 + 14 =
116 + 14 + 110 = 240

f) 432 + 205 + 18 =
432 + 18 + 205 = 655

5. Überschlage. Verbinde mit dem richtigen Ergebnis.

a) 713 + 104 — 907 | 817 | 847 (verbunden: 817)

b) 294 + 187 — 501 | 497 | 481 (verbunden: 481)

c) 552 − 308 — 306 | 244 | 344 (verbunden: 244)

6. Addiere. Die Lösungen stehen auf den grünen Kärtchen. Eine Zahl bleibt übrig.

a) 605 + 278 = 883
b) 718 + 145 = 863
c) 3635 + 3164 = 6799
d) 4778 + 1094 = 5872

Kärtchen: 863, 993, 6799, 883, 5872

7. Addiere 3 Summanden. Die Lösungen stehen auf den blauen Kärtchen.

a) 245 + 123 + 59 = 427
b) 83 + 468 + 9 = 560
c) 7832 + 873 + 714 = 9419
d) 3043 + 2160 + 1805 = 7008

Kärtchen: 427, 7008, 9419, 560, 8618

8. Subtrahiere. Die Lösungen stehen auf den gelben Kärtchen.

a) 423 − 119 = 304
b) 237 − 82 = 155
c) 8038 − 5928 = 2110
d) 7523 − 4362 = 3161

Kärtchen: 155, 304, 3161, 234, 2110

9. Bilde jeweils mindestens 3 Aufgaben (+ oder −). Das Ergebnis soll kleiner als 350 sein.

a)

b)
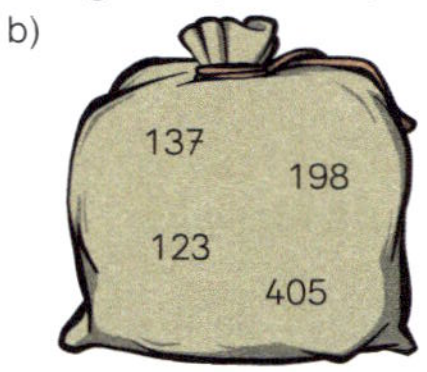

c)
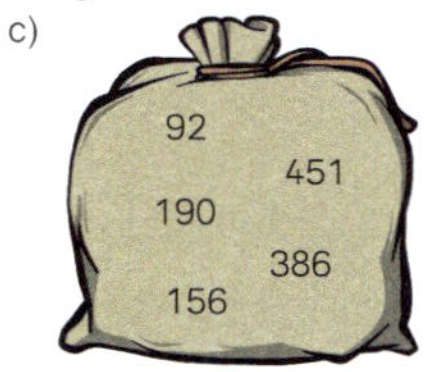

d)
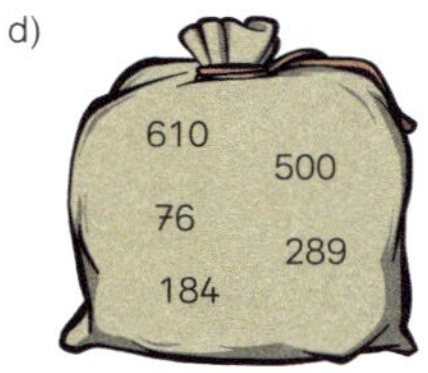

Weitere Aufgaben sind möglich.

187 + 66 = 253 | 137 + 123 = 260 | 156 + 92 = 248 | 184 + 76 = 260
187 − 66 = 121 | 137 − 123 = 14 | 190 + 92 = 282 | 184 − 76 = 108
333 − 187 = 146 | 198 − 137 = 61 | 190 − 92 = 98 | 610 − 500 = 110

10. Im Kopf oder schriftlich? Notiere die Ergebnisse.

a) 400 + 320 = 720
135 + 357 = 492

b) 248 − 194 = 54
575 − 475 = 100

c) 2105 + 805 = 2910
3456 − 298 = 3158

3 | Grundlagen der Geometrie

In diesem Kapitel lernst du, ...

- ... wie du Strecken, Strahlen und Geraden unterscheidest.
- ... wie du mit dem Geodreieck parallele und senkrechte Linien zeichnest.
- ... wie du den Abstand von Punkten und Geraden bestimmst.
- ... was ein Koordinatensystem ist und wie du Punkte abliest und einzeichnest.
- ... wie du Figuren spiegelst und verschiebst.
- ... wie du eine dynamische Geometriesoftware nutzt.

Wie sind die Bretter in einem Regalsystem angeordnet? Erkennst du Formen, die sich wiederholen?

Strecke, Strahl und Gerade

Video

Eine **Strecke** hat einen Anfangspunkt und einen Endpunkt.

Strecke $\overline{AB}$

Ein **Strahl** hat einen Anfangspunkt und keinen Endpunkt.

Strahl $\overleftarrow{CD}$

Eine **Gerade** hat keinen Anfangspunkt und keinen Endpunkt.

Gerade **EF**

1. Strecke, Strahl oder Gerade? Trage in die Tabelle ein.

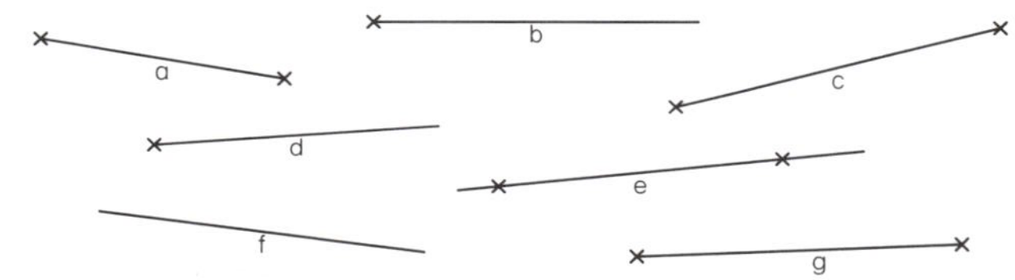

Strecke	a, c, g
Strahl	b, d
Gerade	e, f

2. Zeichne die Strecken. Miss ihre Länge und trage sie in die Tabelle ein.

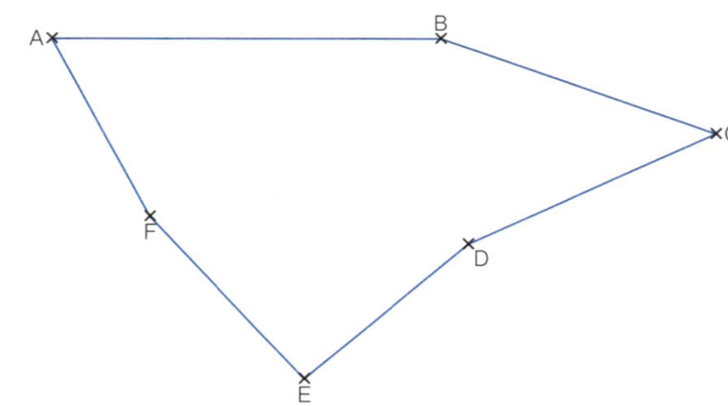

Strecke	Länge
$\overline{AB}$	6,0 cm
$\overline{BC}$	4,5 cm
$\overline{CD}$	4,2 cm
$\overline{DE}$	3,3 cm
$\overline{EF}$	3,5 cm
$\overline{AF}$	3,2 cm

3. Zeichne die Strecke mit der angegebenen Länge.

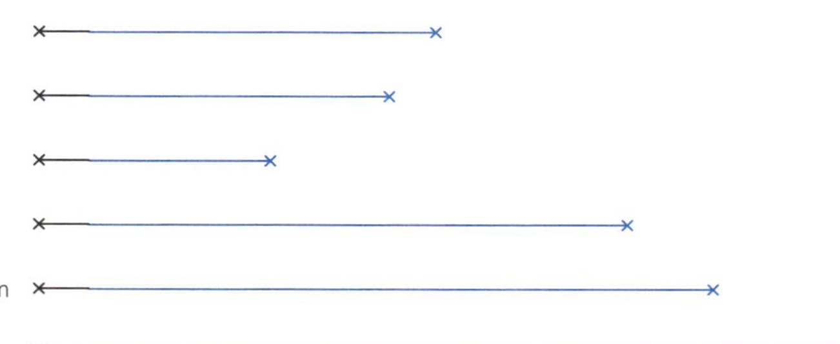

a) 6 cm
b) 5,3 cm
c) 3,5 cm
d) 8,9 cm
e) 10,2 cm
f) 12,4 cm

Zueinander senkrechte und parallele Geraden

So entsteht ein rechter Winkel:

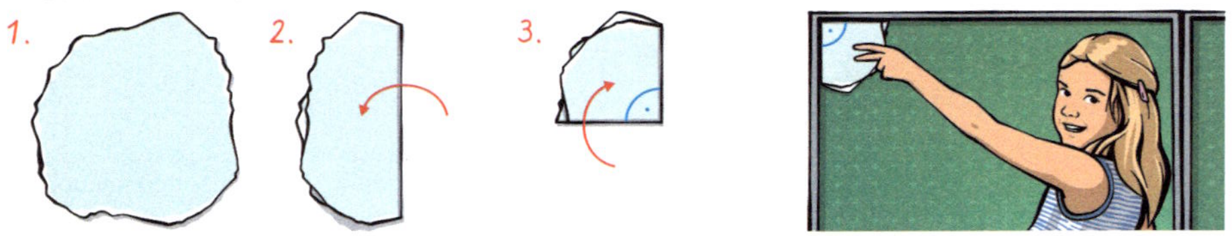

Die beiden Geraden bilden einen **rechten Winkel.**

Sie sind zueinander **senkrecht** (orthogonal).

Du schreibst: a ⊥ b (a ist senkrecht zu b)

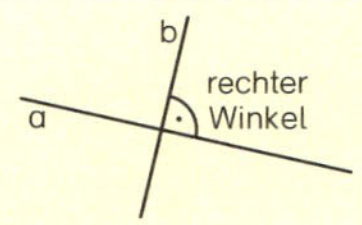

Video

1. Kennzeichne rechte Winkel mit ⊾. Wie viele rechte Winkel hat jede Figur?

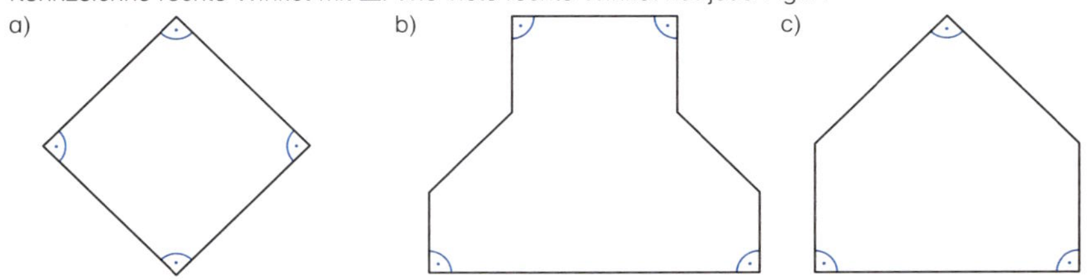

a) 4 rechte Winkel b) 4 rechte Winkel c) 3 rechte Winkel

TIPP

So prüfst du mit dem Geodreieck, ob Geraden zueinander senkrecht sind.

2. Welche Geraden sind zueinander senkrecht? Prüfe mit dem Geodreieck.
Färbe Geraden, die zueinander senkrecht sind, in der gleichen Farbe.

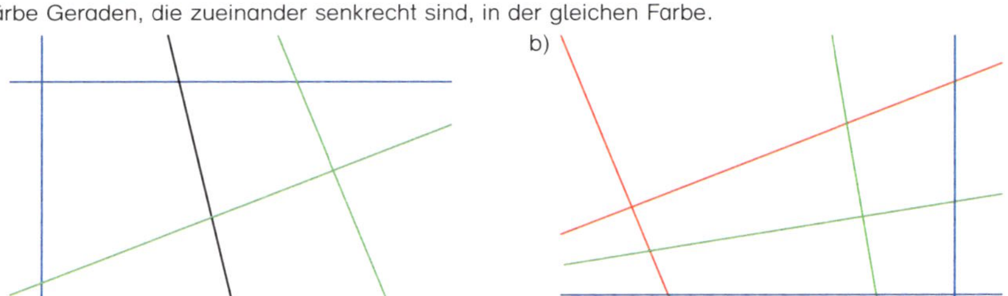

So entstehen parallele Linien:

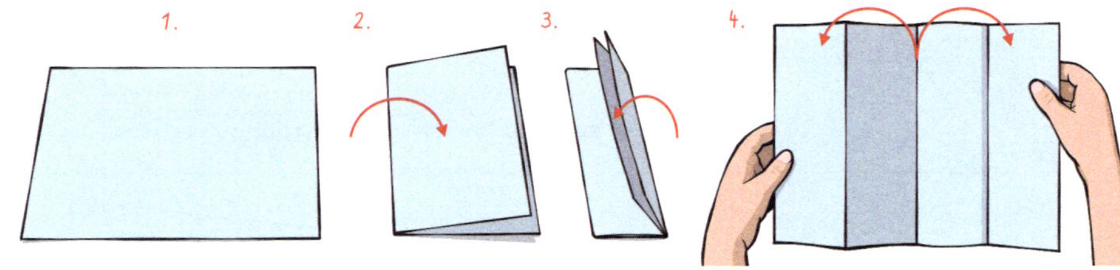

Parallele Geraden haben überall den gleichen Abstand.

Sie treffen sich nicht.

Du schreibst: a ∥ b (a ist parallel zu b)

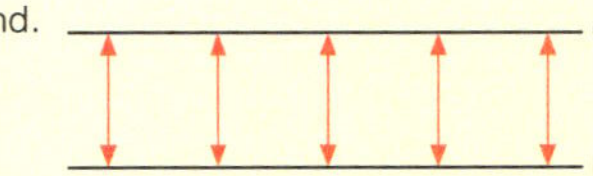

Video

3. Färbe parallele Strecken in der gleichen Farbe.

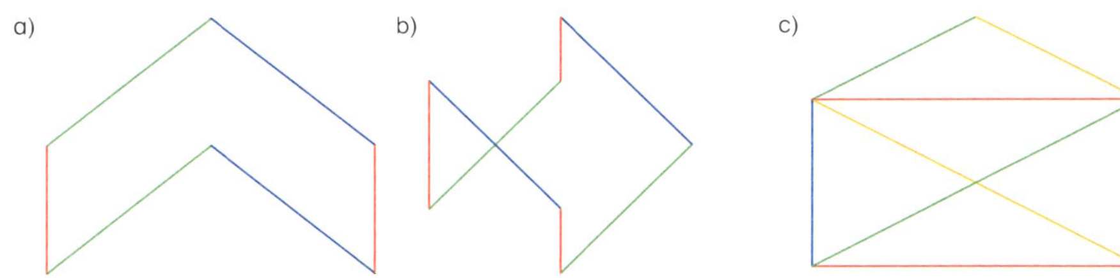

4. Prüfe mit dem Geodreieck, welche Geraden zueinander parallel sind.
Färbe Geraden, die zueinander parallel sind, in der gleichen Farbe.

TIPP

So prüfst du mit dem Geodreieck, ob Geraden zueinander parallel sind.

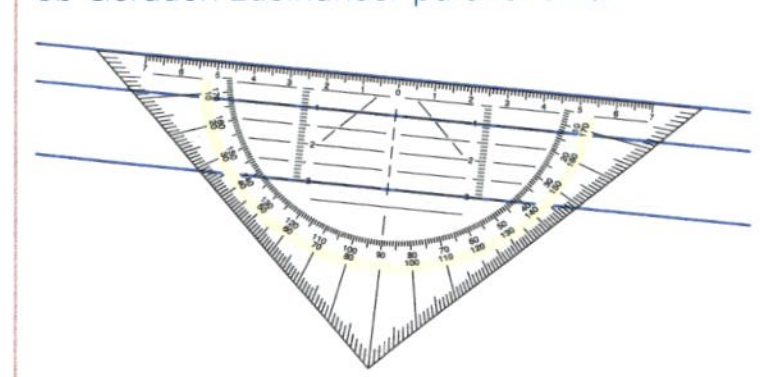

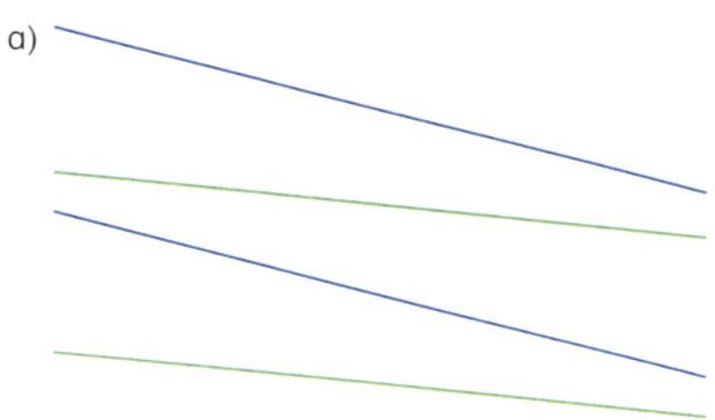

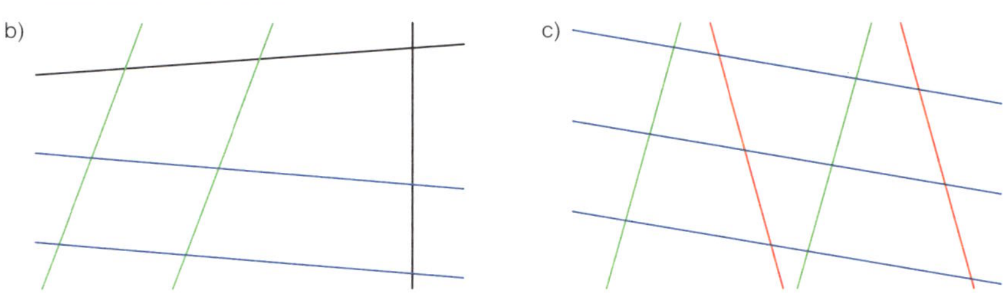

Zueinander senkrechte Geraden mit dem Geodreieck zeichnen

Video

So zeichnest du eine
senkrechte Gerade (**Senkrechte**)
zur Geraden g durch den Punkt P:

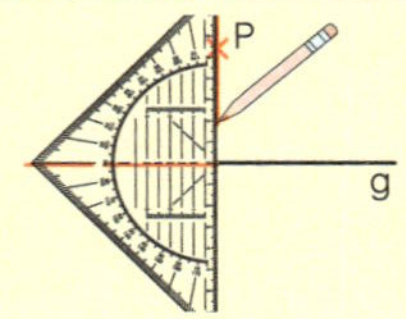

5. Zeichne die Senkrechte zur Geraden g durch den Punkt P.

a) b) c)

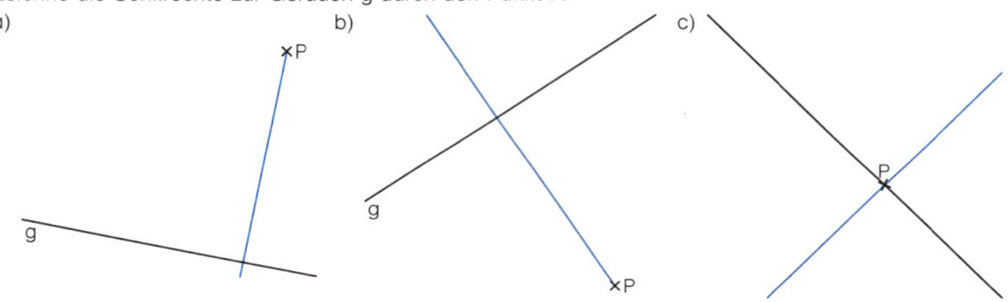

Zueinander parallele Geraden mit dem Geodreieck zeichnen

Video

So zeichnest du eine
parallele Gerade (**Parallele**)
zur Geraden g durch den Punkt P:

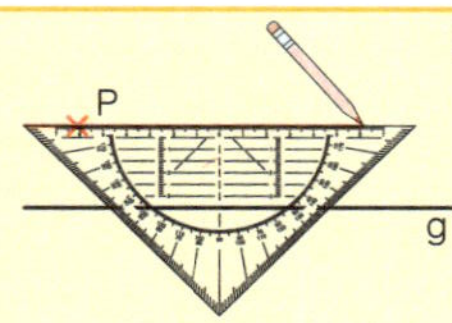

6. Zeichne die Parallele zur Geraden g durch den Punkt P.

a) b) c)

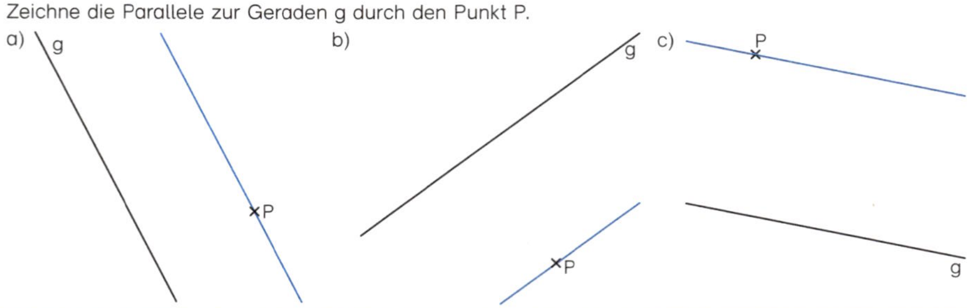

7. Parallel oder senkrecht? Setze ein: ∥ oder ⊥

a ∥ b

b ⊥ c

d ∥ e

a ⊥ d

e ⊥ a

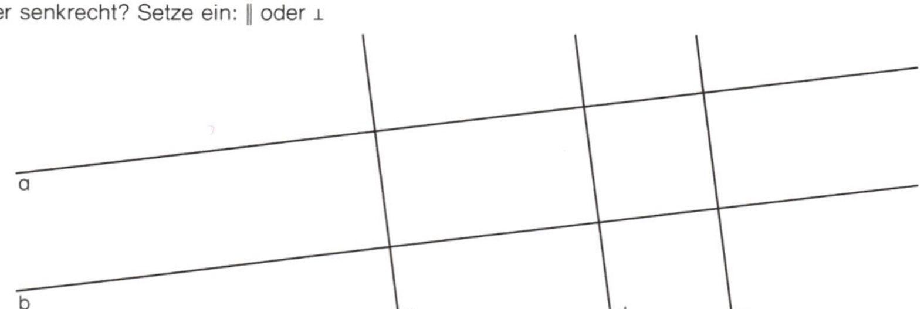

Abstand

Video

Der Abstand ist die kürzeste Entfernung zwischen einem Punkt und einer Geraden.

Der Abstand ist die kürzeste Entfernung zwischen zwei Geraden.

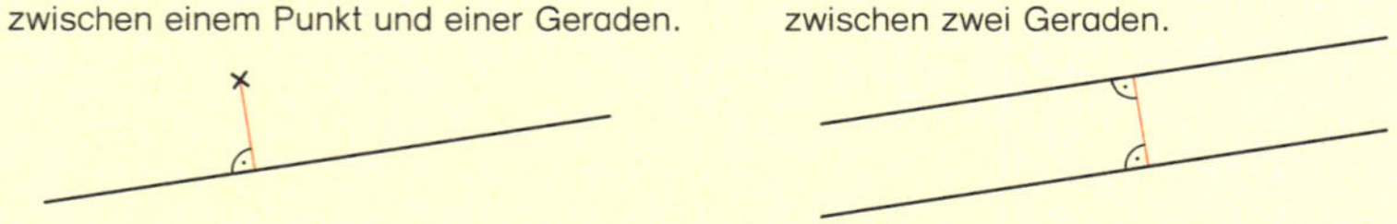

1. Zeichne mit dem Geodreieck die kürzeste Strecke zwischen Insel und Küste ein.

a) b)

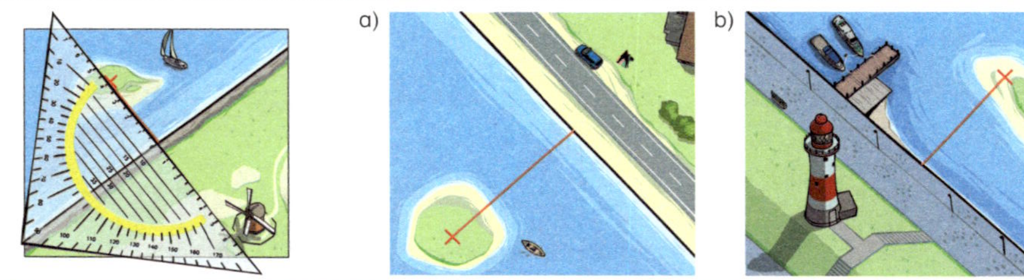

2. Zeichne die Senkrechten zur Geraden g durch die Punkte A, B und C.
Miss den Abstand jedes Punktes von der Geraden g.

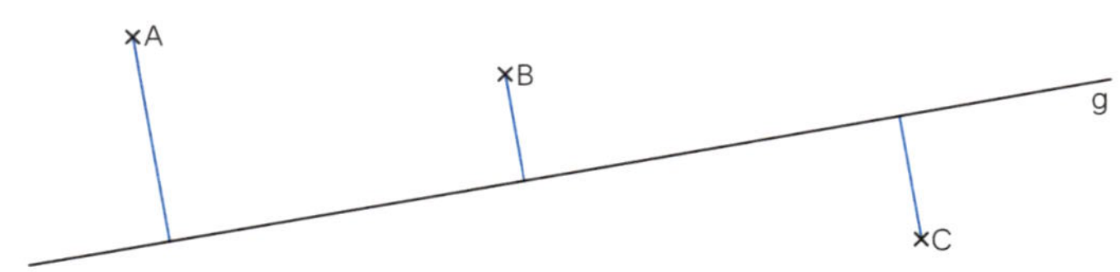

Abstand von …

A und g: 2,5 cm

B und g: 1,3 cm

C und g: 1,5 cm

3. Zeichne Punkte mit dem angegebenen Abstand zur Geraden g.

A: 3,5 cm B: 2,5 cm C: 1,5 cm D: 1 cm

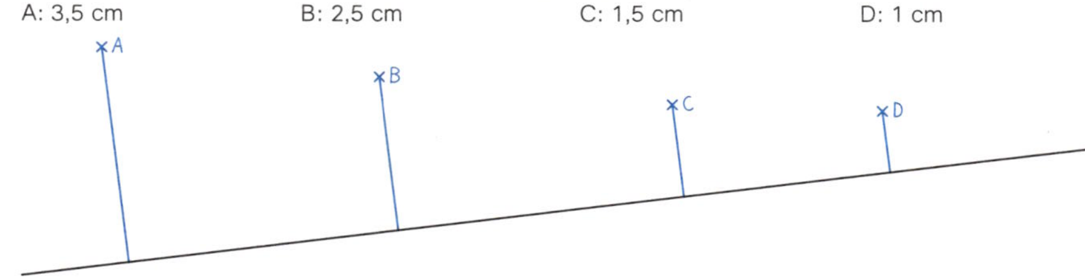

4. Bestimme den Abstand der parallelen Geraden wie im Bild.

TIPP
So misst du den Abstand mit dem Geodreieck.

a) b)

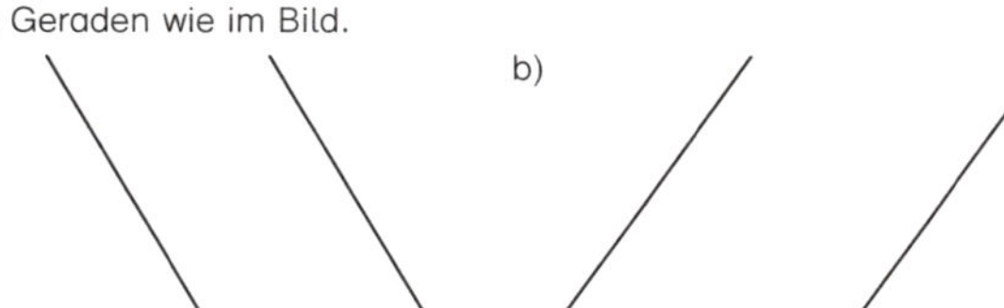

a) Abstand: 2 cm

b) Abstand: 2,5 cm

Das Koordinatensystem

Ein **Koordinatensystem** besteht aus einer **x-Achse** (Rechtsachse) und einer **y-Achse** (Hochachse).
Der **Ursprung** ist der gemeinsame Anfangspunkt der beiden Achsen, er hat die Koordinaten (0|0).

Ein Punkt wird durch zwei Koordinaten (x|y) genau beschrieben. In der Abbildung hat der Punkt P die Koordinaten (3|2).

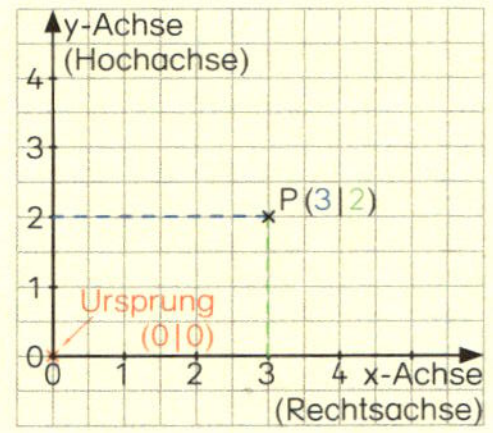

Video

1. Von jedem Punkt ist nur eine Koordinate angegeben. Ergänze die fehlenden Koordinaten.

a)

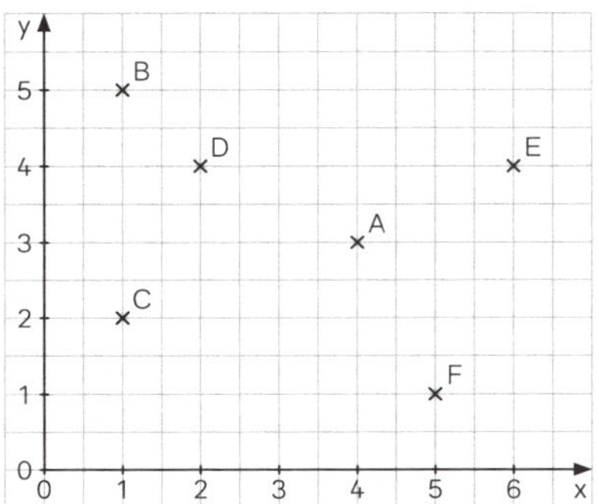

A(4| 3), B(1 |5), C(1 |2),
D(2| 4), E(6| 4), F(5| 1)

b)

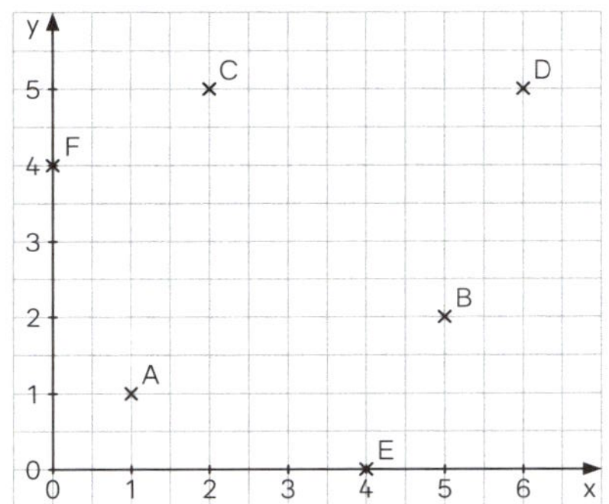

A(1| 1), B(5 |2), C(2| 5),
D(6 |5), E(4 |0), F(0| 4)

2. Bei einer Ausgrabung werden Fundorte in ein Koordinatensystem eingetragen.
Notiere die Koordinaten.

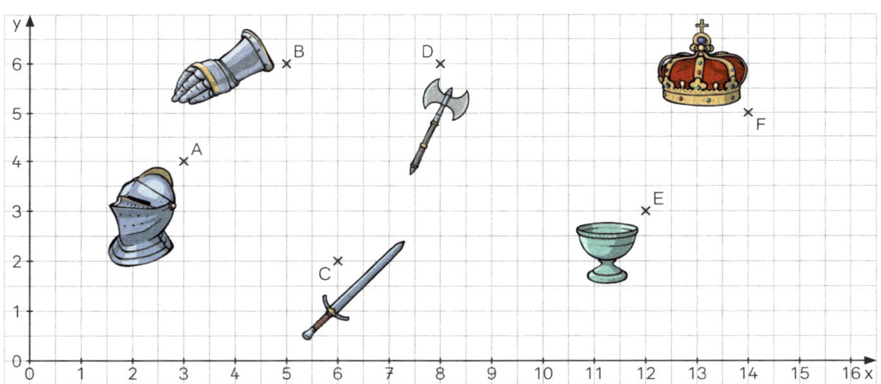

A(3 | 4), B(5 | 6), C(6 | 2), D(8 | 6), E(12 | 3), F(14 | 5)

3. a) Auf der Insel sind Schätze versteckt. Trage die Punkte in die Karte ein.

A(3|5), B(6|5), C(2|2), D(6|3),
E(1|5), F(4|4), G(2|4), H(4|2)

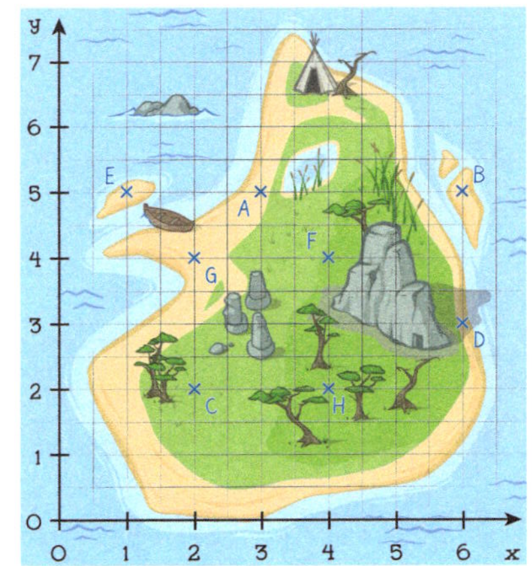

b) Eine Reise von Insel zu Insel: Trage die Punkte ein und verbinde sie der Reihe nach.

A(1|3), B(2|2), C(3|4), D(4|2),
E(5|3), F(6|4), G(6|6), H(2|6)

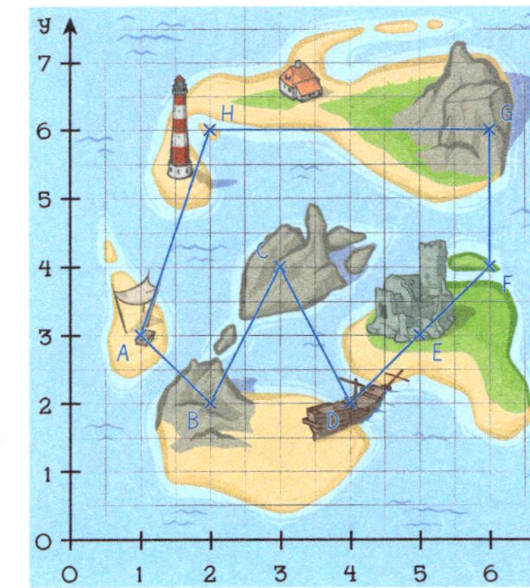

4. Trage die Punkte in das Koordinatensystem ein und verbinde sie der Reihe nach.

a) A(1|2), B(2|1), C(6|1), D(6|2),
E(4|2), F(4|8), G(5|7), H(4|7),
I(6|3), J(2|3), K(3|5), L(4|6)

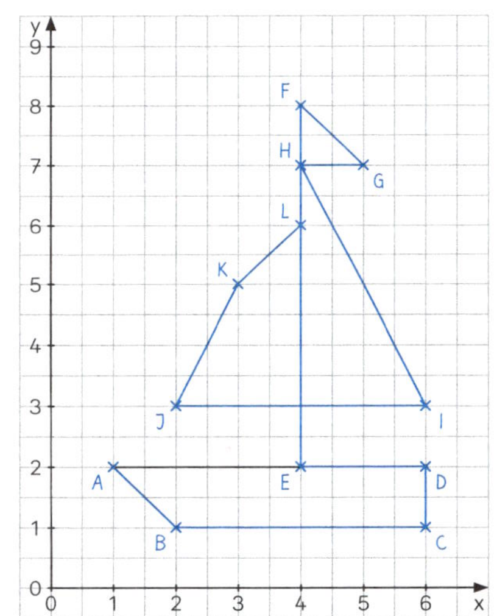

b) A(3|3), B(3|1), C(1|1), D(1|6),
E(2|8), F(3|6), G(4|8), H(5|6),
I(6|8), J(6|1), K(4|1), L(4|3)

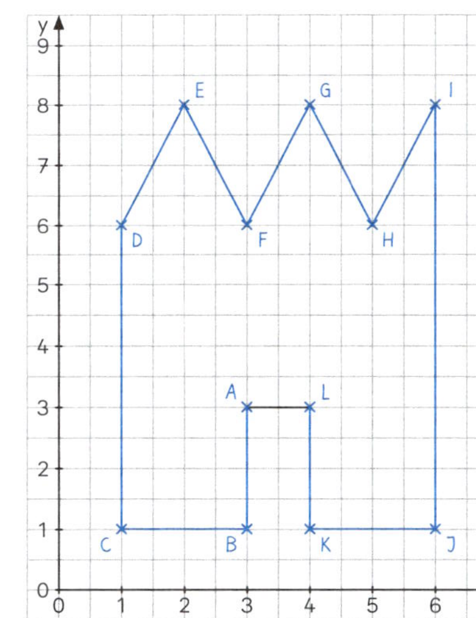

5. a) Bestimme die Koordinaten der Punkte A, B und C.
b) Zeichne die Gerade g durch die Punkte A und B.
c) Zeichne die Parallele und die Senkrechte zur Geraden g durch den Punkt C.

Ⓐ
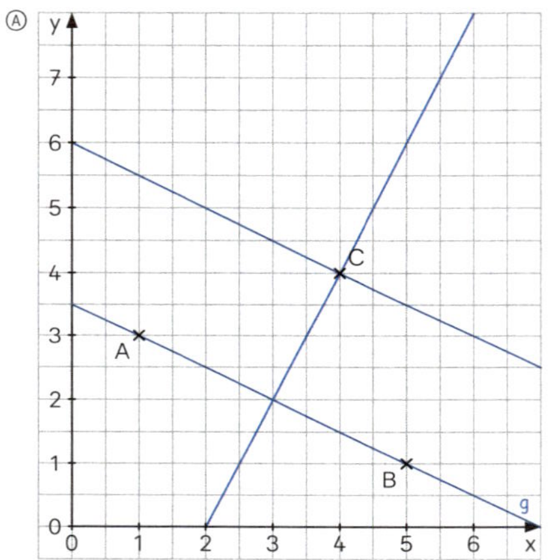

A(1 | 3), B(5 | 1), C(4 | 4)

Ⓑ
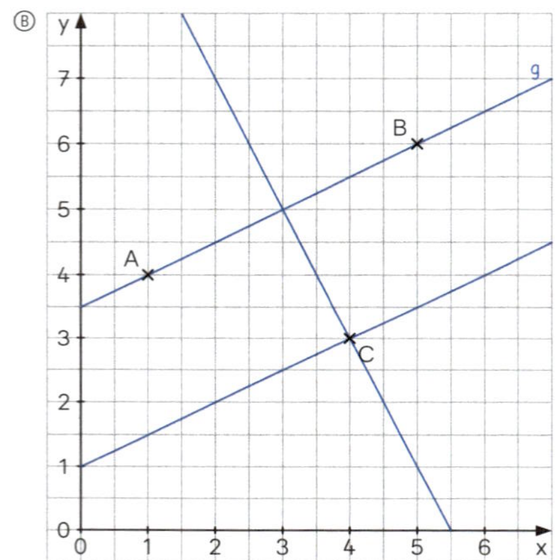

A(1 | 4), B(5 | 6), C(4 | 3)

6. Trage die Punkte A, B und C in das Koordinatensystem ein.
a) Zeichne die Gerade durch die Punkte A und B.
b) Miss den Abstand des Punktes C von der Geraden AB.

Ⓐ A(1|1), B(6|4), C(1|6)

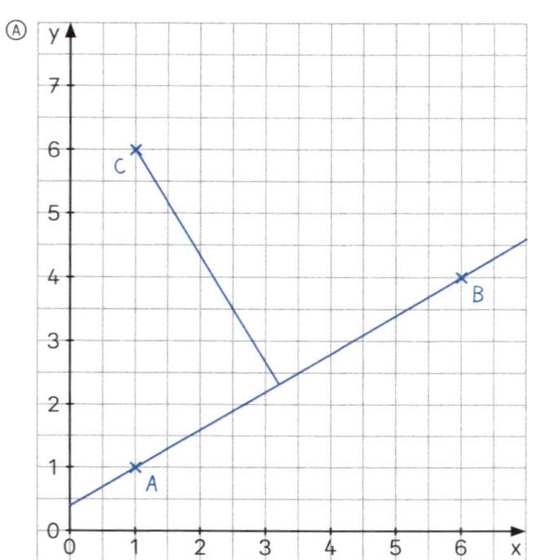

Abstand: 4,3 cm

Ⓑ A(4|6), B(6|1), C(1|2)

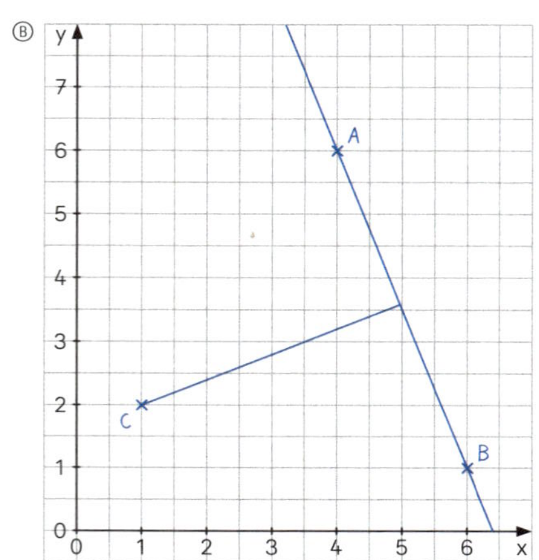

Abstand: 4,3 cm

Wiederholungsaufgaben

Die Lösungen ergeben die Namen von Obstsorten.

1. a) 17 + 7 = 24
57 − 8 = 49
5 · 5 = 25
16 : 2 = 8

b) 31 + 18 = 49
59 − 20 = 39
9 · 7 = 63
49 : 7 = 7

c) 230 + 55 = 285
210 − 10 = 200
10 · 12 = 120
81 : 9 = 9

1. a)				1. b)				1. c)			
H	E	I	D	E	L	B	E	E	R	E	N

2. Gib den Vorgänger oder den Nachfolger an.

a) 62 < 63
299 < 300

b) 99 < 100
260 < 261

c) 3836 < 3837
3846 < 3847

2. a)		2. b)		2. c)	
B	I	R	N	E	N

3. Wie heißen die Zahlen?

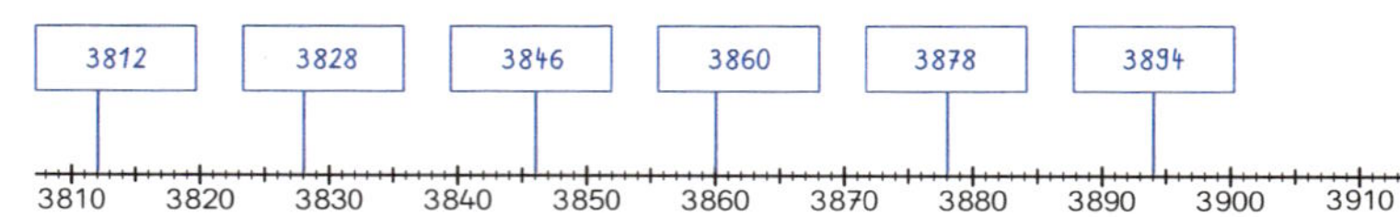

3.					
M	A	N	G	O	S

4. Beachte die Rechenregeln.
a) 52 − 20 + 2 = 32 + 2 = 34
b) 52 − (20 + 2) = 52 − 22 = 30
c) 95 − (20 − 5) = 95 − 15 = 80

5.
a)

	2	5	3
+ 3	6	2	5
3	8	7	8

b)

1	2	3	8
+ 2	6	0	8
		1	
3	8	4	6

c)

6	9	5	9
− 3	1	2	2
3	8	3	7

d)

5	0	6	9
− 1	2	2	3
1			
3	8	4	6

4. a)	4. b)	4. c)	5. a)	5. b)	5. c)	5. d)
M	E	L	O	N	E	N

E | 7
D | 8
N | 9
H | 24
I | 25
E | 30
M | 34
L | 39
E | 49
B | 63
L | 80
R | 99
E | 120
R | 200
N | 260
E | 285
I | 300
M | 3812
A | 3828
E | 3837
N | 3846
G | 3860
O | 3878
S | 3894

Achsensymmetrie und Achsenspiegelung

Wenn du eine Figur entlang einer Linie so falten kannst, dass die beiden Hälften genau aufeinander liegen, dann ist die Figur **achsensymmetrisch**.
Die Faltlinie nennt man **Symmetrieachse**. Eine Figur kann auch mehrere Symmetrieachsen haben.

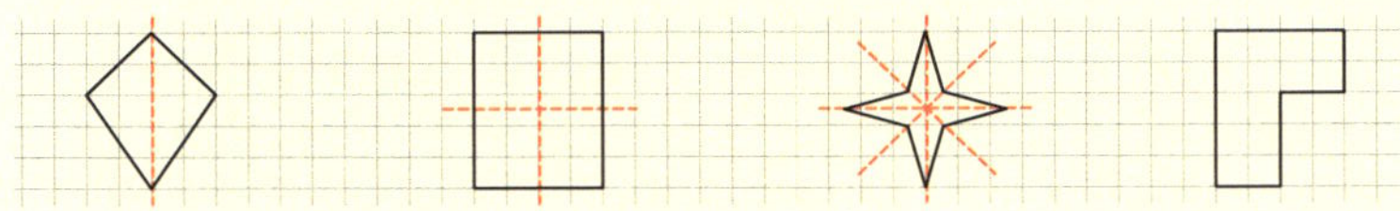

eine Symmetrieachse — zwei Symmetrieachsen — vier Symmetrieachsen — keine Symmetrieachse

1. Welche Figuren sind achsensymmetrisch? Kreuze an und trage alle Symmetrieachsen ein.

a) b) c) d)

2. Ergänze zu einer achsensymmetrischen Figur.

a)

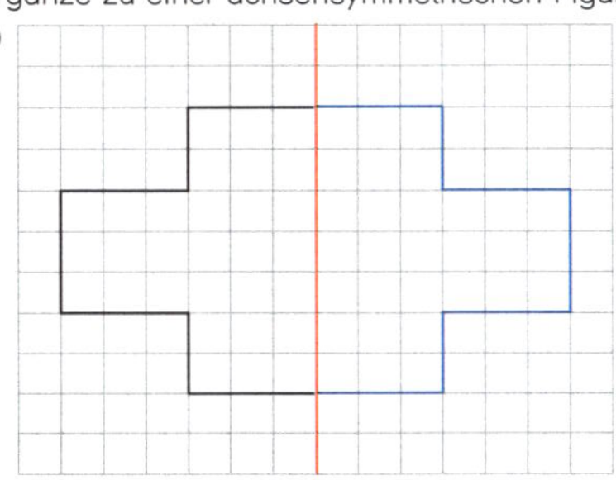

b)

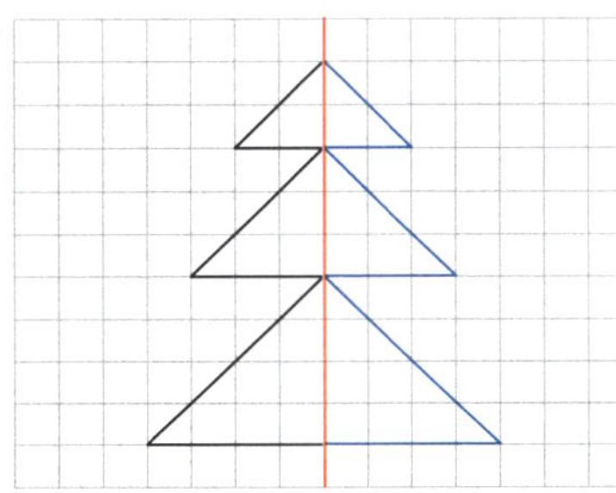

c)

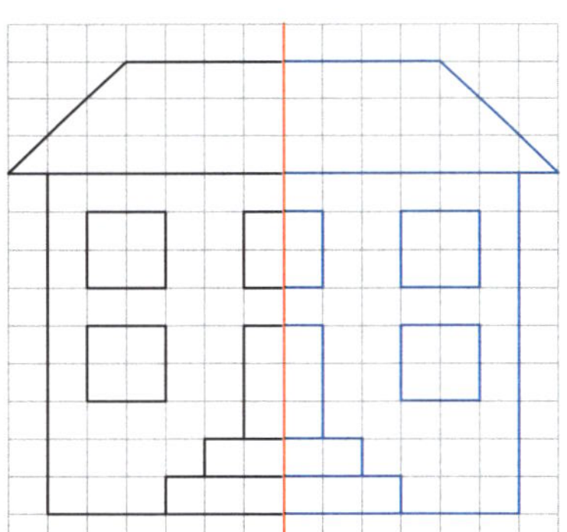

d)

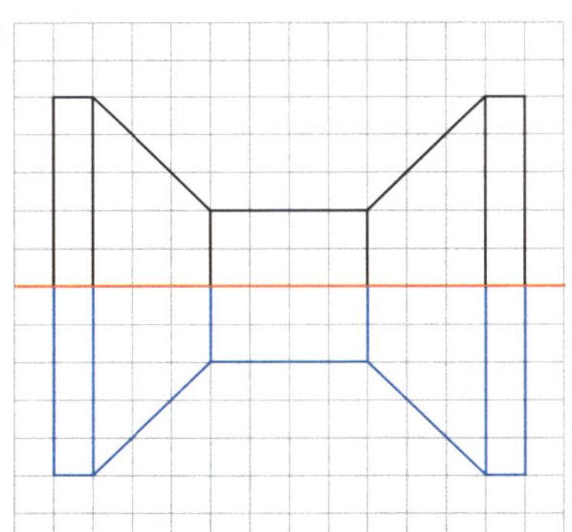

Video

Achsensymmetrische Bilder entstehen durch eine **Achsenspiegelung**.
So spiegelst du einen Punkt P an einer Spiegelachse s:

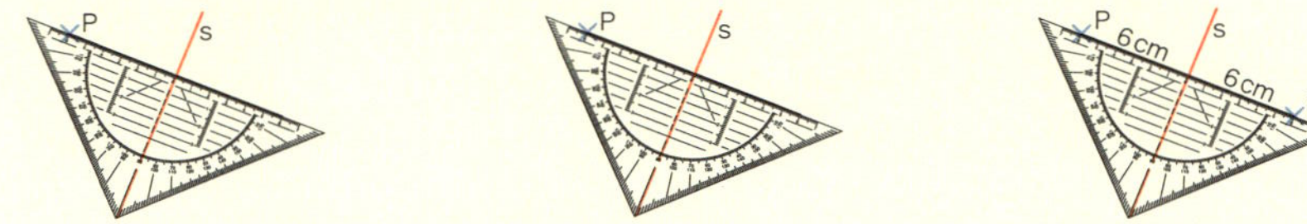

Lege das Geodreieck mit der Mittellinie auf die Spiegelachse.

Miss den Abstand von P zur Spiegelachse.

Trage den **Bildpunkt P'** im selben Abstand auf der anderen Seite ein.

1. Spiegle die Punkte an der Spiegelachse s.

a)

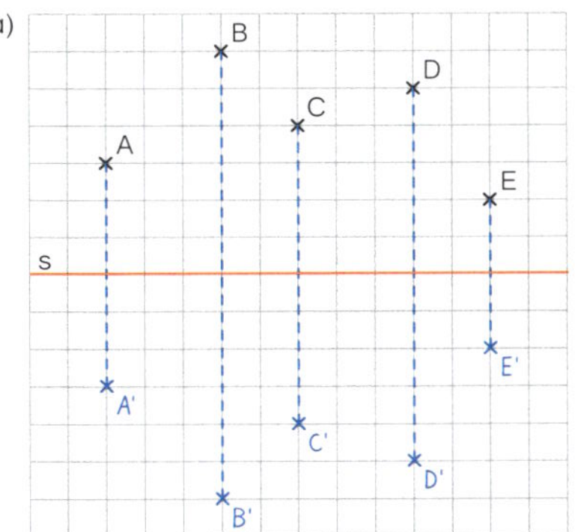

b)

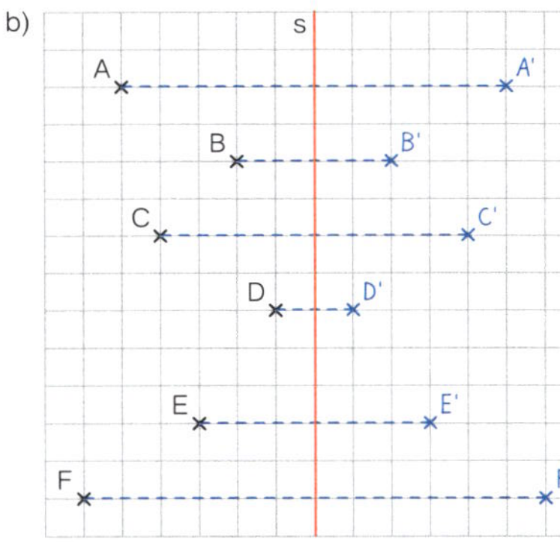

2. Spiegle die Figur an der Spiegelachse s.

a)

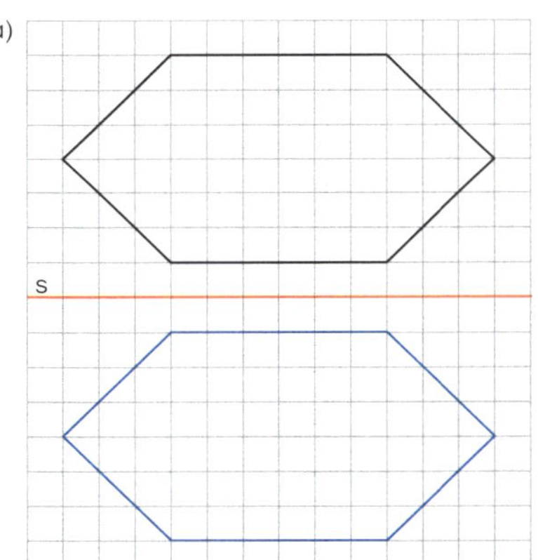

b)

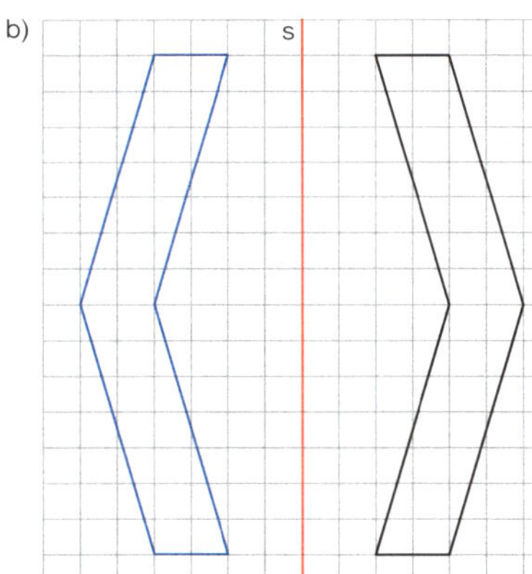

Zeichnen mit dynamischer Geometriesoftware

Mit einer dynamischen Geometriesoftware (DGS) kannst du Punkte, Strahlen, Strecken und Figuren zeichnen. Du kannst auch parallele und senkrechte Geraden zeichnen und Figuren spiegeln.

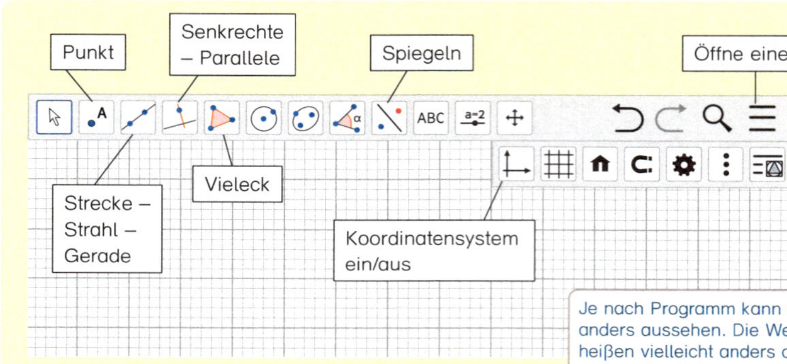

TIPP
Je nach Programm kann die Seite anders aussehen. Die Werkzeuge heißen vielleicht anders oder haben andere Symbole.

1. So bereitest du die Zeichenfläche vor. Wenn du einen Schritt erledigt hast, setze ein Häkchen.

ANLEITUNG
- ☐ Klicke rechts oben auf die Schaltfläche.
- ☐ Wähle das Symbol.
- ☐ Klicke nun auf.
- ☐ Klicke auf die Schaltflächen und erkunde ihre Funktionen.

Mit ↺ machst du deine letzten Schritte rückgängig.
Starte jede Aufgabe mit einer leeren Zeichenfläche.

2. So zeichnest du Punkte.

ANLEITUNG
- ☐ Klicke auf die Schaltfläche.
- ☐ Setze Punkte auf die Zeichenfläche.

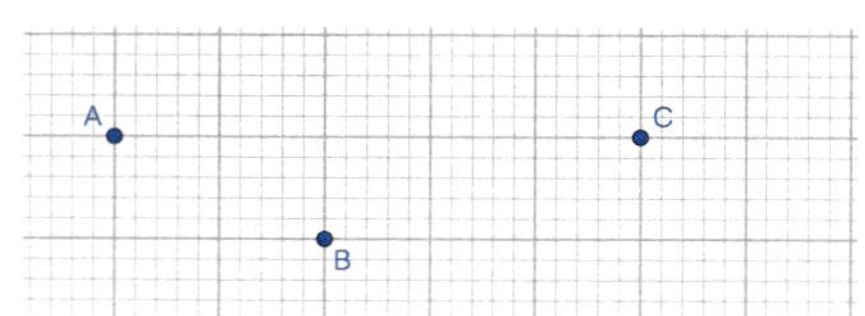

3. So zeichnest du eine Gerade durch die Punkte A und B.

ANLEITUNG
- ☐ Klicke auf die Schaltfläche und
- ☐ dann nacheinander auf die Punkte.

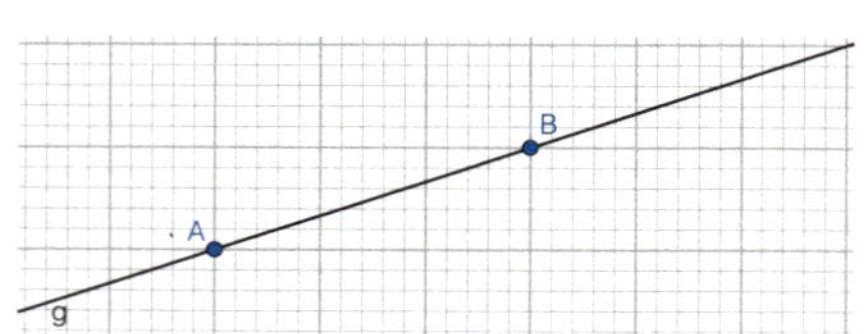

Mit Klicken auf die Schaltfläche kannst du auch einen Strahl oder eine Strecke zeichnen.

Klicke danach auf Strahl oder auf Strecke und dann nacheinander auf zwei Punkte.

4. So zeichnest du eine Strecke mit der Länge 5.

ANLEITUNG
- ☐ Klicke auf die Schaltfläche.
- ☐ Wähle dann Strecke mit fester Länge.
- ☐ Klicke auf einen Punkt.
- ☐ Gib im Fenster für die Länge den Wert 5 ein.

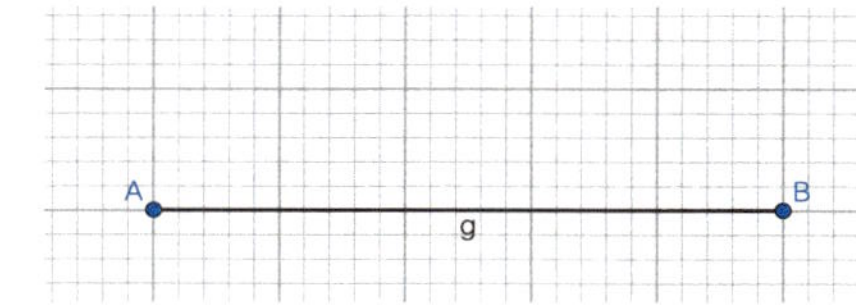

5. So zeichnest du zu einer Geraden die parallele Gerade durch einen Punkt.

ANLEITUNG
- ☐ Zeichne die Gerade AB.
- ☐ Zeichne einen Punkt C, der nicht auf der Geraden liegt.
- ☐ Wähle nun parallele Gerade.
- ☐ Klicke auf die Gerade und auf den Punkt C.

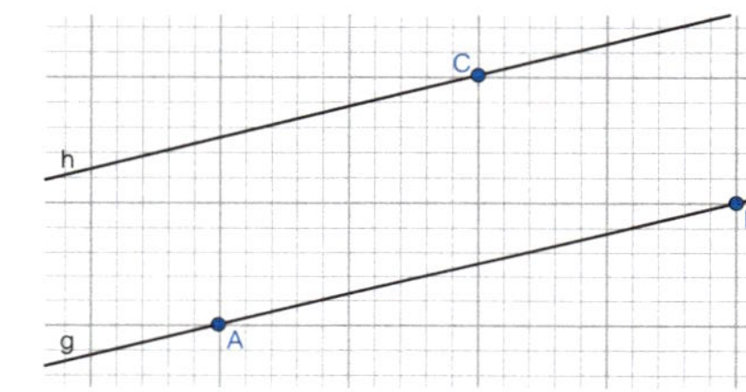

6. So zeichnest du zu einer Geraden die senkrechte Gerade durch einen Punkt.

ANLEITUNG
- ☐ Zeichne die Gerade AB.
- ☐ Zeichne einen Punkt C, der nicht auf der Geraden liegt.
- ☐ Wähle nun senkrechte Gerade.
- ☐ Klicke auf die Gerade und auf den Punkt C.

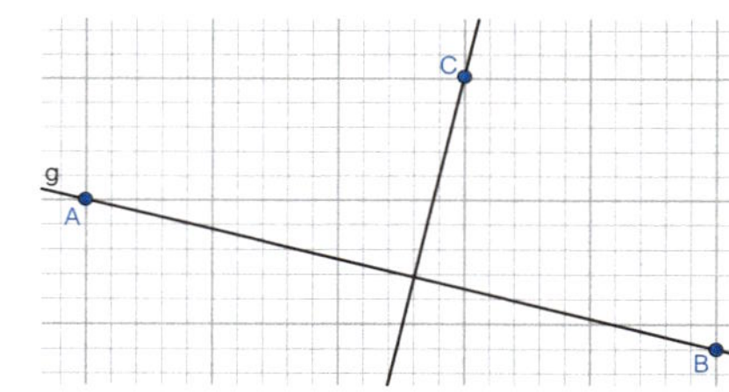

7. So zeichnest du Dreiecke und Vierecke.

ANLEITUNG
- ☐ Wähle das Werkzeug.
- ☐ Zeichne nacheinander die Eckpunkte und klicke dann erneut auf den ersten Eckpunkt.
- ☐ Zeichne verschiedene Dreiecke.
- ☐ Zeichne verschiedene Rechtecke.

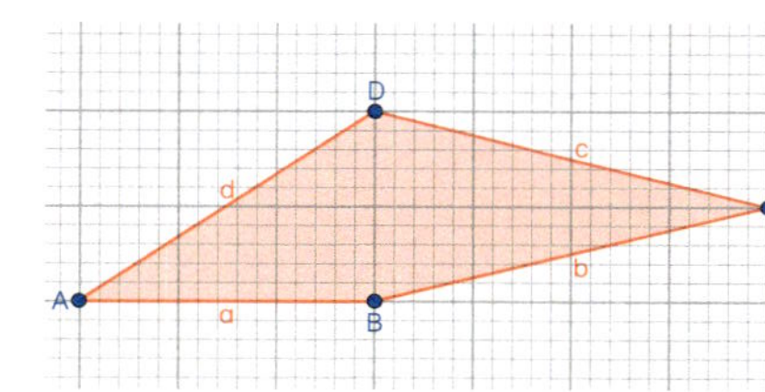

8. So spiegelst du eine Figur an einer Geraden.

ANLEITUNG
- ☐ Zeichne ein Viereck.
- ☐ Zeichne eine Gerade.
- ☐ Wähle nun.
- ☐ Klicke auf das Viereck und auf die Gerade.

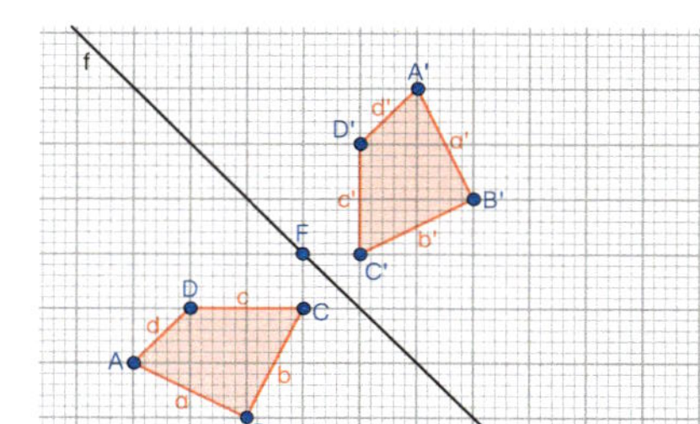

Die Verschiebung

Eine **Verschiebung** wird durch einen Pfeil bestimmt.

Der Pfeil gibt an, **in welche Richtung und wie weit** die Figur verschoben wird.

Beschreibung in Worten:
„Verschiebung um 4 Kästchen nach rechts."

Figur **Bildfigur** Video

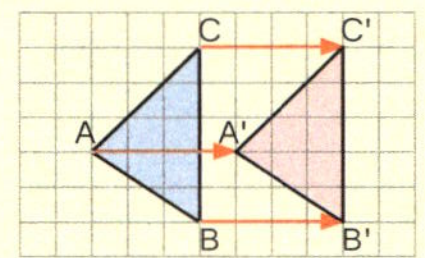

1. Wie wurde die Figur verschoben? Ergänze.

a)
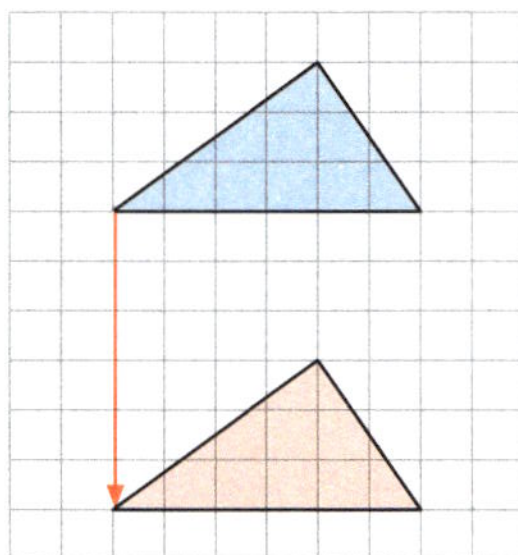
6 Kästchen nach unten

b)
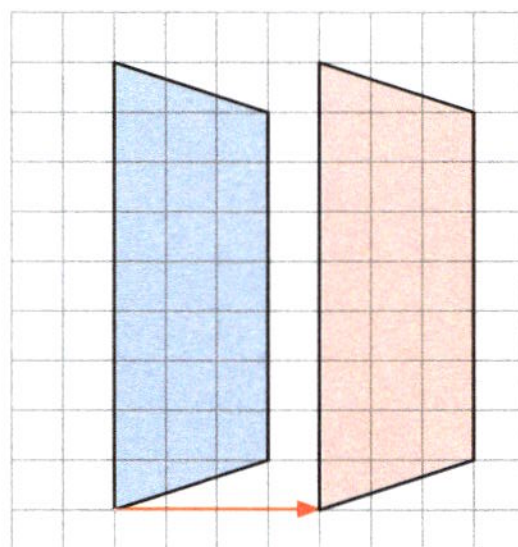
4 Kästchen nach rechts

c)
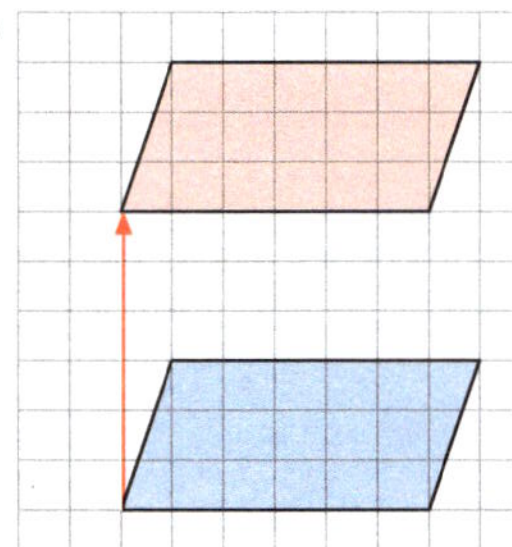
6 Kästchen nach oben

2. Verschiebe die Figur mit dem Verschiebungspfeil.

a)
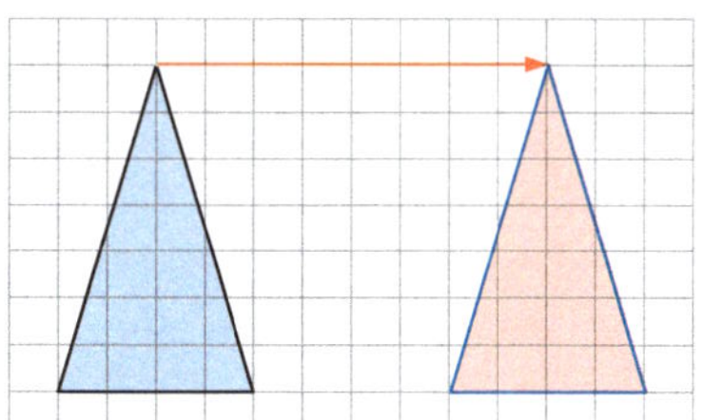

b)
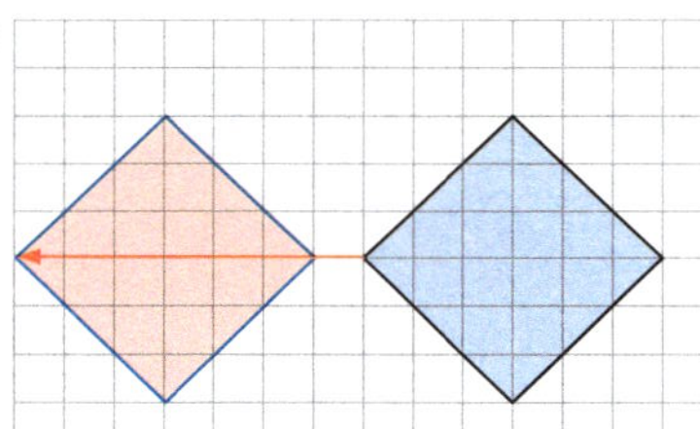

c)
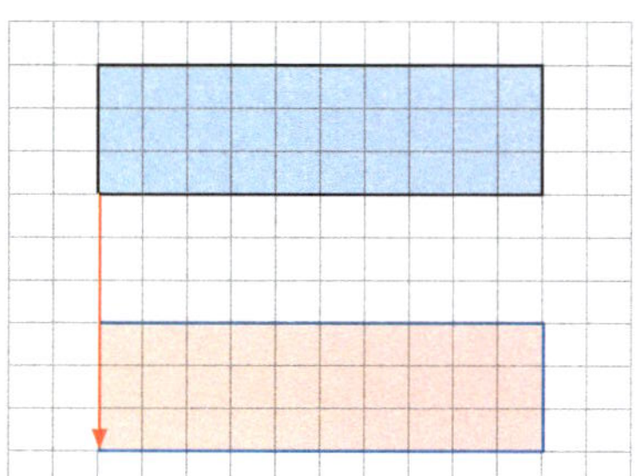

d)
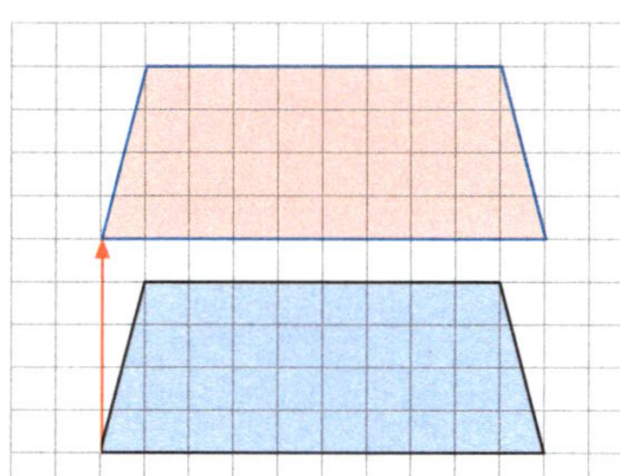

TIPP

Der Verschiebungspfeil muss nicht entlang der Kästchen verlaufen.

Beschreibung in Worten:
„Verschiebung um
7 Kästchen nach rechts,
3 Kästchen nach unten."

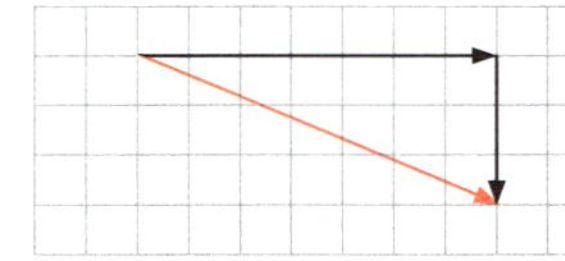

3. Wie wurde die Figur verschoben? Ergänze.

a)
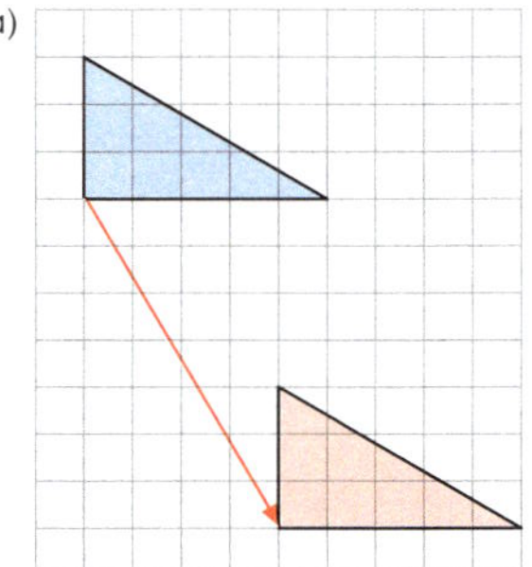
4 Kästchen nach rechts
7 Kästchen nach unten

b)
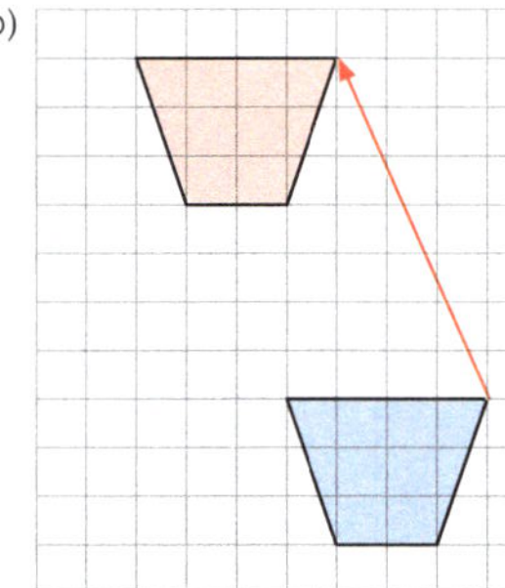
3 Kästchen nach links
7 Kästchen nach oben

c)
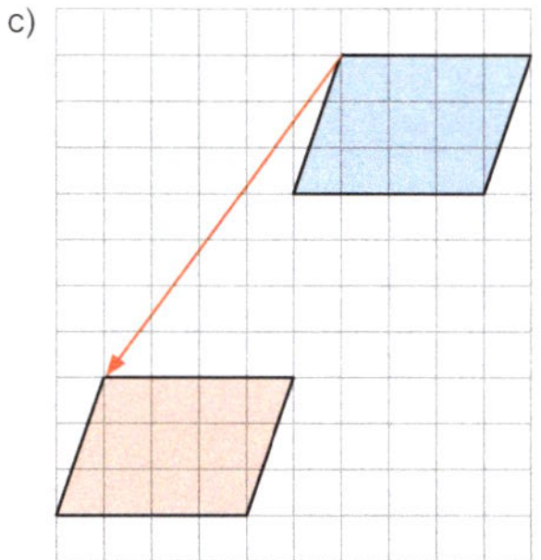
5 Kästchen nach links
7 Kästchen nach unten

4. Verschiebe die Figur mit dem Verschiebungspfeil.

a)
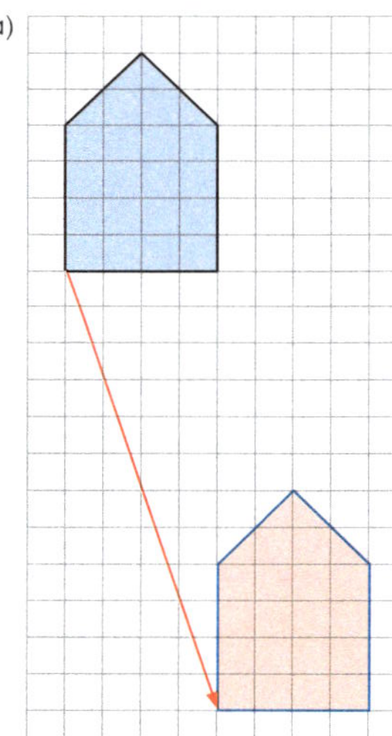

b)
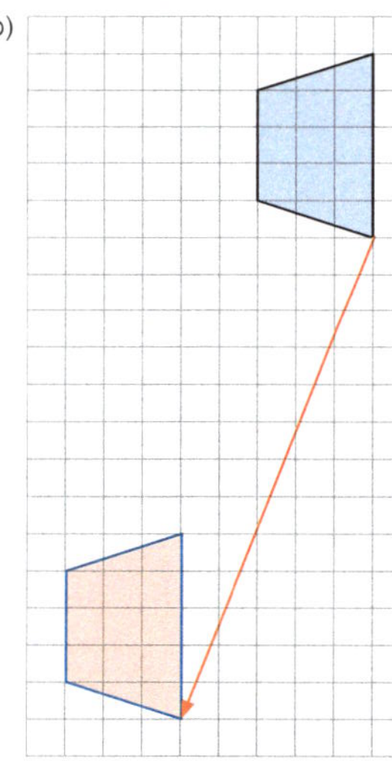

c)
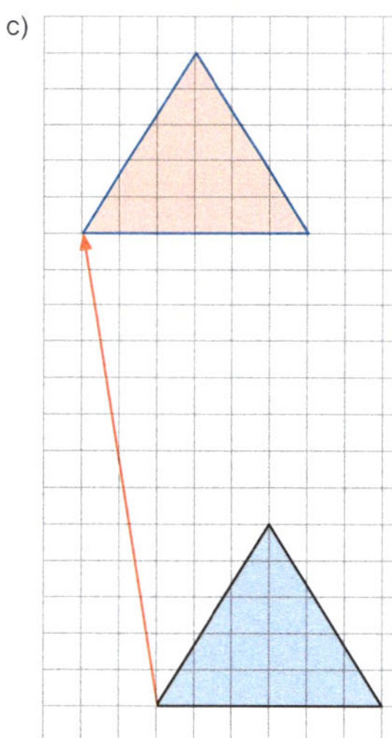

1. Parallel oder senkrecht? Setze ein: ∥ oder ⊥

a [⊥] b

b [⊥] c

a [∥] c

d [⊥] e

e [⊥] d

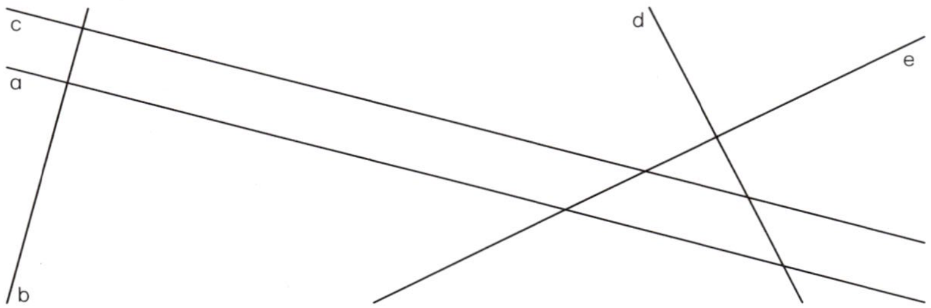

2. Zeichne die Senkrechte und die Parallele zur Geraden durch den Punkt P.

a)
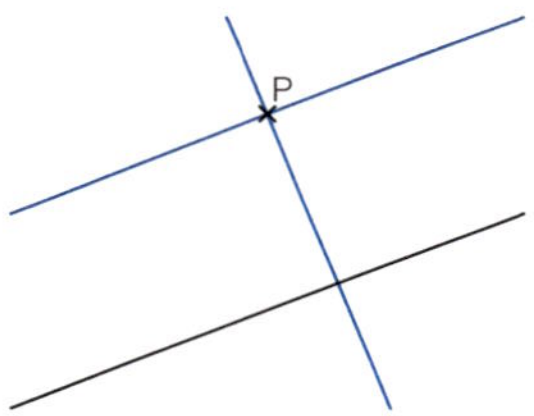

b)
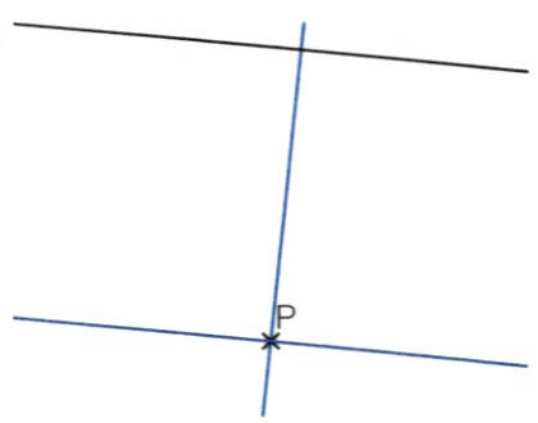

c)
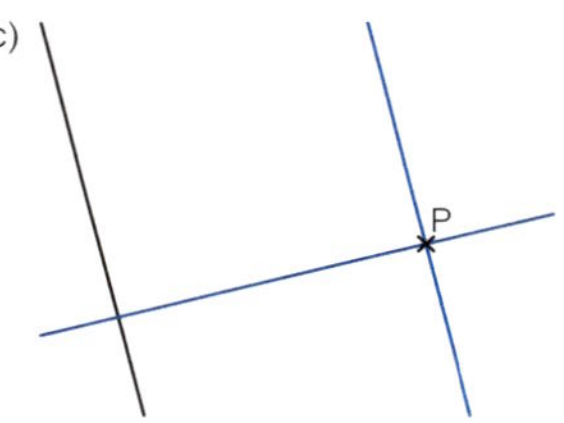

3. Wie weit sind die Kugeln vom roten Rand entfernt?
Zeichne die Senkrechten ein und miss den Abstand.

a)
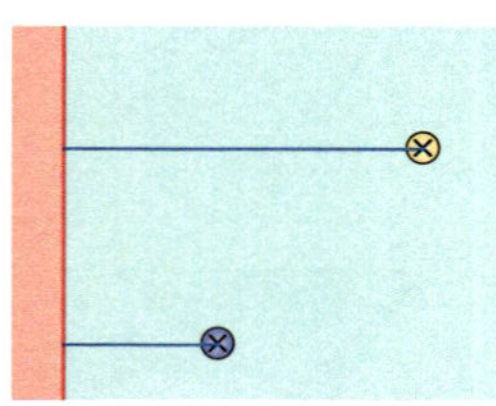

gelb: 3,5 cm blau: 1,5 cm

b)
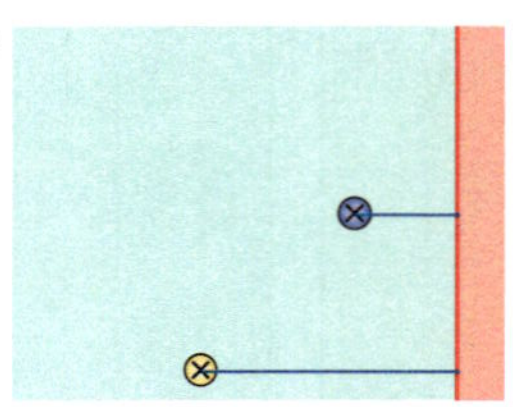

gelb: 2,5 cm blau: 1 cm

c)
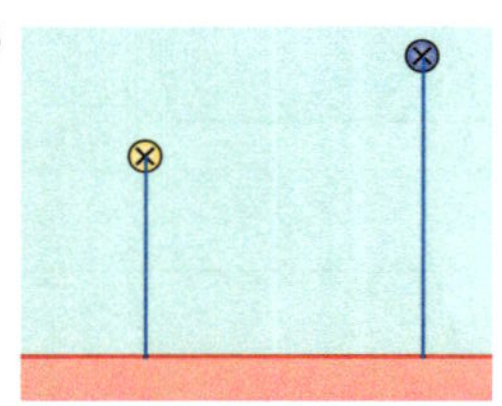

gelb: 2 cm blau: 3 cm

4. Miss den Abstand der beiden parallelen Geraden g und h.

a)
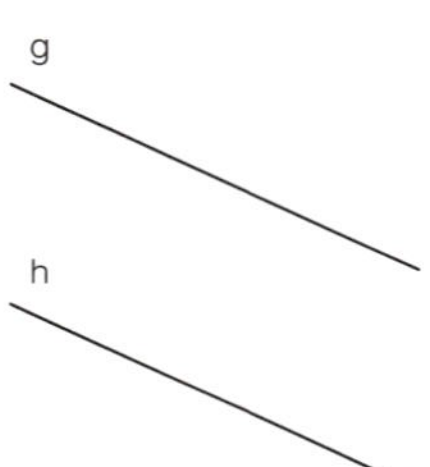

Abstand: 2 cm

b)
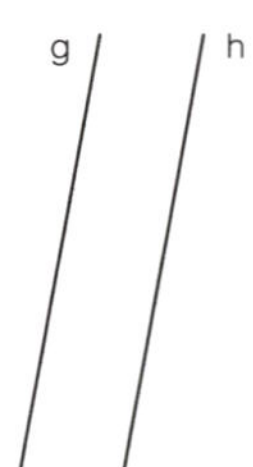

Abstand: 1 cm

c)
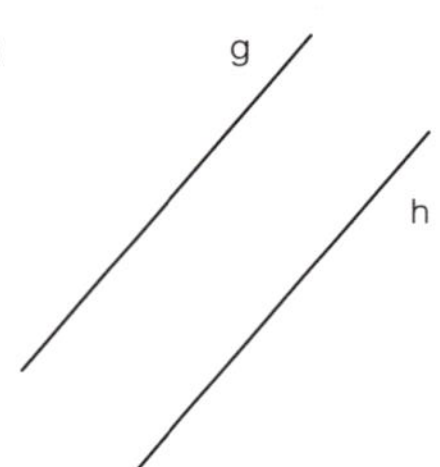

Abstand: 1,5 cm

5. Ergänze zu einer achsensymmetrischen Figur.

a)
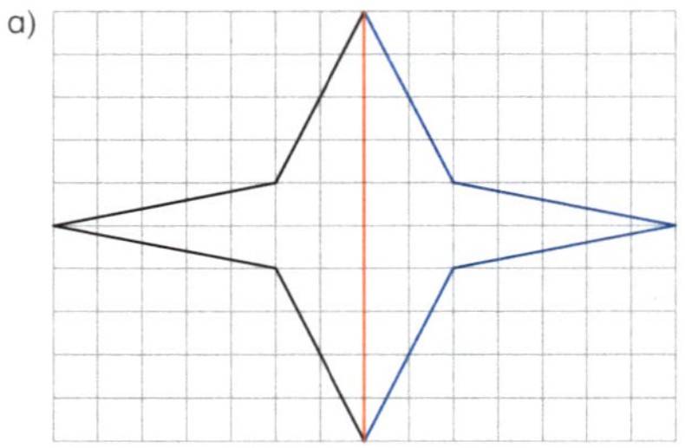

b)
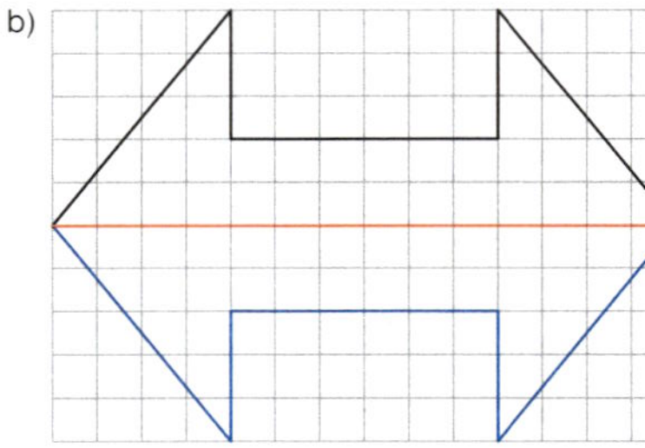

6. a) Trage die Punkte A, B und C in das Koordinatensystem ein und verbinde sie.
b) Spiegle die Figur an der Spiegelachse s.
c) Notiere die Koordinaten der Bildpunkte A', B' und C'.

Ⓐ A(1|1), B(2|2), C(1|5)

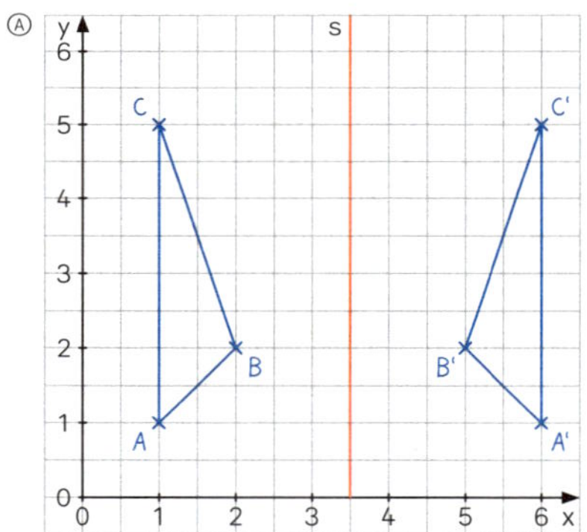

A'(6 | 1), B'(5 | 2), C'(6 | 5)

Ⓑ A(1|3), B(6|4), C(3|5)

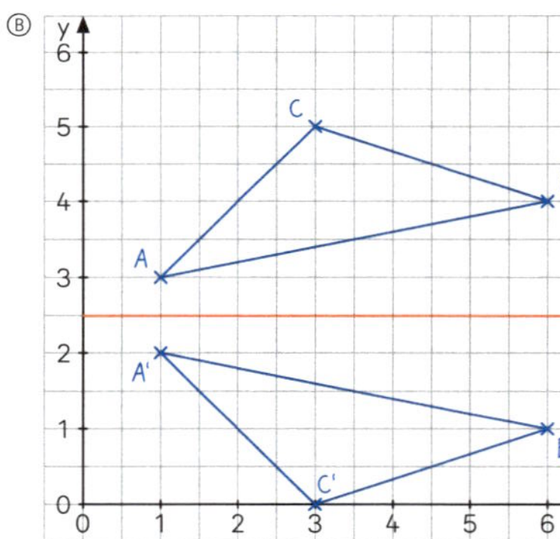

A'(1 | 2), B'(6 | 1), C'(3 | 0)

7. Verschiebe die Figur mit dem Verschiebungspfeil.

a)
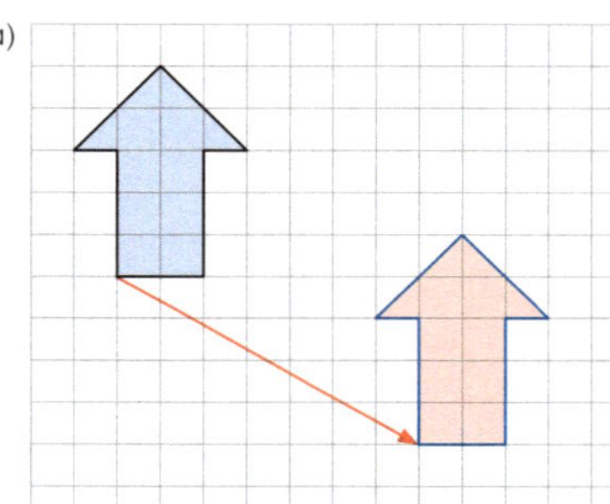

b)
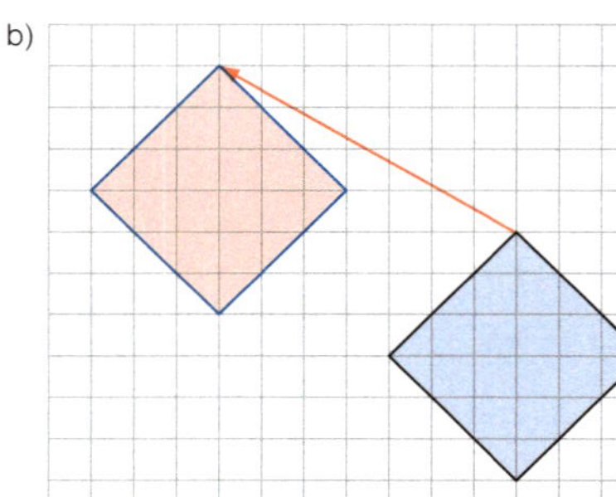

4 | Multiplizieren und Dividieren

Wie teuer ist eine Tour mit den Canadier-Booten?
Ist es günstiger, wenn deine Klasse statt 3er-Canadiern 4er- oder 5er-Canadier ausleiht?

In diesem Kapitel lernst du, ...

- ... wie du im Kopf multiplizierst und dividierst.
- ... wie du schriftlich multiplizierst und dividierst.
- ... wie du beim Multiplizieren und Dividieren Rechenvorteile nutzt.
- ... wie du Sachaufgaben zum Multiplizieren und Dividieren löst.

CANADIER-VERLEIH

Canadier 3er	21 €
Canadier 4er	26 €
Canadier 5er	30 €

(Leihgebühr für jeweils 4 Stunden)

Natürliche Zahlen multiplizieren und dividieren

Video

Die **Multiplikation** (**Mal**rechnen)

Faktor · **Faktor** = **Produkt**
8 · 6 = 48

Das **Produkt** der Faktoren 8 und 6 ist 48.

Rechnen mit Null: 0 · 8 = 0   8 · 0 = 0

Die **Division** (**Geteilt**rechnen)

Dividend : **Divisor** = **Quotient**
48 : 6 = 8

Der **Quotient** der Zahlen 48 und 6 ist 8.

0 : 8 = 0   ~~8 : 0~~ (geht nicht!)

1. Vervollständige die Rechnung und den Antwortsatz.

F: Wie viel Euro kosten 4 Karten insgesamt?

R: 8 + 8 + 8 + 8 =

4 · 8 = 32

A: 4 Karten kosten insgesamt 32 €.

2. Schreibe als Produkt und berechne.

a) 

4 + 4 + 4 =

3 · 4 = 12

b) 

5 + 5 + 5 + 5 =

4 · 5 = 20

c) 

6 + 6 + 6 + 6 + 6 =

5 · 6 = 30

3. Notiere beide Aufgaben mit Ergebnis.

a) 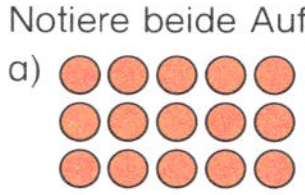

3 · 5 = 15
5 · 3 = 15

b) 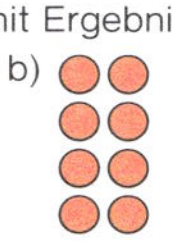

4 · 2 = 8
2 · 4 = 8

c) 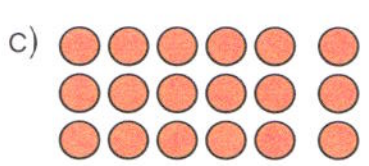

3 · 6 = 18
6 · 3 = 18

d) 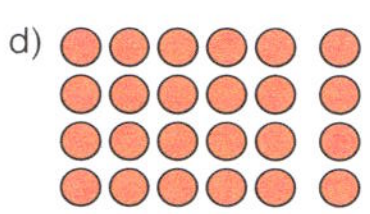

4 · 6 = 24
6 · 4 = 24

4. Notiere immer vier Aufgaben mit Ergebnis.

a) 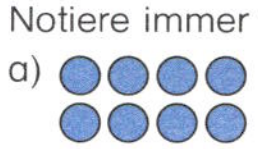

2 · 4 = 8
4 · 2 = 8
8 : 4 = 2
8 : 2 = 4

b) 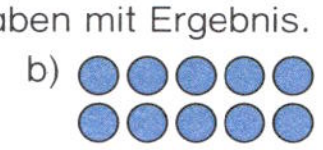

2 · 5 = 10
5 · 2 = 10
10 : 5 = 2
10 : 2 = 5

c) 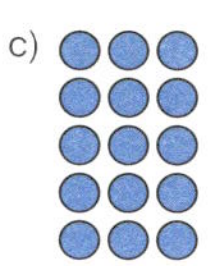

5 · 3 = 15
3 · 5 = 15
15 : 3 = 5
15 : 5 = 3

d) 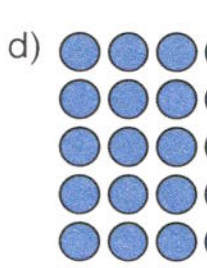

5 · 4 = 20
4 · 5 = 20
20 : 4 = 5
20 : 5 = 4

5. a) 3 · 5 = 15 | 6 · 5 = 30 | 8 · 5 = 40 | 9 · 5 = 45
b) 4 · 2 = 8 | 8 · 2 = 16 | 5 · 2 = 10 | 7 · 2 = 14
c) 5 · 8 = 40 | 3 · 6 = 18 | 4 · 4 = 16 | 6 · 2 = 12
d) 3 · 4 = 12 | 5 · 7 = 35 | 6 · 6 = 36 | 4 · 8 = 32
e) 8 · 6 = 48 | 3 · 9 = 27 | 6 · 7 = 42 | 9 · 4 = 36

6. a) Verdoppele die Zahlen.

6	3	4	5	7	10	9
12	6	8	10	14	20	18

b) Halbiere die Zahlen.

8	10	16	12	18	20	14
4	5	8	6	9	10	7

7. a)

·	2	5	3
4	8	20	12
7	14	35	21
5	10	25	15

b)

·	8	6	7
5	40	30	35
3	24	18	21
6	48	36	42

c)

·	9	6	4
2	18	12	8
9	81	54	36
7	63	42	28

8. a) 5 · 2 = 10 | 5 · 4 = 20 | 5 · 8 = 40
b) 4 · 3 = 12 | 2 · 5 = 10 | 4 · 5 = 20
c) 3 · 3 = 9 | 5 · 3 = 15 | 3 · 6 = 18
d) 6 · 2 = 12 | 8 · 5 = 40 | 7 · 3 = 21
e) 8 · 2 = 16 | 9 · 2 = 18 | 7 · 1 = 7

9. Wie viel Stück sind es insgesamt?

a)

R: 3 · 5 = 15
Insgesamt: 15 Stück

b)

R: 5 · 6 = 30
Insgesamt: 30 Stück

c)

R: 4 · 8 = 32
Insgesamt: 32 Stück

10. a) 2 · 11 = 22 | 3 · 11 = 33 | 5 · 11 = 55
b) 2 · 12 = 24 | 4 · 12 = 48 | 3 · 12 = 36
c) 2 · 14 = 28 | 1 · 14 = 14 | 0 · 14 = 0
d) 1 · 13 = 13 | 7 · 11 = 77 | 0 · 16 = 0
e) 8 · 11 = 88 | 0 · 19 = 0 | 1 · 15 = 15

11. a) 15 : 5 = 3 | 10 : 2 = 5 | 6 : 2 = 3 | 8 : 4 = 2
b) 20 : 4 = 5 | 12 : 3 = 4 | 18 : 2 = 9 | 30 : 6 = 5
c) 40 : 8 = 5 | 16 : 4 = 4 | 36 : 6 = 6 | 35 : 7 = 5
d) 24 : 4 = 6 | 14 : 7 = 2 | 24 : 8 = 3 | 25 : 5 = 5
e) 7 : 7 = 1 | 30 : 5 = 6 | 36 : 9 = 4 | 24 : 6 = 4

12. a)

:	3	2
12	4	6
6	2	3
18	6	9

b)

:	6	3
30	5	10
6	1	2
18	3	6

c)

:	4	6
24	6	4
12	3	2
36	9	6

d)

:	4	8
8	2	1
32	8	4
16	4	2

13. a) 49 : 7 = 7 | 64 : 8 = 8
b) 81 : 9 = 9 | 18 : 9 = 2
c) 36 : 4 = 9 | 56 : 8 = 7
d) 63 : 9 = 7 | 54 : 6 = 9
e) 72 : 8 = 9 | 28 : 7 = 4

14.

F: Wie viele Boote werden benötigt?

R: 24 : 4 = 6

A: Es werden 6 Boote benötigt.

15. Vervollständige die Probe und den Antwortsatz.

F: Wie viele Flaschen bleiben übrig?

R: 32 : 6 = 5 R 2

Probe: 5 · 6 = 30

30 + 2 = 32

A: Es bleiben 2 Flaschen übrig.

16. Bei diesen Aufgaben bleibt ein Rest. Mache die Probe.

a) 14 : 3 = 4 R 2
Probe:
4 · 3 = 12
12 + 2 = 14

b) 47 : 5 = 9 R 2
Probe:
9 · 5 = 45
45 + 2 = 47

c) 49 : 9 = 5 R 4
Probe:
5 · 9 = 45
45 + 4 = 49

d) 34 : 7 = 4 R 6
Probe:
4 · 7 = 28
28 + 6 = 34

Multiplizieren und Dividieren mit Stufenzahlen

Multiplizieren mit 10, 100, 1 000

Du multiplizierst eine Zahl mit 10, 100, 1 000, indem du 1, 2 oder 3 Nullen anhängst.

37 · 10 = 370   60 · 100 = 6000

Dividieren durch 10, 100, 1 000 Video

Du dividierst eine Zahl durch 10, 100, 1 000, indem du 1, 2 oder 3 Nullen wegstreichst.

5000 : 10 = 500   8000 : 1000 = 8

1. Vervollständige die Rechnung und den Antwortsatz.

a)

F: Wie viel Kilometer fährt der Bus in der Woche?

R: 28 · 100 = 2 800

A: Der Bus fährt 2 800 km in der Woche.

b)

F: Wie viel Kilometer lang ist eine Fahrt hin und zurück?

R: 3 900 : 10 = 390

A: Hin und zurück sind es 390 km.

2.
a) 6 · 10 = 60; 6 · 100 = 600; 6 · 1 000 = 6 000
b) 8 · 10 = 80; 8 · 100 = 800; 8 · 1 000 = 8 000
c) 4 000 : 10 = 400; 4 000 : 100 = 40; 4 000 : 1 000 = 4
d) 9000 : 10 = 900; 9000 : 100 = 90; 9000 : 1 000 = 9

3.
a) 10 · 70 = 700; 10 · 700 = 7 000
b) 10 · 90 = 900; 10 · 900 = 9 000
c) 600 · 10 = 6 000; 60 · 10 = 600
d) 20 · 100 = 2 000; 20 · 10 = 200

4.
a) 10 · 23 = 230; 10 · 47 = 470
b) 10 · 51 = 510; 10 · 39 = 390
c) 99 · 10 = 990; 11 · 10 = 110
d) 85 · 10 = 850; 66 · 10 = 660

5. a)

·	100	10
48	4 800	480
20	2 000	200
97	9 700	970
80	8 000	800

b)

:	10	100
5000	500	50
7300	730	73
8000	800	80
4100	410	41

6. Vervollständige den Text zum Bild.

Die 3 roten Rosen kosten 6 €. Die 3 Kisten mit Blumen kosten 60 €.

7.
a) 5 · 3 = 15; 5 · 30 = 150; 5 · 300 = 1 500
b) 3 · 6 = 18; 3 · 60 = 180; 3 · 600 = 1 800
c) 4 · 20 = 80; 4 · 200 = 800; 4 · 2000 = 8 000
d) 30 · 3 = 90; 300 · 3 = 900; 3000 · 3 = 9 000

8.
a) 40 · 3 = 120; 80 · 6 = 480; 20 · 9 = 180
b) 4 · 60 = 240; 8 · 90 = 720; 4 · 80 = 320
c) 4 · 800 = 3 200; 5 · 600 = 3 000; 2 · 400 = 800
d) 300 · 5 = 1 500; 700 · 6 = 4 200; 900 · 3 = 2 700

9.
a) 14 : 2 = 7; 140 : 2 = 70
b) 21 : 3 = 7; 210 : 3 = 70
c) 28 : 7 = 4; 280 : 7 = 40
d) 32 : 8 = 4; 320 : 8 = 40

10.
a) 120 : 6 = 20; 270 : 3 = 90; 250 : 5 = 50
b) 360 : 4 = 90; 420 : 7 = 60; 810 : 9 = 90
c) 240 : 8 = 30; 540 : 9 = 60; 720 : 8 = 90
d) 630 : 9 = 70; 640 : 8 = 80; 400 : 5 = 80

11. Das Geld wird gerecht verteilt. Notiere die Rechnung mit Ergebnis.

a)

320 € : 4 = 80 €

b)

120 € : 2 = 60 €

c)

180 € : 3 = 60 €

12. a)

·	4	8	6
200	800	1 600	1 200
500	2 000	4 000	3 000
600	2 400	4 800	3 600

b)

:	3	5	6
300	100	60	50
600	200	120	100
120	40	24	20

Rechenregeln

Rechenregeln für gemischte Punkt- und Strichrechnung

① Was in Klammern steht, wird zuerst berechnet.
7 · (6 + 4) =
7 · 10 = 70

② Punktrechnung (· und :) geht vor Strichrechnung (+ und −).
15 − 5 · 2 =
15 − 10 = 5

③ Sonst wird von links nach rechts gerechnet.
9 + 6 − 5 =
15 − 5 = 10

1.
a) 20 + 2 · 3 =
20 + 6 = 26
(20 + 2) · 3 =
22 · 3 = 66

b) 3 · (5 + 2) =
3 · 7 = 21
3 · 5 + 2 =
15 + 2 = 17

c) 5 · 6 + 7 =
30 + 6 = 36
5 · (6 + 7) =
5 · 13 = 65

2. Beachte die Rechenregeln.

a) 11 + 4 · 2 = 19
(11 + 4) · 2 = 30

b) (15 − 4) · 2 = 22
15 − 4 · 2 = 7

c) 10 : 2 + 3 = 8
10 : (2 + 3) = 2

3.
a) 8 + 3 · 2 = 14
9 − 2 · 4 = 1
5 + 5 · 5 = 30
7 − 3 · 0 = 7

b) 9 − 6 : 3 = 7
4 + 8 : 2 = 8
5 − 6 : 3 = 3
1 + 9 : 3 = 4

c) 3 · 5 + 4 = 19
8 : 2 + 2 = 6
4 · 5 − 6 = 14
7 · 0 + 9 = 9

4. Ordne jedem Text einen Rechenausdruck zu. Rechne aus.

Timo kauft für sich und für seine drei Freunde Kinokarten und je eine Tüte Popcorn. → 4 · 6 + 4 · 3

Lara kauft drei Kinokarten und zwei Cola. → 3 · 6 + 2 · 2

Leo kauft eine Kinokarte, eine Cola und eine Tüte Popcorn. Für seine Freundin kauft er dasselbe. → 2 · (6 + 2 + 3)

3 · 6 + 2 · 2
18 + 4 = 22

2 · (6 + 2 + 3)
2 · 11 = 22

4 · 6 + 4 · 3
24 + 12 = 36

Geschicktes Rechnen

Kommutativgesetz (Vertauschungsgesetz)
Beim Multiplizieren darfst du die Zahlen vertauschen.
2 · 14 · 5 = 2 · 5 · 14
28 · 5 = 10 · 14

Assoziativgesetz (Verbindungsgesetz)
Beim Multiplizieren darfst du beliebig Klammern setzen.
4 · (5 · 3) = (4 · 5) · 3
4 · 15 = 20 · 3

1. Bei welchem Rechenweg rechnest du schneller? Kreuze an und rechne aus.

a) ◯ 5 · 37 · 2 =
☒ 5 · 2 · 37 =
10 · 37 = 370

b) ☒ 2 · 50 · 8 =
◯ 2 · 8 · 50 =
100 · 8 = 800

c) ◯ 2 · 76 · 5 =
☒ 2 · 5 · 76 =
10 · 76 = 760

2. Vertausche die Zahlen und rechne geschickt.

a) 5 · 74 · 2 =
5 · 2 · 74 = 740

b) 2 · 29 · 5 =
2 · 5 · 29 = 290

c) 5 · 43 · 2 =
5 · 2 · 43 = 430

3. Bei welchem Rechenweg rechnest du schneller? Kreuze an und rechne aus.

a) ◯ 2 · (5 · 13) =
☒ (2 · 5) · 13 =
10 · 13 = 130

b) ☒ (50 · 2) · 7 =
◯ 50 · (2 · 7) =
100 · 7 = 700

c) ☒ 9 · (5 · 20) =
◯ (9 · 5) · 20 =
9 · 100 = 900

4. Setze Klammern und rechne geschickt.

a) (5 · 2) · 46 =
10 · 46 = 460

b) 38 · (5 · 2) =
38 · 10 = 380

c) 7 · (20 · 5) =
7 · 100 = 700

5. Wähle deinen Rechenweg. Dein Lösungsweg könnte anders aussehen.

a) 5 · 2 · 27 =
10 · 27 = 270

b) 2 · 48 · 5 =
10 · 48 = 480

c) 18 · 2 · 5 =
18 · 10 = 180

d) 68 · 5 · 2 =
68 · 10 = 680

e) 5 · 97 · 2 =
10 · 97 = 970

f) 20 · 7 · 5 =
7 · 100 = 700

g) 2 · 50 · 9 =
100 · 9 = 900

h) 50 · 7 · 2 =
100 · 7 = 700

i) 3 · 5 · 20 =
3 · 100 = 300

Lösen von Sachaufgaben

Video

So kannst du Sachaufgaben lösen:

① Lies den Text genau. Bilder und Grafiken geben dir zusätzliche Informationen.

② Notiere die wichtigen Informationen. Notiere, wonach gefragt ist.

③ Notiere die Rechnung und führe sie durch.

④ Notiere eine Antwort. Überprüfe dein Ergebnis.

1. Die 20 Schülerinnen und Schüler der Klasse 5a planen eine Klassenfahrt in den Harz. Sie buchen 6 Übernachtungen mit Verpflegung. Nun sollen die Kosten für jede Person und die Gesamtkosten berechnet werden. Die Klasse entscheidet sich für diese Angebote zu Unterkunft und Fahrt:

Wanderheim – erst vor ~~4~~ Jahren erbaut.
Der ~~1141~~ m hohe Brocken ist von hier aus gut zu erreichen.

Kosten pro Person für einen Tag
Übernachtung: 18 €
Verpflegung: 12 €

Busreise Blitz – Ihr Partner seit ~~25~~ Jahren
Mit unserem modernen Bus dauert die Fahrt nur ~~2~~ Stunden und ist ein Vergnügen.

Hin- und Rückfahrt pro Person: 40 €

a) Vier Zahlen in den Angeboten sind für die Berechnung der Kosten unwichtig. Streiche sie durch.

b) Wie viel Euro kosten 6 Übernachtungen mit Verpflegung im Wanderheim pro Person?

R: $6 \cdot 30 = 180$

A: 6 Übernachtungen mit Verpflegung kosten pro Person 180 €.

Nötige Angaben:
Übernachtungen: 6
Kosten im Wanderheim für eine Übernachtung mit Verpflegung pro Person:
18 € + 12 € = 30 €

c) Wie viel Euro kostet die Klassenfahrt pro Person?

R: $180 + 40 = 220$

A: Die Klassenfahrt kostet pro Person 220 €.

Nötige Angaben:
Kosten im Wanderheim pro Person: 180 €
Kosten für den Bus pro Person: 40 €

d) Wie viel Euro kostet die Klassenfahrt für die ganze Klasse?

R: $20 \cdot 220 = 4400$

A: Die Klassenfahrt kostet insgesamt 4 400 €.

Nötige Angaben:
Anzahl der Personen: 20
Kosten der Klassenfahrt für jede Person: 220 €

Löwen sind die größten Raubtiere Afrikas.

Männliche Löwen können bis zu 2,50 m lang und 250 kg schwer sein. Die Weibchen wiegen fast 100 kg weniger und werden ungefähr 1,80 m lang.

Löwen schlafen bis zu 20 Stunden am Tag. Sie können 8 m weit springen, um Beute zu erlegen.

In der Wildnis werden Löwen ungefähr 15 Jahre alt. Im Zoo können sie doppelt so alt werden und wiegen bis zu 50 kg mehr. Ein männlicher Löwe im Zoo frisst jeden Tag etwa 6 kg Fleisch, ein Weibchen frisst 2 kg weniger.

2. Welche Fragen kannst du mit den Informationen aus dem Text beantworten? Kreuze an.

- (X) Wie lange schläft ein Löwe am Tag?
- ( ) Wie viel Liter trinkt ein Löwe täglich?
- (X) Wie alt werden Löwen im Zoo?
- ( ) Wie viele Junge bekommt ein Löwenweibchen im Jahr?
- (X) Wie viel Kilogramm Fleisch frisst ein Löwenmännchen täglich?

3. Ergänze die fehlenden Werte.

a) Bei der Jagd springt ein Löwe bis zu 8 m weit.

b) Das Löwenmännchen ist bis zu 100 kg schwerer als das Weibchen.

c) Ein Löwenweibchen im Zoo frisst täglich ungefähr 4 kg Fleisch.

4. Im Raubtiergehege des Zoos leben 2 Löwenmännchen und 2 Löwenweibchen.

$2 \cdot 6 + 2 \cdot 4 =$
$12 + 8 = 20$

F: Wie viel Kilogramm Fleisch werden täglich verfüttert?

A: Täglich werden 20 kg Fleisch verfüttert.

5. Zu einem anderen Löwenrudel im Zoo gehören 5 Männchen und 5 Weibchen.
Einmal in der Woche wird Fleisch zum Füttern geliefert.
1 kg Fleisch kostet 2 €.

$5 \cdot 6 + 5 \cdot 4 =$
$30 + 20 = 50$
$7 \cdot 50 \cdot 2 = 700$

F: Wie viel Euro kostet das Fleisch für eine Woche?

A: Das Fleisch für eine Woche kostet 700 €.

Wiederholungsaufgaben

Die Lösungen ergeben die Namen von Sportarten.

1. a) 62 + 6 = 68 b) 34 + 20 = 54 c) 43 + 31 = 74
75 + 4 = 79 42 + 40 = 82 35 + 42 = 77

2. a) 57 − 3 = 54 b) 87 − 30 = 57 d) 85 − 11 = 74
79 − 4 = 75 44 − 20 = 24 38 − 15 = 23

1. a)		1. b)		1. c)		2. a)		2. b)		2. c)	
E	I	S	K	U	N	S	T	L	A	U	F

3. a) Runde auf Zehner. 788 ≈ 790 704 ≈ 700 798 ≈ 800 148 ≈ 150
b) Runde auf Hunderter. 178 ≈ 200 581 ≈ 600 542 ≈ 500 988 ≈ 1000

3. a)				3. b)			
B	I	A	T	H	L	O	N

4. Wie heißt die Zahl in der Mitte?

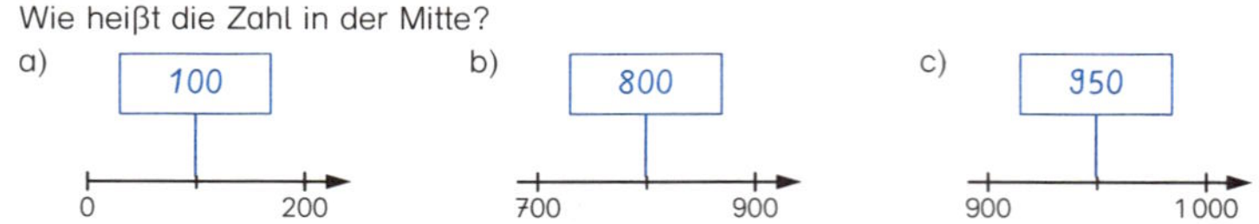

5. Welche Geraden sind parallel?

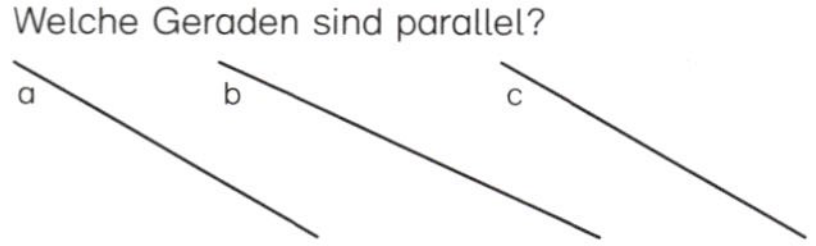

○ a ∥ b (23)
⊗ a ∥ c (24)
○ b ∥ c (25)

6. Kann man aus dem Netz einen Würfel falten?

a) 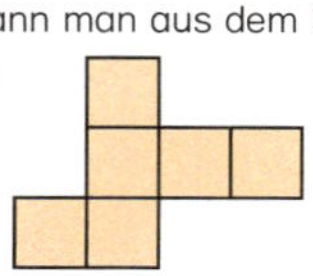

⊗ ja (75)
○ nein (78)

b) 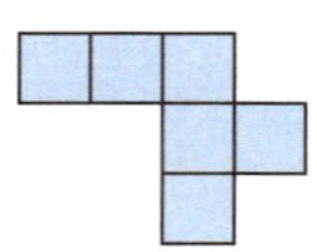

○ ja (1000)
⊗ nein (200)

7. Wie heißen die Zahlen?

a) 6T + 4H + 1Z + 5E = 6415 b) 3T + 8Z + 2E = 3082
c) 4ZT + 2T + 3Z = 42030 d) 5T + 6H + 9E = 5609
e) 2ZT + 4H + 7Z = 20470 f) 9ZT + 9T + 9E = 99009

4. a)	4. b)	4. c)	5.	6. a)	6. b)	7. a)	7. b)	7. c)	7. d)	7. e)	7. f)
M	A	R	A	T	H	O	N	L	A	U	F

F | 23
A | 24
S | 54
L | 57
E | 68
U | 74
T | 75
N | 77
I | 79
K | 82
M | 100
T | 150
H | 200
O | 500
L | 600
I | 700
B | 790
A | 800
R | 950
N | 1000
N | 3082
A | 5609
O | 6415
U | 20470
L | 42030
F | 99009

Überschlagen und halbschriftliches Multiplizieren

Video

Mit dem **Überschlag** erhältst du ein ungefähres Ergebnis.

58 · 3
Ü: 60 · 3 = 180

Das genaue Ergebnis kannst du durch **halbschriftliches Multiplizieren** berechnen.

58 · 3 = 174
50 · 3 = 150
8 · 3 = 24

1. a) 31 · 4
Ü: 30 · 4 = 120

31 · 4 = 124
30 · 4 = 120
1 · 4 = 4

b) 46 · 5
Ü: 50 · 5 = 250

46 · 5 = 230
40 · 5 = 200
6 · 5 = 30

c) 52 · 6
Ü: 50 · 6 = 300

52 · 6 = 312
50 · 6 = 300
2 · 6 = 12

b) 67 · 3
Ü: 70 · 3 = 210

67 · 3 = 201
60 · 3 = 180
7 · 3 = 21

2. Einige Ergebnisse sind falsch. Du findest sie mit einem Überschlag. Kreuze die falschen Ergebnisse an.

a) 27 · 8 = 356 ⊗ b) 42 · 5 = 210 ○ c) 58 · 3 = 234 ⊗ d) 31 · 9 = 209 ⊗
66 · 2 = 132 ○ 77 · 4 = 408 ⊗ 93 · 5 = 465 ○ 89 · 3 = 267 ○

3. Was gehört zusammen? Färbe jeweils mit der gleichen Farbe.

Aufgabe	Überschlag	Überschlagsergebnis	genaues Ergebnis
36 · 2	40 · 3	80	170
97 · 5	40 · 2	180	485
85 · 2	100 · 5	240	126
78 · 3	90 · 2	120	72
42 · 3	80 · 3	500	234

4. Rechne die Aufgaben, deren Ergebnis kleiner als 300 ist. Ein Überschlag hilft dir.

Weitere Aufgaben sind möglich.

28 · 4 = 112
20 · 4 = 80
8 · 4 = 32

39 · 4 = 156
30 · 4 = 120
9 · 4 = 36

57 · 4 = 228
50 · 4 = 200
7 · 4 = 28

65 · 4 = 260
60 · 4 = 240
5 · 4 = 20

Schriftliches Multiplizieren

Schriftliches Multiplizieren mit einstelligen Zahlen Video

2 1 3 · 4 → 2 (4 · 3 = 12, Schreibe 2, Merke 1) → 2 1 3 · 4 → 5 2 (4 · 1 = 4, 4 + 1 = 5, Schreibe 5) → 2 1 3 · 4 → 8 5 2 (4 · 2 = 8, Schreibe 8)

1. Überschlage zuerst. Berechne danach das genaue Ergebnis.

a) Ü: 4 0 0 · 2 = 8 0 0
4 2 6 · 2 = 8 5 2

b) Ü: 2 0 0 · 3 = 6 0 0
2 1 7 · 3 = 6 5 1

c) Ü: 2 0 0 · 4 = 8 0 0
2 1 8 · 4 = 8 7 2

d) Ü: 1 0 0 · 5 = 5 0 0
1 0 7 · 5 = 5 3 5

e) Ü: 5 0 0 · 3 = 1 5 0 0
5 2 4 · 3 = 1 5 7 2

f) Ü: 2 0 0 · 6 = 1 2 0 0
2 4 6 · 6 = 1 4 7 6

2. Das Wanderheim kauft 4 neue Fußballtore. Ein Tor kostet 169 €. Berechne den Gesamtpreis.

1 6 9 · 4 = 6 7 6

Gesamtpreis: 676 €

3. Berechne den Gesamtpreis.

a) 

3 Tischtennisplatten

2 4 5 · 3 = 7 3 5

Gesamtpreis: 735 €

b) 

4 Bänke

1 6 4 · 4 = 6 5 6

Gesamtpreis: 656 €

c) 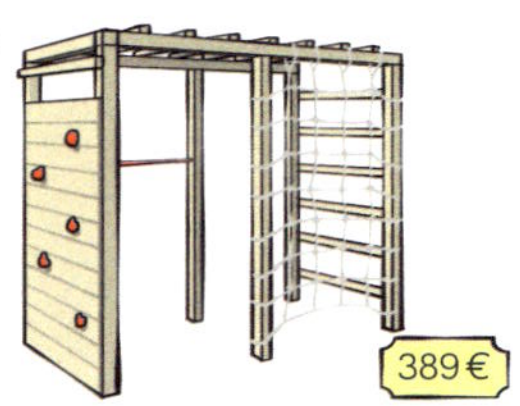

2 Klettergerüste

3 8 9 · 2 = 7 7 8

Gesamtpreis: 778 €

4. Im Kopf oder schriftlich? Notiere die Ergebnisse.

a) 301 · 3 = 903 22 · 4 = 88
b) 13 · 3 = 39 473 · 2 = 946
c) 230 · 3 = 690 521 · 4 = 2084
d) 623 · 2 = 1246 468 · 3 = 1404

5. Drei Lösungen sind falsch. Berichtige.

a) 2 4 2 · 3 = ~~6 2 6~~ → 2 4 2 · 3 = 7 2 6
b) 1 0 4 · 5 = 5 2 0
c) 3 2 0 · 4 = ~~1 2 8 4~~ → 3 2 0 · 4 = 1 2 8 0
d) 2 8 6 · 6 = ~~1 2 8 6~~ → 2 8 6 · 6 = 1 7 1 6

6. Berechne die Einnahmen.

a) 

1 3 4 · 6 = 8 0 4

Einnahmen: 804 €

b) 

1 6 2 · 4 = 6 4 8

Einnahmen: 648 €

c) 

1 3 8 · 7 = 9 6 6

Einnahmen: 966 €

7. Überschlage zuerst, dann rechne genau.

Aufgabe	Überschlag mit Ergebnis	genaues Ergebnis
a) 417 · 2	400 · 2 = 800	834
b) 209 · 4	200 · 4 = 800	836
c) 317 · 3	300 · 3 = 900	951
d) 97 · 6	100 · 6 = 600	582
e) 392 · 2	400 · 2 = 800	784
f) 713 · 7	700 · 7 = 4900	4991

4 1 7 · 2 = 8 3 4
2 0 9 · 4 = 8 3 6
3 1 7 · 3 = 9 5 1
9 7 · 6 = 5 8 2
3 9 2 · 2 = 7 8 4
7 1 3 · 7 = 4 9 9 1

Schriftliches Multiplizieren mit zweistelligen Zahlen Video

3	1	2	·	2	3
	6	2	4	0	

Mit den Zehnern multiplizieren →

3	1	2	·	2	3
		6	2	4	0
			9	3	6

Mit den Einern multiplizieren →

3	1	2	·	2	3
		6	2	4	0
			9	3	6
		1			
		7	1	7	6

Addieren

8. Überschlage zuerst. Berechne danach das genaue Ergebnis.

a) Ü: 300 · 20 = 6000

312 · 21
6240
312
6552

b) Ü: 400 · 50 = 20000

391 · 49
15640
3519
19159

c) Ü: 400 · 20 = 8000

375 · 24
7500
1500
9000

d) Ü: 500 · 20 = 10000

506 · 18
5060
4048
9108

9. Die Jugendherberge kauft 12 Fahrräder für die Ausleihe. Wie viel Euro kosten die Fahrräder insgesamt?

345 · 12
3450
690
4140

A: Die Fahrräder kosten insgesamt 4140 €.

10. Im Kopf oder schriftlich? Notiere die Ergebnisse.

a) 301 · 30 = 9030
128 · 41 = 5248

b) 734 · 15 = 11010
100 · 23 = 2300

c) 21 · 40 = 840
163 · 17 = 2771

d) 648 · 45 = 29160
111 · 50 = 5550

Schriftliches Dividieren

Schriftliches Dividieren Video

528 : 3 = 1
− 3 (1 · 3)
2

5 : 3 = 1 Rest 2
1 · 3 = 3

→

528 : 3 = 17
− 3
22
− 21 (7 · 3)
1

→

528 : 3 = 176
− 3
22
− 21
18
− 18 (6 · 3)
0

1. Dividiere schriftlich.

a) 75 : 3 = 25
− 6
15
− 15
0

b) 96 : 4 = 24
− 8
16
− 16
0

c) 84 : 7 = 12
− 7
14
− 14
0

d) 946 : 2 = 473
− 8
14
− 14
06
− 6
0

e) 745 : 5 = 149
− 5
24
− 20
45
− 45
0

f) 572 : 4 = 143
− 4
17
− 16
12
− 12
0

2. a) 8631 : 3 = 2877
− 6
26
− 24
23
− 21
21
− 21
0

b) 4735 : 5 = 947
− 45
23
− 20
35
− 35
0

3. Wie viel Euro kostet ein Reifen?

672 : 4 = 168
− 4
27
− 24
32
− 32
0

A: Ein Reifen kostet 168 €.

4. Bei jeder Aufgabe ist nur ein Überschlag aus dem grünen Feld sinnvoll. Überschlage damit. Berechne auch das genaue Ergebnis.

a) 1602 : 3 — 1600 : 3 | 1500 : 3
b) 1704 : 6 — 1800 : 6 | 1700 : 6
c) 5496 : 8 — 5500 : 8 | 5600 : 8

Ü: 1500 : 3 = 500
Ü: 1800 : 6 = 300
Ü: 5600 : 8 = 700

```
1602 : 3 = 534
-15
  10
 - 9
   12
  -12
    0
```

```
1704 : 6 = 284
-12
  50
 -48
   24
  -24
    0
```

```
5496 : 8 = 687
-48
  69
 -64
   56
  -56
    0
```

5. Vorsicht bei Nullen.

```
a) 960 : 8 = 120
  -8
   16
  -16
    00
   - 0
     0
```

```
b) 780 : 6 = 130
  -6
   18
  -18
    00
   - 0
     0
```

```
c) 805 : 7 = 115
  -7
   10
  - 7
    35
   -35
     0
```

6.

```
a) 2103 : 3 = 701
  -21
    00
   - 0
     03
    - 3
      0
```

```
b) 3000 : 4 = 750
  -28
    20
   -20
     00
    - 0
      0
```

7. Der Supermarkt nimmt an einem Tag 1254 leere Flaschen zurück. Immer 6 Flaschen kommen in einen Kasten. Wie viele Kästen werden voll?

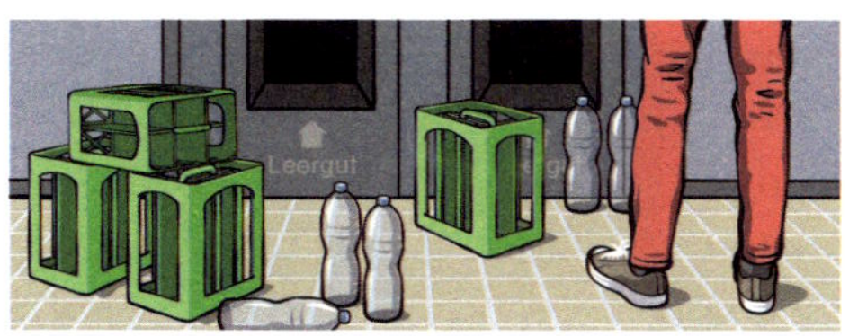


```
1254 : 6 = 209
-12
  05
 - 0
   54
  -54
    0
```

A: Es werden 209 Kästen voll.

Division mit Rest

Division mit Rest Video

Wenn die Division nicht aufgeht, musst du den Rest notieren.

```
1000 : 7 = 142 R 6
- 7
  30
 -28
   20
  -14
    6
```

1. Bei diesen Aufgaben bleibt ein Rest.

```
a) 918 : 5 = 183 R 3
  -5
   41
  -40
    18
   -15
     3
```

```
b) 746 : 7 = 106 R 4
  -7
   04
  - 0
    46
   -42
     4
```

```
c) 4975 : 8 = 621 R 7
  -48
    17
   -16
     15
    - 8
      7
```

```
d) 3244 : 9 = 360 R 4
  -27
    54
   -54
     04
    - 0
      4
```

2. In der Gärtnerei werden Blumen zu Sträußen gebunden.
Wie viele Sträuße werden gebunden? Wie viele Blumen bleiben übrig?

a)

b)

```
1550 : 9 = 172 R 2
- 9
  65
 -63
   20
  -18
    2
```

172 Sträuße werden gebunden.
2 Blumen bleiben übrig.

```
1450 : 6 = 241 R 4
-12
  25
 -24
   10
  - 6
    4
```

241 Sträuße werden gebunden.
4 Blumen bleiben übrig.

1. a) 4 · 8 = 32; 6 · 6 = 36; 7 · 9 = 63; 3 · 5 = 15
b) 5 · 9 = 45; 3 · 7 = 21; 4 · 4 = 16; 8 · 3 = 24
c) 28 : 7 = 4; 15 : 5 = 3; 36 : 9 = 4; 32 : 4 = 8
d) 45 : 5 = 9; 64 : 8 = 8; 54 : 6 = 9; 56 : 7 = 8
e) 72 : 9 = 8; 42 : 6 = 7; 49 : 7 = 7; 27 : 9 = 3

2. a) 40 · 3 = 120; 500 · 5 = 2 500; 70 · 6 = 420
b) 7 · 300 = 2 100; 4 · 60 = 240; 8 · 400 = 3 200
c) 360 : 6 = 60; 450 : 9 = 50; 280 : 4 = 70
d) 720 : 8 = 90; 630 : 7 = 90; 300 : 5 = 60

3. a)

·	10	100
5	50	500
27	270	2 700
40	400	4 000
68	680	6 800

b)

:	100	10
800	8	80
4 100	41	410
200	2	20
3 500	35	350

4. Beachte die Rechenregeln.
a) 12 + 3 · 2 = 18; (12 + 3) · 2 = 30; 12 · 3 + 2 = 38
b) (16 − 2) · 2 = 28; 16 − 2 · 2 = 12; 16 − 2 + 2 = 16
c) 20 : 2 + 3 = 13; 20 : (2 + 3) = 4; 20 − 2 · 3 = 14

5. Die Lehrerin mietet für die Klasse 5a 3er–Canadier. Es sind 8 Boote. Es bleibt kein Platz frei. Wie viele Schülerinnen und Schüler sind in der Klasse?

R: 8 · 3 = 24

A: In der Klasse sind 24 Kinder.

6. In der Klasse 5b sind 24 Schülerinnen und Schüler. Sie mieten 4er–Canadier. Wie viele Boote werden benötigt?

R: 24 : 4 = 6

A: Es werden 6 Boote benötigt.

7.
a) 367 · 3 = 1101
b) 508 · 7 = 3556
c) 731 · 5 = 3655
d) 429 · 6 = 2574
e) 542 · 30: 16260 + 000 = 16260
f) 684 · 12: 6840 + 1368 = 8208
g) 304 · 25: 6080 + 1520 = 7600
h) 453 · 19: 4530 + 4077 = 8607

8. Bei jeder Aufgabe ist nur ein Überschlag aus dem grünen Feld sinnvoll. Überschlage damit. Berechne auch das genaue Ergebnis.

a) 2 103 : 3 — 2 100 : 3 | 2 000 : 3
b) 1 920 : 5 — 1 900 : 5 | 2 000 : 5
c) 5 509 : 7 — 5 500 : 7 | 5 600 : 7

a) Ü: 2 100 : 3 = 700
2103 : 3 = 701
−21, 00, −0, 03, −03, 0

b) Ü: 2 000 : 5 = 400
1920 : 5 = 384
−15, 42, −40, 20, −20, 0

c) Ü: 5 600 : 7 = 800
5509 : 7 = 787
−49, 60, −56, 49, −49, 0

9. Im Kopf oder schriftlich? Notiere die Ergebnisse.
a) 421 · 4 = 1 681; 801 · 5 = 4 005; 237 · 7 = 1 659
b) 111 · 8 = 888; 452 · 3 = 1 356; 701 · 9 = 6 309
c) 320 · 2 = 640; 603 · 8 = 4 824; 410 · 5 = 2 050
d) 500 · 20 = 10 000; 101 · 10 = 1 010; 479 · 30 = 14 370

10. Manchmal bleibt beim Dividieren ein Rest.
a) 739 : 5 = 147 R 4
−5, 23, −20, 39, −35, 4

b) 7224 : 8 = 903
−72, 02, −0, 24, −24, 0

5 | Größen

Wie lang und wie breit ungefähr ist die Nordseeinsel Baltrum?

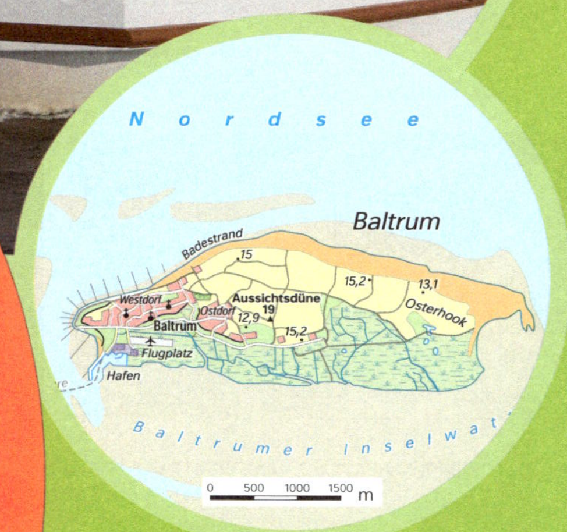

In diesem Kapitel lernst du, …

… wie du mit Geldbeträgen rechnest.

… wie du Einheiten für die Länge umwandelst und mit ihnen rechnest.

… wie du Aufgaben zum Maßstab löst.

… wie du Einheiten für die Masse umwandelst und mit ihnen rechnest.

… wie du verschiedene Einheiten für die Zeit nutzt und mit ihnen rechnest.

Geld

In vielen Ländern Europas gibt es für Geldbeträge die Einheiten **Euro und Cent**.

Es gilt: **1 Euro = 100 Cent**
1 € = 100 ct

Das Komma trennt Euro und Cent.

Geldbeträge können unterschiedlich angegeben werden:
- gemischte Schreibweise: 4 € 75 ct
- Kommaschreibweise: 4,75 €
- Cent-Schreibweise: 475 ct

	€	ct	
2 € 37 ct = 2,37 €	2	3	7
8 ct = 0,08 €	0	0	8
45 ct = 0,45 €	0	4	5
312 ct = 3,12 €	3	1	2

1. Gib immer drei Schreibweisen an.

a) 
3 € 20 ct
3,20 €
320 ct

b) 
4 € 52 ct
4,52 €
452 ct

c) 
1 € 1 ct
1,01 €
101 ct

d) 
1 € 20 ct
1,20 €
120 ct

2. Vervollständige die Tabelle.

2 € 34 ct	3 € 28 ct	1 € 57 ct	4 € 80 ct	6 € 5 ct	0 € 85 ct
2,34 €	3,28 €	1,57 €	4,80 €	6,05 €	0,85 €
234 ct	328 ct	157 ct	480 ct	605 ct	85 ct

3. Immer drei Geldbeträge sind gleich. Färbe sie mit der gleichen Farbe.

a)

1,03 €	133 ct	1,30 €
1 € 33 ct	130 ct	103 ct
1 € 3 ct	1,33 €	1 € 30 ct

b)

322 ct	320 ct	3,02 €
3 € 2 ct	3 € 20 ct	3,20 €
3,22 €	302 ct	3 € 22 ct

4. a) 1,27 € = 127 ct
2,54 € = 254 ct
3,60 € = 360 ct

b) 1,08 € = 108 ct
2,40 € = 240 ct
0,37 € = 37 ct

c) 326 ct = 326 €
208 ct = 208 €
74 ct = 74 €

5. Kleiner, größer oder gleich? Setze ein: <, > oder =

a) 4,56 € < 4 € 60 ct
5 € 9 ct < 5,15 €

b) 7,75 € = 775 ct
4 € 8 ct < 4,80 €

c) 254 ct > 2 € 45 ct
304 ct = 3 € 4 ct

6. Tim und Sidra kaufen das gleiche Fischbrötchen. Das Rückgeld berechnen sie unterschiedlich. Vervollständige die Rechnungen.

7. Wie viel Euro gibt es zurück? Notiere die Rechnung mit Ergebnis.

a) 

10 € – 5,20 € = 4,80 €

b) 

5 € – 3,40 € = 1,60 €

c) 

20 € – 13,70 € = 6,30 €

8.

a)	b)	c)
5 € + 2,70 € = 7,70 €	1,50 € + 0,40 € = 1,90 €	4,90 € + 0,50 € = 5,40 €
6 € + 4,10 € = 10,10 €	2,40 € + 1,30 € = 3,70 €	2,80 € + 1,20 € = 4,00 €
3 € + 9,40 € = 12,40 €	3,65 € + 2,10 € = 5,75 €	1,40 € + 1,90 € = 3,30 €

9.

a)	b)	c)
8 € – 1,70 € = 6,30 €	1,80 € – 0,20 € = 1,60 €	4,50 € – 0,60 € = 3,90 €
9 € – 7,20 € = 1,80 €	2,70 € – 1,50 € = 1,20 €	6,60 € – 1,60 € = 5,00 €
7 € – 5,80 € = 1,20 €	3,95 € – 2,70 € = 1,25 €	5,10 € – 4,80 € = 0,30 €

10. Wie viel Euro fehlen noch? Notiere die Rechnung mit Ergebnis.

a) 

89 € – 67 € = 22 €

b) 

369 € – 225 € = 144 €

c) 

125 € – 52 € = 73 €

Längen

Video

Längen werden in den Maßeinheiten **Kilometer (km)**, **Meter (m)**, **Dezimeter (dm)**, **Zentimeter (cm)** und **Millimeter (mm)** angegeben.

Es gilt: 1 km = 1 000 m
1 m = 10 dm = 100 cm = 1 000 mm
1 dm = 10 cm = 100 mm
1 cm = 10 mm

1. Ordne zu.

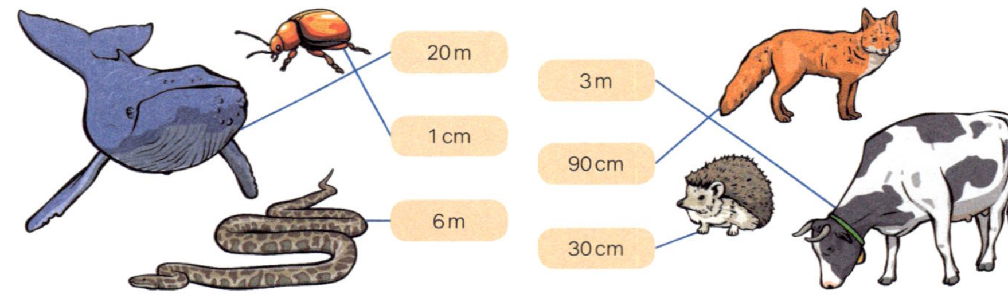

2.

a)	b)	c)
1 m 11 cm = 111 cm	1 m 5 cm = 105 cm	175 cm = 1 m 75 cm
1 m 15 cm = 115 cm	2 m 30 cm = 230 cm	108 cm = 1 m 8 cm
5 m 98 cm = 598 cm	1 m 9 cm = 109 cm	209 cm = 2 m 9 cm
2 m 75 cm = 275 cm	1 m 10 cm = 110 cm	75 cm = 0 m 75 cm

3.

a)	b)	c)
1 km 270 m = 1 270 m	2 km 300 m = 2 300 m	5 150 m = 5 km 150 m
3 km 405 m = 3 405 m	1 km 85 m = 1 085 m	4 809 m = 4 km 809 m
5 km 685 m = 5 685 m	1 km 5 m = 1 005 m	1 075 m = 1 km 75 m
2 km 350 m = 2 350 m	3 km 40 m = 3 040 m	750 m = 0 km 750 m

4. Ergänze.

a)

1 m	
50 cm	50 cm
20 cm	80 cm
30 cm	70 cm
90 cm	10 cm
60 cm	40 cm

b)

1 m	
75 cm	25 cm
1 cm	99 cm
10 cm	90 cm
55 cm	45 cm
85 cm	15 cm

c)

1 km	
400 m	600 m
850 m	150 m
70 m	930 m
15 m	985 m
340 m	660 m

Kommaschreibweise bei Längen

Das Komma trennt Meter (m) und Zentimeter (cm). Video

1 m 15 cm = 1,15 m   104 cm = 1,04 m
3 cm = 0,03 m   71 cm = 0,71 m

m	cm	
1	0	4
0	7	1

Das Komma trennt Zentimeter (cm) und Millimeter (mm).

1 cm 3 mm = 1,3 cm   12 mm = 1,2 cm
2 mm = 0,2 cm   105 mm = 10,5 cm

cm		mm
	1	2
1	0	5

1. Vervollständige die Tabelle.

1 m 25 cm	1 m 14 cm	1 m 71 cm	3 m 57 cm	3 m 1 cm	0 m 70 cm
1,25 m	1,14 m	1,71 m	3,57 m	3,01 m	0,70 m
125 cm	114 cm	171 cm	357 cm	301 cm	70 cm

2. Kleiner, größer oder gleich? Setze ein: <, > oder =

a) 134 cm < 3 m
410 cm > 4 m
200 cm = 2 m
50 cm < 5 m

b) 1,72 m > 150 cm
2,16 m = 216 cm
1,15 m < 151 cm
0,52 m > 20 cm

c) 230 cm < 3,05 m
2,11 m > 208 cm
375 cm < 4,02 m
1,35 m = 135 cm

3. Ordne nach der Größe. Beginne mit der kleinsten Länge.

a) 2,51 m 224 cm 2 m 15 cm
2 m 15 cm < 224 cm < 2,51 m

b) 182 cm 1,79 m 1 m 81 cm
1,79 m < 1 m 81 cm < 182 cm

c) 3,08 m 4 m 321 cm
3,08 m < 321 cm < 4 m

d) 202 cm 2,09 m 2 m 1 cm
2 m 1 cm < 202 cm < 2,09 m

4. a) 5 cm = 50 mm
5,8 cm = 58 mm
9,2 cm = 92 mm
0,7 cm = 7 mm

b) 34 mm = 3,4 cm
25 mm = 2,5 cm
67 mm = 6,7 cm
99 mm = 9,9 cm

c) 104 mm = 10,4 cm
170 mm = 17,0 cm
7 mm = 0,7 cm
139 mm = 13,9 cm

5. Immer drei Längenangaben sind gleich. Färbe sie in der gleichen Farbe.

5 cm 3 mm	9 cm 2 mm	10 cm 3 mm	2 cm 9 mm	3 cm 5 mm
103 mm	53 mm	92 mm	35 mm	29 mm
2,9 cm	10,3 cm	3,5 cm	5,3 cm	9,2 cm

Das Komma trennt Kilometer (km) und Meter (m). Video

1 km 275 m = 1,275 km
65 m = 0,065 km

km	m		
1	2	7	5
0	0	6	5

2405 m = 2,405 km
1005 m = 1,005 km

km	m		
2	4	0	5
1	0	0	5

6. Vervollständige die Tabelle.

1 km 600 m	2 km 500 m	3 km 750 m	4 km 810 m	0 km 890 m	6 km 85 m
1,6 km	2,5 km	3,750 km	4,810 km	0,890 km	6,085 km
1600 m	2500 m	3750 m	4810 m	890 m	6085 m

7. Immer drei Längen sind gleich. Färbe in der gleichen Farbe.

4 km 308 m	4 km 800 m	4 km 300 m	4 km 80 m	4 km 8 m
4,3 km	4,008 km	4,8 km	4,308 km	4,080 km
4800 m	4308 m	4300 m	4008 m	4080 m

8. Welche Einheit passt? Trage ein: km oder m

A

Länge: 42 km

B

Höhe: 30 m

C
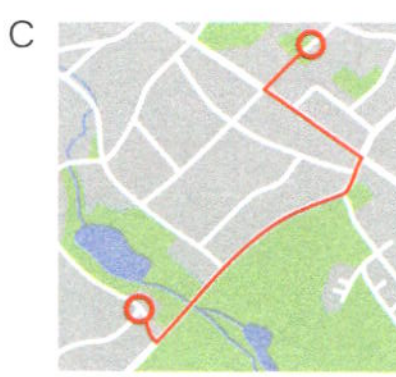
Entfernung: 8 km

D

Länge: 5 m

9. Lea steht am Wegweiser. Ergänze.

a) Bis zum Strand sind es 2600 m.

b) Bis zum Leuchtturm sind es 3100 m.

c) Vom Strand bis zum Leuchtturm sind es 5700 m. Das sind 5,7 km.

10. Kleiner, größer oder gleich? Setze ein: <, > oder =

a) 2,5 km > 2050 m
1,7 km = 1700 m
0,9 km > 90 m

b) 1800 m = 1,8 km
3400 m < 4,3 km
1750 m > 1,7 km

c) 2650 m > 2,506 km
850 m = 0,850 km
2250 m < 2,520 km

Video

Beim **Rechnen mit Längen** gehst du so vor:

① Wandle um in eine kleinere Einheit ohne Komma.
② Rechne ohne Komma.
③ Wandle dein Ergebnis wieder um in die größere Einheit.

1,45 m + 20 cm =
145 cm + 20 cm =
165 cm = 1,65 m

1,5 km · 5 =
1 500 m · 5 =
7 500 m = 7,5 km

11. Wie groß sind die Schülerinnen?

Herr Güler: 1,85 m
Anna: 1,50 m
Hatice: 1,53 m
Julia: 1,51 m

12. a) 5,10 m + 42 cm =
510 cm + 42 cm =
552 cm = 5,52 m

b) 1,75 m + 50 cm =
175 cm + 50 cm =
225 cm = 2,25 m

c) 1,250 km + 300 m =
1 250 m + 300 m =
1 550 m = 1,550 km

d) 2,35 m − 15 cm =
235 cm − 15 cm =
220 cm = 2,20 m

e) 1,25 m − 30 cm =
125 cm − 30 cm =
95 cm = 0,95 m

f) 2,750 km − 400 m =
2 750 m − 400 m =
2 350 m = 2,350 km

13. a) 1,2 cm + 5 mm =
12 mm + 5 mm =
17 mm = 1,7 cm

b) 2,8 cm − 6 mm =
28 mm − 6 mm =
22 mm = 2,2 cm

c) 1,5 cm − 8 mm =
15 mm − 8 mm =
7 mm = 0,7 cm

14. Wie viel Meter weit können die Tiere springen?

a) 

Körperlänge: 0,08 m
Springt 8-mal so weit.

0,08 m · 8 =
8 cm · 8 =
64 cm = 0,64 m

b) 

Körperlänge: 0,2 m
Springt 4-mal so weit.

0,2 m · 4 =
20 cm · 4 =
80 cm = 0,80 m

c) 

Körperlänge: 1,2 m
Springt 2-mal so weit.

1,2 m · 2 =
120 cm · 2 =
240 cm = 2,40 m

15. Immer zwei Längen ergeben zusammen 1 m. Färbe sie in der gleichen Farbe.

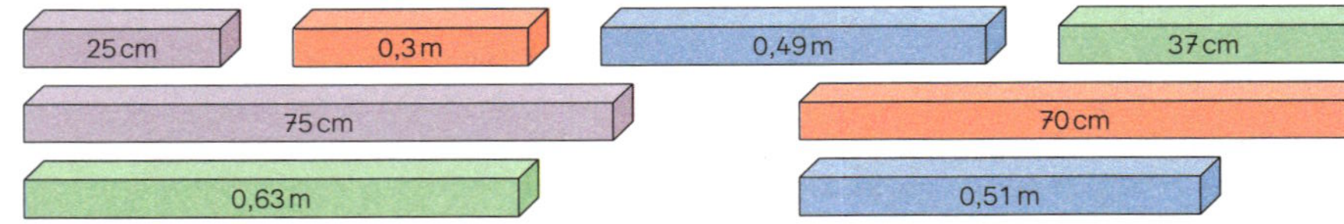

16. Gib die Länge des Schulwegs in Kilometer an.

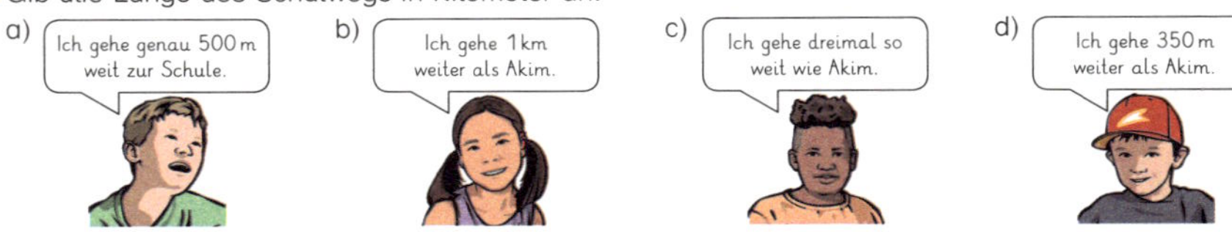

a) Akim: 0,5 km
b) Sina: 1,5 km
c) Janis: 1,5 km
d) Jan: 0,850 km

17. a)

2 m	
140 cm	60 cm
70 cm	130 cm
110 cm	90 cm
25 cm	175 cm

b)

4 km	
3 500 m	500 m
2 900 m	1 100 m
2 200 m	1 800 m
500 m	3 500 m

c)

5 km	
4 850 m	150 m
950 m	4 050 m
2 950 m	2 050 m
3 240 m	1 760 m

18. Leonard springt 2,85 m weit. Tarek springt 60 cm weiter.

F: Wie viel Meter weit springt Tarek?

A: Tarek springt 3,45 m weit.

	2	8	5	cm
		6	0	cm
+	1			
	3	4	5	cm

19. Welche Aussagen stimmen? Kreuze an.

- [x] Conni ist größer als Hao.
- [x] Hao ist kleiner als Murat.
- [ ] Sven ist 1 cm kleiner als Murat.
- [ ] Lily ist 3 cm kleiner als Sven.
- [x] Murat ist 4 cm größer als Conni.
- [ ] Hao ist 1 cm kleiner als Lily.

Maßstab

2fache Verkleinerung
Maßstab 1:2

Wirkliche Größe
Maßstab 1:1

2fache Vergrößerung
Maßstab 2:1

Der **Maßstab** gibt an, wie verkleinert oder vergrößert wird. Video

1:10 gesprochen **1 zu 10**
1 cm in der Abbildung entspricht
10 cm in Wirklichkeit (**Verkleinerung**).

10:1 gesprochen **10 zu 1**
10 cm in der Abbildung entsprechen
1 cm in Wirklichkeit (**Vergrößerung**).

1. Ordne zu.

2fache Vergrößerung | wirkliche Größe | 2fache Verkleinerung

Maßstab 2:1 | Maßstab 1:2 | Maßstab 1:1

2. Der Maßstab ist angegeben. Bestimme die fehlenden Werte.

Maßstab 1:5
Ich rechne mal 5.

Maßstab 5:1
Ich teile durch 5.

Maßstab 1:6
Ich rechne mal 6.

a)

1:5	
Abbildung	Wirklichkeit
1 cm	5 cm
2 cm	10 cm
3 cm	15 cm
4 cm	20 cm

b)

5:1	
Abbildung	Wirklichkeit
5 cm	1 cm
10 cm	2 cm
15 cm	3 cm
20 cm	4 cm

c)

1:6	
Abbildung	Wirklichkeit
1 cm	6 cm
2 cm	12 cm
3 cm	18 cm
4 cm	24 cm

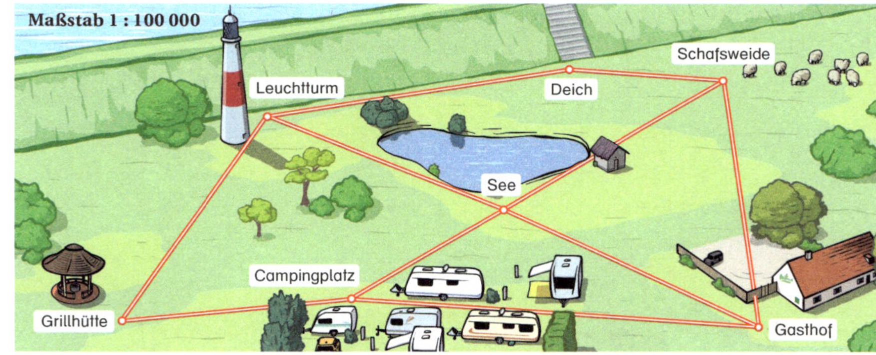

3. Vervollständige die Aussage zum Maßstab der Karte.

1 cm auf der Karte entspricht 100 000 cm = 1 000 m = 1 km in Wirklichkeit.

4. Miss die Strecken auf der Karte. Dann bestimme die Entfernungen in Wirklichkeit.

	Karte	Wirklichkeit
a) Leuchtturm – Deich	6 cm	6 km
b) Deich – Schafweide	3 cm	3 km
c) Gasthof – See	5,5 cm	5,5 km

5. Ayla und Lewin planen eine Radtour.

a) Miss die Länge jeder Teilstrecke auf der Karte. Trage die Länge in Wirklichkeit ein.

Gasthof – Campingplatz – See – Schafweide – Gasthof

8 km 3,5 km 5 km 5 km Gesamtlänge: 21,5 km

b) Bestimme die Gesamtlänge der Radtour. Trage ein.

6. a) Max plant einen Weg von der Grillhütte zum See und weiter zur Schafweide. Bestimme die Gesamtlänge des Weges.

Grillhütte – Campingplatz – See – Schafweide

4,5 km 3,5 km 5 km Gesamtlänge: 13 km

b) Gib einen anderen Weg von der Grillhütte zum See und weiter zur Schafweide an. Bestimme die Gesamtlänge dieses Weges.

Grillhütte – Leuchtturm – See – Schafweide

4 km 5 km 5 km Gesamtlänge: 14 km

Wiederholungsaufgaben

Die Lösungen ergeben die Namen von Tieren, die an der Nordsee leben.

1. a) 160 → + 20 → 180 → + 20 → 200 → − 10 → 190 → − 70 → 120

b) 200 → − 30 → 170 → + 50 → 220 → − 30 → 190 → + 10 → 200

c) 570 → − 50 → 520 → + 200 → 720 → + 60 → 780 → − 60 → 720

1. a)				1. b)				1. c)			
S	T	R	A	N	D	K	R	A	B	B	E

2. a) 178 + 16 = 194 b) 185 + 335 = 520 c) 189 + 242 = 431 d) 403 + 508 = 911

3. a) 529 − 345 = 184 b) 248 − 158 = 90 c) 523 − 444 = 79 d) 727 − 667 = 60

2. a)	2. b)	2. c)	2. d)	3. a)	3. b)	3. c)	3. d)
L	A	C	H	M	Ö	W	E

4. a) 95 · 2 = 190 b) 314 · 2 = 628 c) 231 · 3 = 693 d) 157 · 4 = 628

e) 97 · 2 = 194 f) 108 · 6 = 648 g) 182 · 3 = 546 h) 296 · 2 = 592

5. a) 5875 : 5 = 1175
− 5
08
− 5
37
− 35
25
− 25
0

b) 4296 : 4 = 1074
− 4
02
− 0
29
− 28
16
− 16
0

4. a)	4. b)	4. c)	4. d)	4. e)	4. f)	4. g)	4. h)	5. a)	5. b)
K	E	G	E	L	R	O	B	B	E

R | 10, T | 20, N | 30, E | 60, A | 70, W | 79, Ö | 90, S | 180, M | 184, K | 190, L | 194, D | 220, C | 431, A | 520, O | 546, B | 592, E | 628, R | 648, G | 693, B | 720, B | 780, H | 911, U | 998, E | 1074, B | 1175, S | 1915

Masse

1 g 100 g 1 kg 1 t

Im Alltag nennt man **Masse** oft Gewicht.
Kleine Massen gibt man in **Gramm (g)** oder in **Kilogramm (kg)** an. 1000 g = 1 kg
Große Massen gibt man in **Tonnen (t)** an. 1000 kg = 1 t

Video

1. Ordne zu.

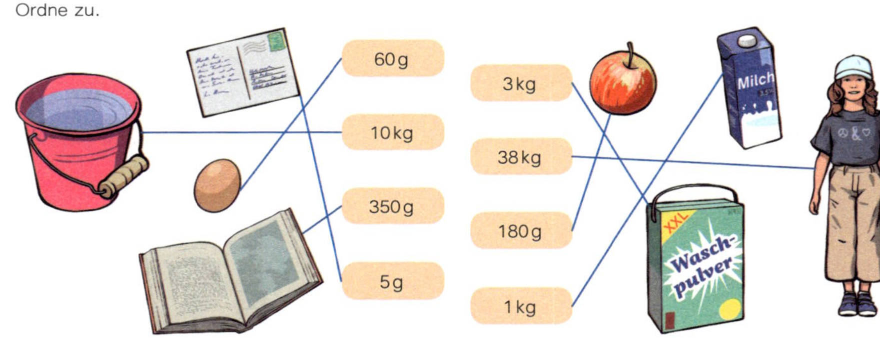

2. Was ist schwerer als 1000 kg? Kreuze an.

3. a) 1750 g = 1 kg 750 g
3405 g = 3 kg 405 g
2010 g = 2 kg 10 g

b) 5050 g = 5 kg 50 g
705 g = 0 kg 705 g
6004 g = 6 kg 4 g

c) 2 kg 850 g = 2850 g
3 kg 105 g = 3105 g
5 kg 80 g = 5080 g

4. a) 2350 kg = 2 t 350 kg
4009 kg = 4 t 9 kg
3999 kg = 3 t 999 kg

b) 3007 kg = 3 t 7 kg
9900 kg = 9 t 900 kg
602 kg = 0 t 602 kg

c) 2 t 400 kg = 2400 kg
4 t 250 kg = 4250 kg
1 t 75 kg = 1075 kg

Das Komma trennt Kilogramm (kg) und Gramm (g). Video

	kg	g		
1 kg 438 g = 1,438 kg	1	4	3	8
275 g = 0,275 kg	0	2	7	5

	kg	g		
2976 g = 2,976 kg	2	9	7	6
1057 g = 1,057 kg	1	0	5	7

5. a) 3428 g = 3,428 kg
1050 g = 1,050 kg
2780 g = 2,780 kg

b) 1,375 kg = 1 375 g
2,100 kg = 2 100 g
3,060 kg = 3 060 g

c) 1,5 kg = 1 500 g
6,3 kg = 6 300 g
0,8 kg = 800 g

6. Vervollständige die Tabelle.

4 kg 372 g	1 kg 489 g	3 kg 821 g	2 kg 500 g	6 kg 320 g	0 kg 275 g
4,372 kg	1,489 kg	3,821 kg	2,5 kg	6,320 kg	0,275 kg
4372 g	1 489 g	3 821 kg	2500 g	6 320 g	275 g

7. Wie schwer sind die Waren?

a)

700 g = 0,7 kg

b)

600 g = 0,6 kg

c)

570 g = 0,570 kg

8. Immer zwei Gewichte ergeben zusammen 1 kg. Färbe in der gleichen Farbe.

a)

400 g	850 g
750 g	600 g
150 g	700 g
300 g	250 g

b)

930 g	800 g
200 g	360 g
520 g	70 g
640 g	480 g

c)

950 g	450 g
550 g	50 g
190 g	720 g
280 g	810 g

9. Ergänze die fehlenden Werte in der Tabelle.

	 Pfirsiche 800 g	 Pilze 200 g	 Spaghetti 500 g	 Schokolade 300 g	 Erbsen 450 g
Anzahl	3	5	5	4	2
Gesamtgewicht in g	2 400 g	1 000 g	2 500 g	1 200 g	900 g
Gesamtgewicht in kg	2,4 kg	1 kg	2,5 kg	1,2 kg	0,9 kg

Das Komma trennt Tonne (kg) und Kilogramm (g). Video

	t	kg		
1 t 875 kg = 1,875 t	1	8	7	5
948 kg = 0,948 t	0	9	4	8

	t	kg		
7465 kg = 7,465 t	7	4	6	5
2035 kg = 2,035 t	2	0	3	5

10. a) 2715 kg = 2,715 t
4205 kg = 4,205 t
8420 kg = 8,420 t

b) 1,800 t = 1 800 kg
5,040 t = 5 040 kg
0,655 t = 655 kg

c) 1,5 t = 1 500 kg
3,2 t = 3 200 kg
0,7 t = 700 kg

11. Vervollständige die Tabelle.

1 t 470 kg	2 t 390 kg	3 t 620 kg	5 t 80 kg	4 t 800 kg	0 t 375 kg
1,470 t	2,390 t	3,620 t	5,080 t	4,8 t	0,375 t
1470 kg	2 390 kg	3 620 kg	5080 kg	4 800 kg	375 kg

12. Die Kisten wiegen zusammen 1 t. Ergänze das fehlende Gewicht.

a)
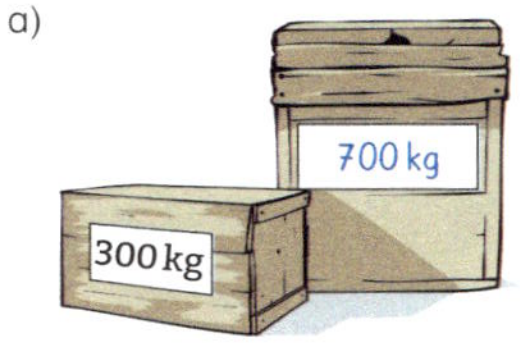

b)
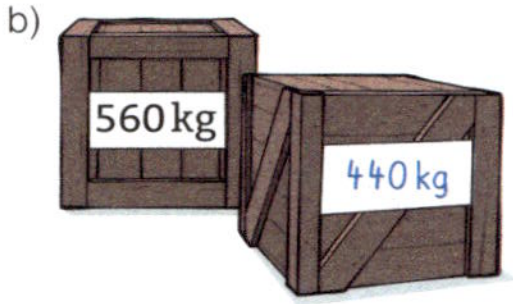

c)
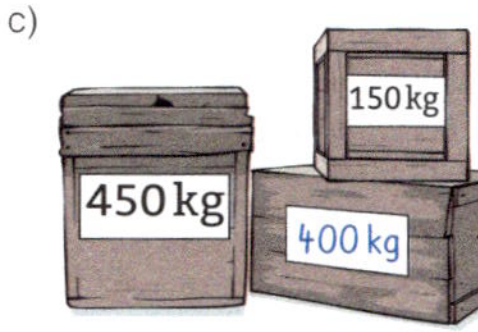

13. Stimmt die Aussage? Kreuze an.

350 kg

2,5 t

1,5 t

200 kg

- [ ] Das Zebra und der Löwe sind zusammen schwerer als das Flusspferd.
- [x] Der Löwe wiegt 150 kg weniger als das Zebra.
- [x] Der See-Elefant wiegt 1 t mehr als das Flusspferd.
- [ ] Das Zebra wiegt doppelt so viel wie der Löwe.
- [x] Der See-Elefant wiegt mehr als das Zebra und das Flusspferd zusammen.

14. a)

1 t	
700 kg	300 kg
200 kg	800 kg
350 kg	650 kg

b)

5 t	
4 t 600 kg	0 t 400 kg
1 t 100 kg	3 t 900 kg
2 t 500 kg	2 t 500 kg

c)

6 t	
5,7 t	0,3 t
1,4 t	4,6 t
3,8 t	2,2 t

Zeit

Ein Jahr hat 365 Tage.
1 Jahr = 365 Tage

Ein Jahr hat 12 Monate.
1 Jahr = 12 Monate

Eine Woche hat 7 Tage.
1 Woche = 7 Tage

	Januar	Februar	März	April	Mai	Juni
Montag	4 11 18 25	1 8 15 22 29	7 14 21 28	4 11 18 25	2 9 16 23 30	6 13 20 27
Dienstag	5 12 19 26	2 9 16 23	1 8 15 22 29	5 12 19 26	3 10 17 24 31	7 14 21 28
Mittwoch	6 13 20 27	3 10 17 24	2 9 16 23 30	6 13 20 27	4 11 18 25	1 8 15 22 29
Donnerstag	7 14 21 28	4 11 18 25	3 10 17 24 31	7 14 21 28	5 12 19 26	2 9 16 23 30
Freitag	1 8 15 22 29	5 12 19 26	4 11 18 25	1 8 15 22 29	6 13 20 27	3 10 17 24
Samstag	2 9 16 23 30	6 13 20 27	5 12 19 26	2 9 16 23 30	7 14 21 28	4 11 18 25
Sonntag	3 10 17 24 31	7 14 21 28	6 13 20 27	3 10 17 24	1 8 15 22 29	5 12 19 26

	Juli	August	September	Oktober	November	Dezember
Montag	4 11 18 25	1 8 15 22 29	5 12 19 26	3 10 17 24 31	7 14 21 28	5 12 19 26
Dienstag	5 12 19 26	2 9 16 23 30	6 13 20 27	4 11 18 25	1 8 15 22 29	6 13 20 27
Mittwoch	6 13 20 27	3 10 17 24 31	7 14 21 28	5 12 19 26	2 9 16 23 30	7 14 21 28
Donnerstag	7 14 21 28	4 11 18 25	1 8 15 22 29	6 13 20 27	3 10 17 24	1 8 15 22 29
Freitag	1 8 15 22 29	5 12 19 26	2 9 16 23 30	7 14 21 28	4 11 18 25	2 9 16 23 30
Samstag	2 9 16 23 30	6 13 20 27	3 10 17 24	1 8 15 22 29	5 12 19 26	3 10 17 24 31
Sonntag	3 10 17 24 31	7 14 21 28	4 11 18 25	2 9 16 23 30	6 13 20 27	4 11 18 25

1. Kreise das Datum im Kalender ein. Notiere den Wochentag.

Klassenfest 10.5.	Heiligabend 24.12.	1. Schultag 25.8.	Tims Geburtstag 11.11.
Dienstag	Samstag	Donnerstag	Freitag
Neujahr 1.1.	**Wandertag 17.9.**	**Nikolaustag 6.12.**	**Dein Geburtstag**
Freitag	Samstag	Dienstag	

2. a) 21 Tage = 3 Wochen
14 Tage = 2 Wochen
28 Tage = 4 Wochen

b) 16 Tage = 2 Wochen 2 Tage
24 Tage = 3 Wochen 3 Tage
30 Tage = 4 Wochen 2 Tage

3. a) 1 Jahr = 12 Monate
2 Jahre = 24 Monate
3 Jahre = 36 Monate

b) 1 Jahr 3 Monate = 15 Monate
3 Jahre 3 Monate = 39 Monate
2 Jahre 6 Monate = 30 Monate

4. Ordne das Alter zu.

Ruth Lelina Hassan Moritz

11 Jahre 5 Monate | 10 Jahre 5 Monate | 11 Jahre 7 Monate | 10 Jahre 7 Monate

Ein Tag hat 24 Stunden.
1 Tag = 24 Stunden

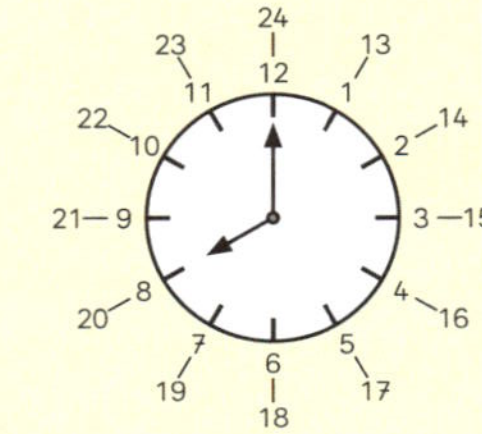

Video

5. Notiere die Uhrzeiten. Es gibt zwei Möglichkeiten.

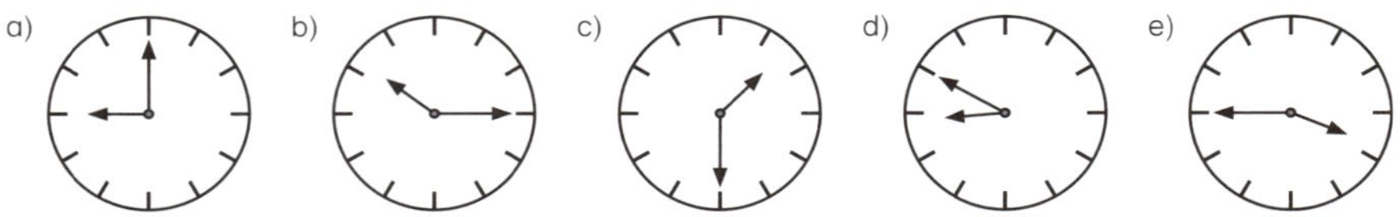

a)	b)	c)	d)	e)
9:00 Uhr	10:15 Uhr	1:30 Uhr	8:50 Uhr	3:45 Uhr
21:00 Uhr	22:15 Uhr	13:30 Uhr	20:50 Uhr	15:45 Uhr

Eine Stunde hat 60 Minuten.
1 h = 60 min

Eine Minute hat 60 Sekunden.
1 min = 60 s

Video

6. a) 1 h = 60 min
2 h = 120 min
5 h = 300 min

b) 3 h = 180 min
4 h = 240 min
6 h = 360 min

c) 600 min = 10 h
120 min = 2 h
300 min = 5 h

7. a) 30 min + 30 min = 1 h
15 min + 45 min = 1 h
40 min + 20 min = 1 h
52 min + 8 min = 1 h

b) 25 min + 35 min = 1 h
10 min + 50 min = 1 h
55 min + 5 min = 1 h
12 min + 48 min = 1 h

8. a) 1 min = 60 s
2 min = 120 s

b) 5 min = 300 s
4 min = 240 s

c) 600 s = 10 min
180 s = 3 min

9. Wie viel Minuten sind vergangen?

a) 

A: Es sind 30 Minuten vergangen.

b) 

A: Es sind 45 Minuten vergangen.

10. Die Uhr zeigt an, wann die Kinder morgens aus dem Haus gehen.
Um wie viel Uhr kommen die Kinder in der Schule an?

a) 

7:30 Uhr

b) 

7:40 Uhr

c) 

7:40 Uhr

d) 

7:45 Uhr

11. Wie viele Minuten sind vergangen? Trage ein.

a)  30 min → 

b)  15 min → 

c)  25 min → 

d)  20 min → 

12. Wie viel Uhr ist es jetzt? Zeichne die Zeiger ein.

a)  25 min → 

b)  55 min → 

c)  45 min → 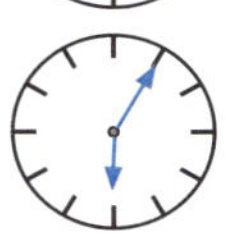

d)  40 min → 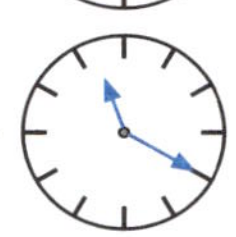

13. Trage die fehlenden Uhrzeiten ein.

a) 19:45 —30 min→ 20:15

b) 08:30 —15 min→ 08:45

c) 17:30 —50 min→ 18:20

d) 10:40 —40 min→ 11:20

14. Ergänze die Angaben zur Busfahrt.

Abfahrt	14:50 Uhr
Fahrzeit	45 min
Ankunft	15:35 Uhr

Schnellbus Berga-Kamp						
Haltestelle	Montag bis Freitag					
Berga	ab	13:25	13:50	14:25	14:50	15:25
Ketel	an/ab	13:40	14:05	14:40	15:05	15:40
Sund	an/ab	13:50	14:15	14:50	15:15	15:50
Irfen	an/ab	14:00	14:25	15:00	15:25	16:00
Kamp	an	14:30	14:55	15:30	15:55	16:30

15. Trage die Fahrzeiten ein.

Berga —15 min→ Ketel —10 min→ Sund —10 min→ Irfen —30 min→ Kamp

16. Wie viele Minuten dauert die Fahrt von Berga nach Kamp?

A: Die Fahrt dauert 65 Minuten.

17. Ergänze die fehlenden Angaben.

a) Ivo steigt um 15:15 Uhr in Sund ein. Er kommt um 15:55 Uhr in Kamp an.

b) Tarfa fährt um 14:25 Uhr in Berga ab.
Nach 25 Minuten Fahrt kommt sie um 14:50 Uhr in Sund an.

c) Frau Özkan aus Berga muss um 15:45 Uhr in Kamp sein.
Sie muss mit dem Bus in Berga spätestens um 14:25 Uhr abfahren.

d) Herr Bielak wohnt in Kamp. Er arbeitet in Sund bis 14:30 Uhr.
Mit dem Bus kann er frühestens um 14:50 Uhr nach Hause fahren.

e) Norbert kommt um 15:55 Uhr in Kamp an. Seine Fahrt dauerte 50 Minuten.
Er ist um 15:05 Uhr in Ketel losgefahren.

f) Malaika fährt um 15:40 Uhr in Ketel ab. Der Bus kommt in Irfen mit einer Verspätung von 5 Minuten um 16:05 Uhr an. Ihre Fahrt dauerte 25 Minuten.

1. Trage für die Urlaubsfahrt passend ein: €, km, min, h, kg

a) Die Fahrt mit dem Auto dauert ungefähr 7 __h__.

b) Insgesamt darf das Auto höchstens 1800 __kg__ wiegen.

c) An einer Raststätte macht die Familie 30 __min__ Pause.

d) Auf der Strecke liegt ein Tunnel. Er ist 6 __km__ lang.

e) Das Benzin für die Fahrt kostet ungefähr 130 __€__.

2. Vervollständige die Tabelle.

2€ 15ct	3€ 8ct	5€ 87ct	5€ 8ct	3€ 29ct	6€ 4ct
2,15€	3,08€	5,87€	5,08€	3,29€	6,04€
215ct	308ct	587ct	508ct	329ct	604ct

3. Wie viel Euro bleiben übrig? Notiere die Rechnung mit Ergebnis.

a)

20€ – 14€ = 6€

b)

70€ – 58€ = 12€

c)

25€ – 23€ = 2€

4. a) 6€ + 2,30€ = 8,30€
8€ + 0,40€ = 8,40€
3€ + 4,70€ = 7,70€
9€ + 1,80€ = 10,80€

b) 8,20€ + 1,80€ = 10,00€
2,30€ + 2,50€ = 4,80€
7,10€ + 2,60€ = 9,70€
9,40€ + 2,10€ = 11,50€

c) 6€ – 3,60€ = 2,40€
3€ – 2,30€ = 0,70€
7€ – 3,40€ = 3,60€
9€ – 6,70€ = 2,30€

5. Wie viel Euro fehlen noch? Notiere die Rechnung mit Ergebnis.

a)

420€ – 250€ = 170€

b)

225€ – 170€ = 55€

c)

87€ – 42€ = 45€

6. Wandle um.

a) 3,50m = 350 cm
1,05m = 105 cm
8,99m = 899 cm
0,87m = 87 cm

b) 245cm = 2,45 m
705cm = 7,05 m
650cm = 6,50 m
45cm = 0,45 m

c) 3,5cm = 35 mm
0,9cm = 9 mm
90mm = 9 cm
15mm = 1,5 cm

7. Welche Aussagen stimmen? Kreuze an.

- ☒ Enno ist größer als Marie.
- ☒ Kemal ist größer als Anna.
- ☐ Anna ist 3cm kleiner als Enno.
- ☒ Lukas ist 1cm größer als Kemal.
- ☐ Marie ist 4cm kleiner als Lukas.
- ☐ Anna ist 4cm kleiner als Lukas.

8. Ordne nach der Größe. Beginne mit der größten Länge.

a) 2m 300cm 4mm
300cm > 2m > 4mm

b) 1,55m 75cm 0,80m
1,55m > 0,80m > 75cm

c) 50mm 7,3cm 1,45m
1,45m > 7,3cm > 50mm

d) 0,45m 72mm 37cm
0,45m > 37cm > 72mm

9. Vervollständige die Tabelle.

5km 730m	3km 90m	6km 850m	0km 725m	4km 85m	1km 900m
5,730km	3,090km	6,850km	0,725 km	4,085km	1,9km
5730m	3090m	6850m	725m	4085m	1900m

10. Gib die Länge der Schulwege in Kilometer an.

a)

Lea: 0,8 km

b)

Kian: 2,3 km

c)

Elif: 1,6 km

d)

Fred: 0,550 km

11. Die Länge in Wirklichkeit ist angegeben. Trage ein.

a)

Maßstab 1:50
Länge in Wirklichkeit: 400 cm

50fach verkleinert: 8 cm

b)

Maßstab 4:1
Länge in Wirklichkeit: 6 cm

4fach vergrößert: 24 cm

12. Der Maßstab ist angegeben. Bestimme die fehlenden Werte.

a)

1:3	
Abbildung	Wirklichkeit
1 cm	3 cm
2 cm	6 cm
3 cm	9 cm
4 cm	12 cm

b)

6:1	
Abbildung	Wirklichkeit
6 cm	1 cm
12 cm	2 cm
18 cm	3 cm
24 cm	4 cm

c)

1:7	
Abbildung	Wirklichkeit
1 cm	7 cm
2 cm	14 cm
3 cm	21 cm
4 cm	28 cm

13. Trage die passende Einheit für das Gewicht der Tiere ein: g, kg oder t

40 t   35 kg   0,8 t   5,5 t   2 g

14. Vervollständige die Tabelle.

5 kg 207 g	2 kg 155 g	3 kg 205 g	3 kg 700 g	0 kg 800 g	4 kg 25 g
5,207 kg	2,155 kg	3,205 kg	3,700 kg	0,8 kg	4,025 kg
5207 g	2155 g	3205 g	3700 g	800 g	4025 g

15. a) 1340 kg = 1,340 t
3900 kg = 3,900 t
4806 kg = 4,806 t
3070 kg = 3,070 t
850 kg = 0,850 t

b) 3,200 t = 3200 kg
2,050 t = 2050 kg
0,475 t = 475 kg
1,105 t = 1105 kg
0,650 t = 650 kg

c) 2,9 t = 2900 kg
0,2 t = 200 kg
1,6 t = 1600 kg
2,1 t = 2100 kg
0,8 t = 800 kg

16. a) 1 Jahr 3 Monate = 15 Monate
2 Jahre 7 Monate = 31 Monate

b) 26 Monate = 2 Jahre 2 Monate
30 Monate = 2 Jahre 6 Monate

c) 2 Wochen 3 Tage = 17 Tage
4 Wochen 2 Tage = 30 Tage

d) 20 Tage = 2 Wochen 6 Tage
40 Tage = 5 Wochen 5 Tage

17. Notiere die Uhrzeiten. Es gibt zwei Möglichkeiten.

a) b) c) d) e)

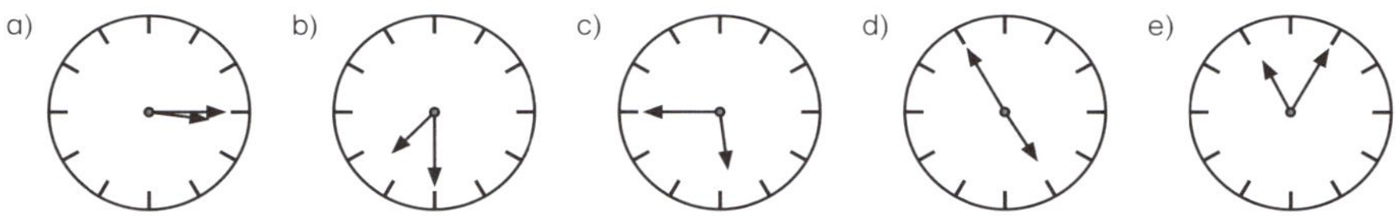

a)	b)	c)	d)	e)
3:15 Uhr	7:30 Uhr	5:45 Uhr	4:55 Uhr	11:05 Uhr
15:15 Uhr	19:30 Uhr	17:45 Uhr	16:55 Uhr	23:05 Uhr

13. Zeichne die Zeiger ein.

a) 08:00 b) 09:30 c) 12:30 d) 16:45 e) 21:15

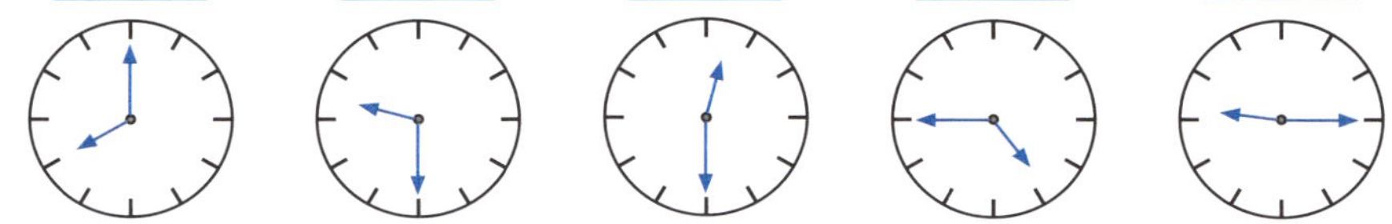

14. a) 50 min + 10 min = 1 h
45 min + 15 min = 1 h

b) 35 min + 25 min = 1 h
15 min + 45 min = 1 h

20. Die Uhr zeigt die Abfahrtszeit an. Notiere die Ankunftzeit.

a) b) c) d)

a) 11:10 Uhr b) 12:20 Uhr c) 9:20 Uhr d) 8:20 Uhr

9. Vervollständige die Tabelle.

Abfahrt	10:00 Uhr	11:10 Uhr	12:10 Uhr	14:20 Uhr	20:10 Uhr	21:20 Uhr
Fahrzeit	40 min	30 min	30 min	40 min	45 min	25 min
Ankunft	10:40 Uhr	11:40 Uhr	12:40 Uhr	15:00 Uhr	20:55 Uhr	21:45 Uhr

S. 160–161

6 | Umfang und Flächeninhalt

Der Schulhof der Rosa-Parks-Schule soll neu gestaltet werden.

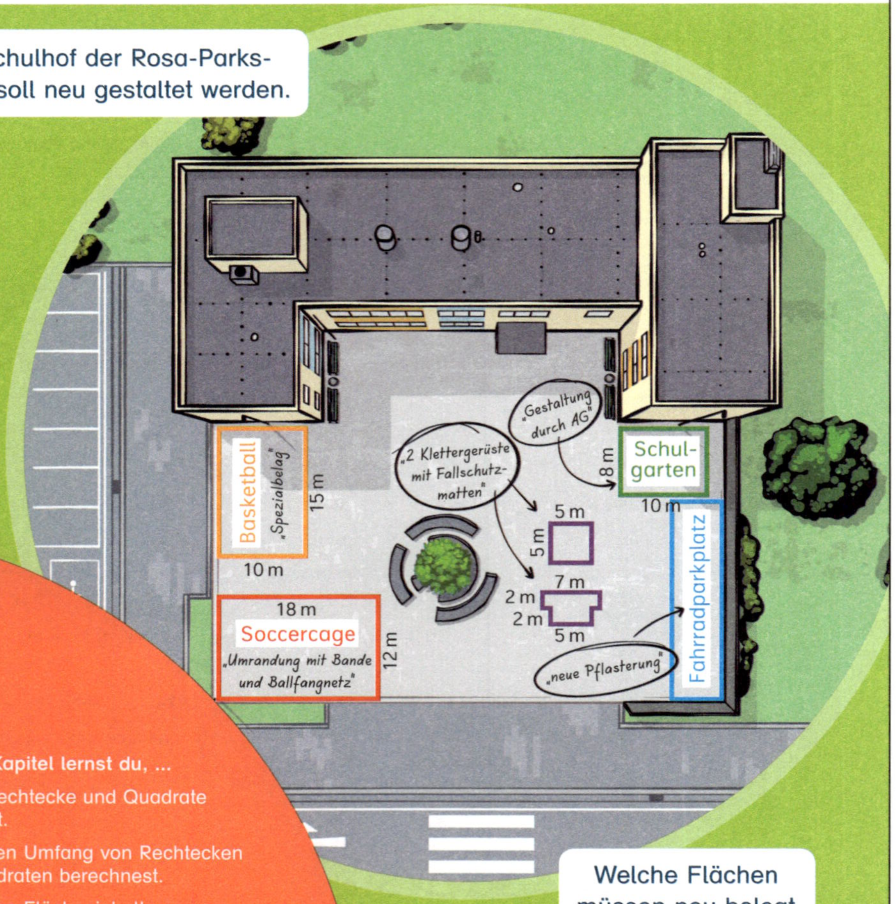

Welche Flächen müssen neu belegt werden?

Welche Bereiche müssen umrandet oder eingezäunt werden?

In diesem Kapitel lernst du, ...

... wie du Rechtecke und Quadrate zeichnest.

... wie du den Umfang von Rechtecken und Quadraten berechnest.

... wie du den Flächeninhalt von Rechtecken und Quadraten bestimmst.

... wie du Flächeneinheiten umwandelst.

... wie du den Umfang und den Flächeninhalt von zusammengesetzten Flächen berechnest.

Digital+ WES-128744-162 S. 162–163

Rechteck und Quadrat

Video

Ein **Rechteck** hat vier rechte Winkel.
Gegenüberliegende Seiten sind gleich lang.
Gegenüberliegende Seiten sind parallel.

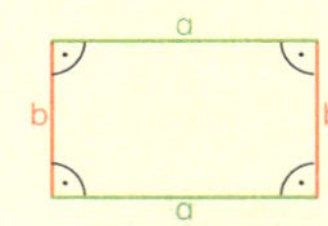

Ein **Quadrat** ist ein besonderes Rechteck.
Alle Seiten sind gleich lang.
Auch ein Quadrat hat vier rechte Winkel.
Gegenüberliegende Seiten sind parallel.

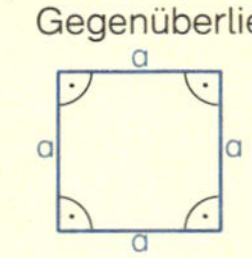

So zeichnest du ein Rechteck mit den Seitenlängen a = 5 cm und b = 3 cm.

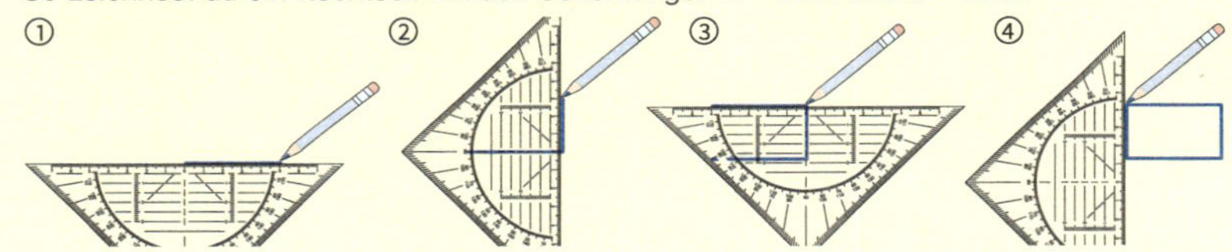

1. Ist die Aussage wahr oder falsch? Kreuze an.

	wahr	falsch
a) Jedes Rechteck hat vier gleich lange Seiten.		X
b) In jedem Rechteck sind die gegenüberliegenden Seiten gleich lang.	X	
c) Jedes Quadrat hat vier gleich lange Seiten.	X	
d) Jedes Quadrat hat vier Ecken.	X	
e) In jedem Rechteck sind die gegenüberliegenden Seiten parallel.	X	

2. Miss die Seitenlängen. Ergänze zum Rechteck.

a)

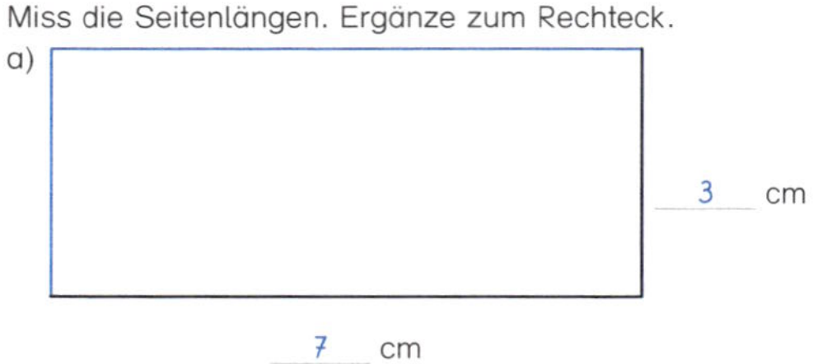

b)

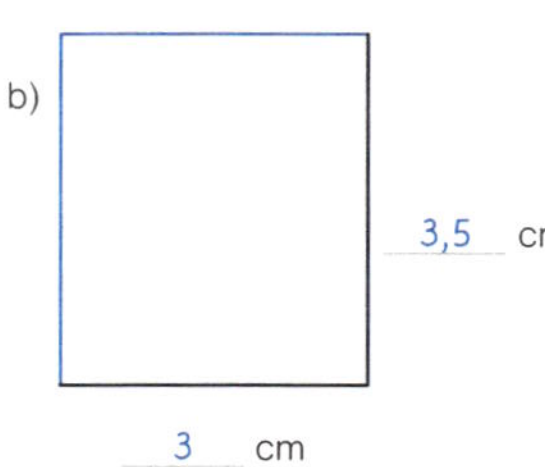

3. Zeichne das Rechteck.

a) a = 5 cm, b = 3 cm

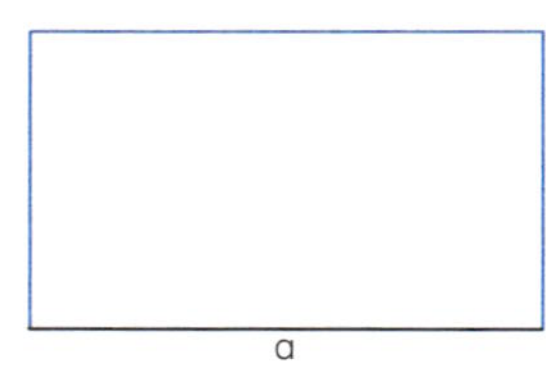

b) a = 2 cm, b = 4 cm

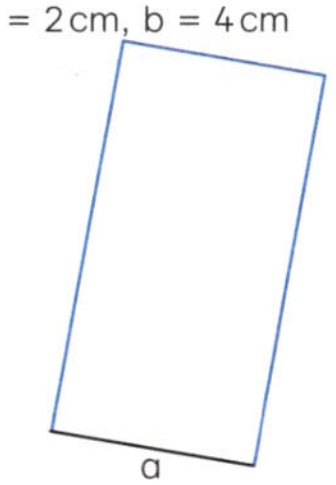

c) a = 4 cm, b = 4 cm

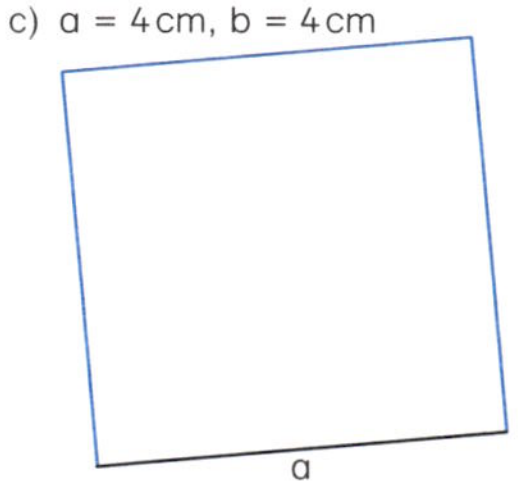

Umfang einer Fläche

Der **Umfang u** einer Figur ist die **Summe ihrer Seitenlängen**.
Du berechnest ihn, indem du alle Seitenlängen der Figur addierst.

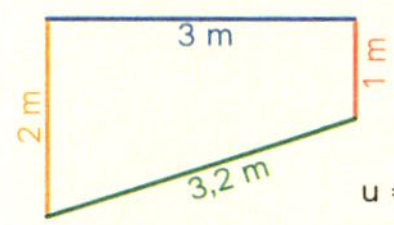

u = 2 m + 3 m + 1 m + 3,2 m = 9,2 m

1. Welche Schnecke hat den längeren Weg um die Figur herum?

Rudi:

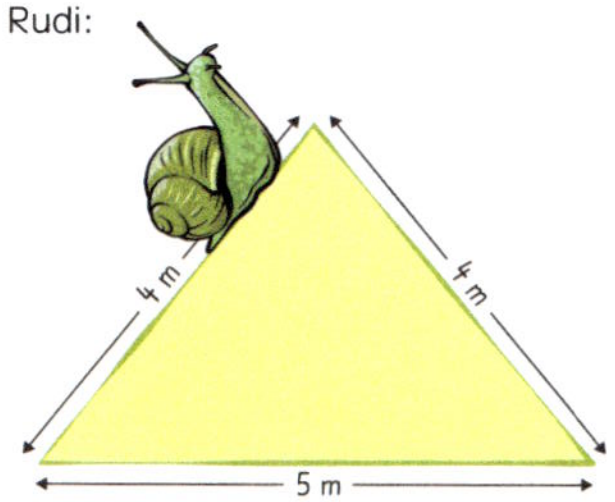

Länge des Weges:

4 m + 4 m + 5 m = 13 m

Isi:

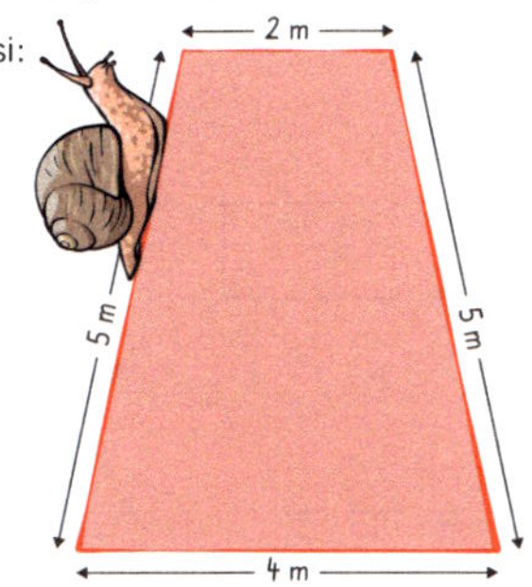

Länge des Weges:

5 m + 2 m + 5 m + 4 m = 16 m

A: Den längeren Weg hat Isi.

2. Im Neustadter Tierpark bekommen zwei Gehege neue Zäune.
Wie viel Meter Zaun werden für das Gehege benötigt?

a)

u = 3 + 5 + 3 + 5

u = 16 m

Es werden 16 m Zaun benötigt.

b)

u = 4 + 6 + 3 + 5

u = 18 m

Es werden 18 m Zaun benötigt.

Umfang von Rechteck und Quadrat

Video

Umfang eines **Rechtecks**:
u = 2 · a + 2 · b

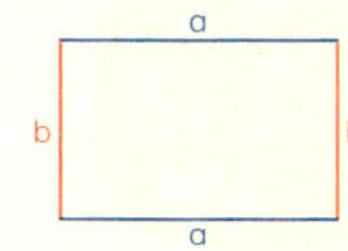

gegeben: a = 6 cm, b = 3 cm
u = 2 · a + 2 · b
u = 2 · 6 cm + 2 · 3 cm
u = 12 cm + 6 cm
u = 18 cm

Umfang eines **Quadrats**:
u = 4 · a

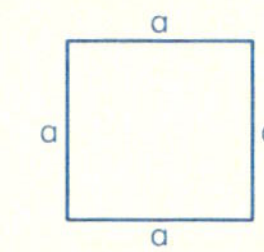

gegeben: a = 3 cm
u = 4 · a
u = 4 · 3 cm
u = 12 cm

1. Miss die Seiten a und b. Berechne den Umfang des Rechtecks.

a)

b = 3 cm

a = 6 cm

u = 2 · a + 2 · b
u = 2 · 6 + 2 · 3
u = 18 cm

b)

b = 3,5 cm

a = 5 cm

u = 2 · a + 2 · b
u = 2 · 5 + 2 · 3,5
u = 17 cm

2. Zeichne ein Quadrat mit der Seitenlänge a = 2 cm. Berechne den Umfang.

u = 4 · a
u = 4 · 2
u = 8 cm

3. Berechne die Länge des Bauzauns.

a)

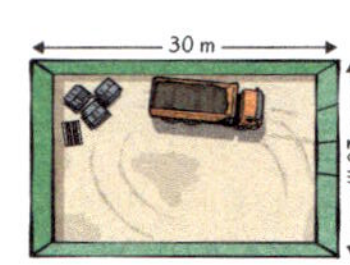

u = 2 · a + 2 · b
u = 2 · 30 + 2 · 20
u = 100 m

b)

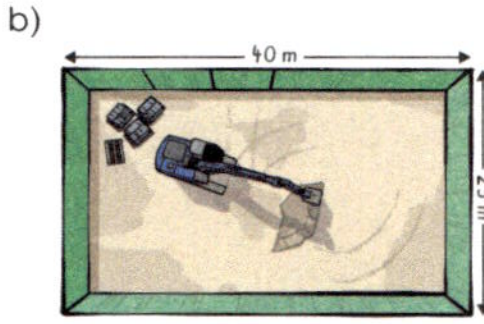

u = 2 · a + 2 · b
u = 2 · 40 + 2 · 25
u = 130 m

c)

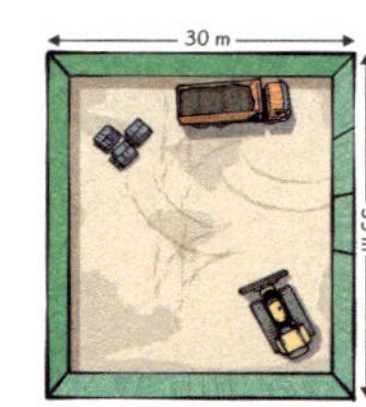

u = 2 · a + 2 · b
u = 2 · 30 + 2 · 35
u = 130 m

Flächeninhalte vergleichen

Der **Flächeninhalt** ist ein Maß für die Größe einer Fläche. Du kannst die Größe von zwei verschiedenen Flächen vergleichen, indem du sie mit gleich großen Teilflächen auslegst.

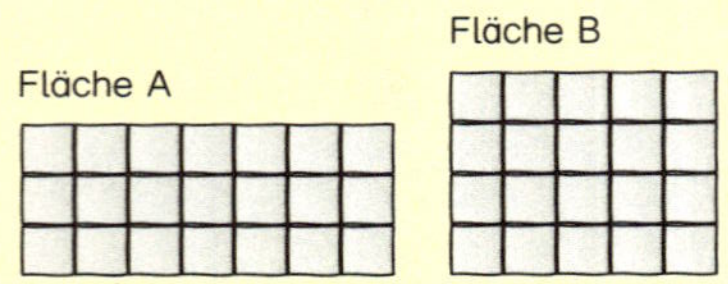

Fläche A ist mit 21 Quadraten ausgelegt, Fläche B nur mit 20. Also ist Fläche A größer.

1. Färbe gleich große Figuren in der gleichen Farbe.

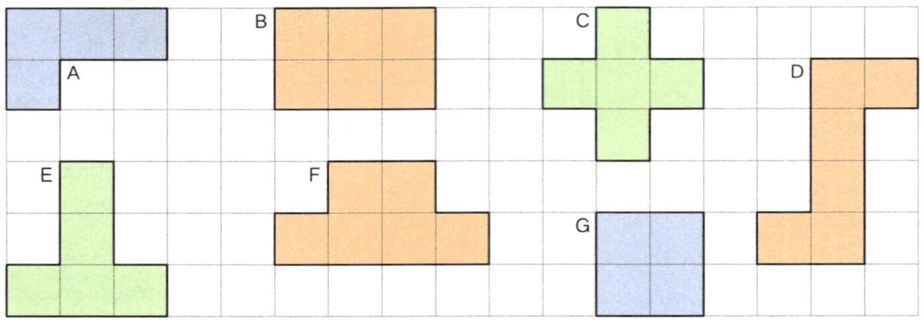

2. Zeichne zu der gegebenen Figur zwei gleich große Figuren. *Es gibt verschiedene Möglichkeiten.*

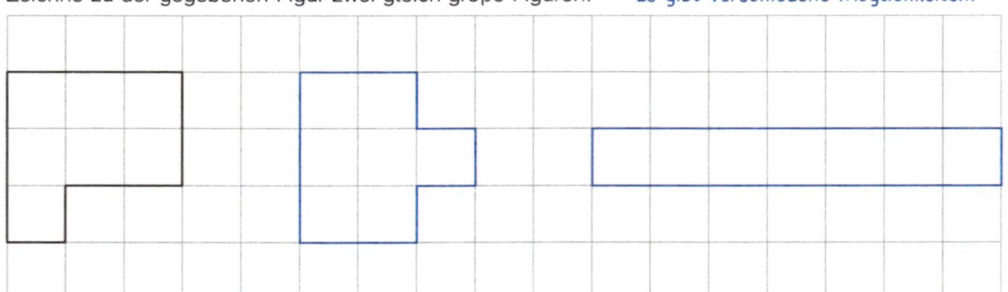

3. Wie viele Karos enthält das Rechteck?

a) 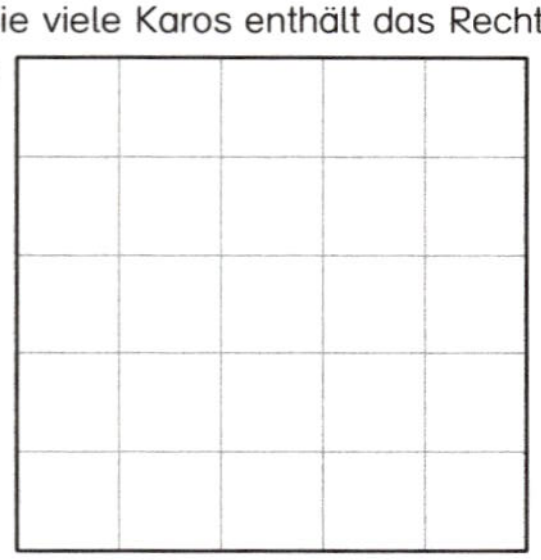

25 Karos

b) 

20 Karos

c) 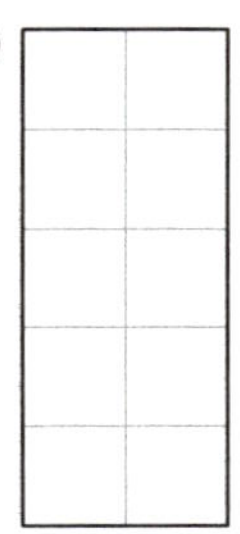

10 Karos

Wiederholungsaufgaben

Die Lösungen ergeben die Namen von Städten in Deutschland.

1. a) 4 km 800 m = 4800 m; 4 km 80 m = 4080 m
b) 0,080 km = 80 m; 0,120 km = 120 m

2. a) 1 kg 700 g = 1700 g; 1 kg 967 g = 1967 g
b) 1,770 kg = 1770 g; 0,070 kg = 70 g

1. a)		1. b)		2. a)		2. b)	
D	U	I	S	B	U	R	G

2. a) 1 h = 60 min; 3 h = 180 min; 1 h 30 min = 90 min
b) 3 m = 300 cm; 1,20 m = 120 cm; 0,56 m = 56 cm
c) 408 cm = 4,08 m; 70 cm = 0,7 m; 304 cm = 3,04 m

2. a)			2. b)			2. c)		
F	L	E	N	S	B	U	R	G

3. a) 7 · 8 = 56; 6 · 9 = 54; 5 · 6 = 30
b) 5 · 30 = 150; 6 · 50 = 300; 3 · 40 = 120
c) 32 : 4 = 8; 63 : 9 = 7; 24 : 4 = 6
d) 180 : 2 = 90; 400 : 5 = 80; 210 : 3 = 70

3. a)			3. b)			3. c)			3. d)		
B	R	A	U	N	S	C	H	W	E	I	G

4. a) 124 · 5 = 620
b) 134 · 3 = 402
c) 546 · 4 = 2184
d) 281 · 7 = 1967

5. Im Supermarkt werden Waren angeliefert. Berechne jeweils die Gesamtzahl.

a) 295 Kästen

1770 Flaschen

b) 145 Paletten

1305 Dosen

295 · 6 = 1770
145 · 9 = 1305

4. a)	4. b)	4. c)	4. d)	5. a)	5. b)
E	R	F	U	R	T

R	0,7
G	3,04
U	4,08
W	6
H	7
C	8
A	30
R	54
B	56
F	60
G	70
I	80
E	90
S	120
U	150
L	180
N	300
R	402
E	620
T	1305
B	1700
R	1770
U	1967
F	2184
U	4080
D	4800

Einheitsflächen: m², dm², cm², mm²

Flächeninhalte werden mit **einheitlichen Maßquadraten** angegeben.
Ein Quadrat mit der Seitenlänge 1 m heißt **Quadratmeter (1 m²)**.
Ein Quadrat mit der Seitenlänge 1 dm heißt **Quadratdezimeter (1 dm²)**.
Ein Quadrat mit der Seitenlänge 1 cm heißt **Quadratzentimeter (1 cm²)**.
Ein Quadrat mit der Seitenlänge 1 mm heißt **Quadratmillimeter (1 mm²)**.

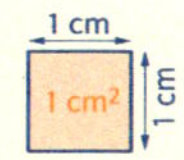

Turnmatte ca. 2 m²

Untersetzer ca. 1 dm²

Briefmarke ca. 6 cm²

Punkt ca. 1 mm²

1. Ist die Fläche größer als ein Quadratmeter? Kreuze an.

a)  ☒

b)  ☐

c)  ☐

d)  ☒

2. Ordne zu.

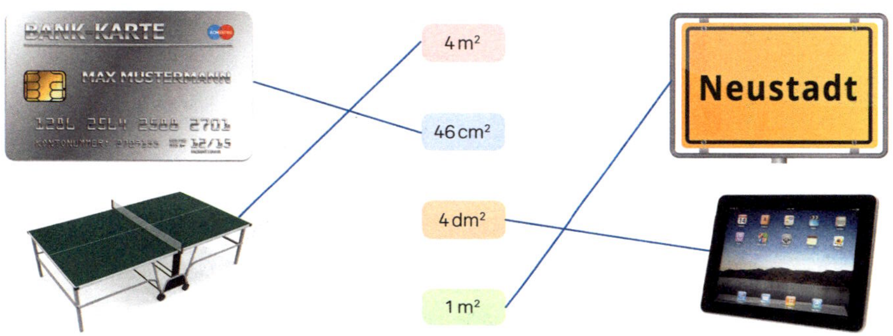

3. Mit welcher Einheit würdest du diese Flächen messen? Trage ein: mm², cm² oder m²

 m²

 m²

 cm²

 mm²

 cm²

 cm²

Du kannst Flächeninhalte in verschiedenen Einheiten angeben. Dabei gilt: **Video**

1 m² = 100 dm² **1 dm² = 100 cm²** **1 cm² = 100 mm²**

So wandelst du in die **nächstkleinere** Einheit um:

4 m² = 400 dm² (· 100) 25 dm² = 2500 cm² (· 100)

So wandelst du in die **nächstgrößere** Einheit um:

3400 mm² = 34 cm² (: 100) 9000 dm² = 90 m² (: 100)

4. Ergänze die fehlenden Angaben.

a) 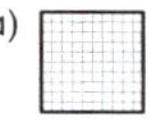
1 cm² = 100 mm²

b) 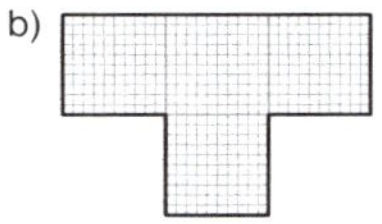
4 cm² = 400 mm²

c) 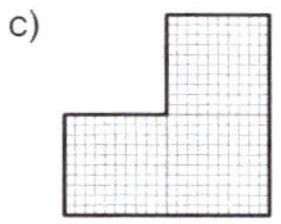
3 cm² = 300 mm²

d) 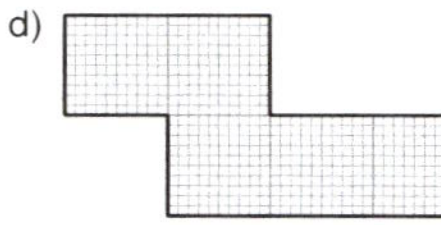
5 cm² = 500 mm²

5. Wandle um in die nächstkleinere Einheit.

a) 1 cm² = 100 mm²; 3 cm² = 300 mm²
b) 6 dm² = 600 cm²; 10 dm² = 1 000 cm²
c) 3 m² = 300 dm²; 4 m² = 400 dm²

6. Schreibe ohne Komma.

a) 2,9 cm² = 290 mm²; 0,6 cm² = 60 mm²
b) 4,5 cm² = 450 mm²; 0,8 cm² = 80 mm²
c) 7,4 dm² = 740 cm²; 0,2 dm² = 20 cm²

7. Wandle um in die nächstgrößere Einheit.

a) 600 mm² = 6 cm²; 200 mm² = 2 cm²
b) 900 cm² = 9 dm²; 1 500 cm² = 15 dm²
c) 300 dm² = 3 m²; 2 000 dm² = 20 m²

8. Schreibe mit Komma.

a) 350 mm² = 3,50 cm²; 75 cm² = 0,75 dm²
b) 870 mm² = 8,70 cm²; 80 mm² = 0,80 cm²
c) 248 cm² = 2,48 dm²; 90 cm² = 0,90 dm²

9. Kleiner, größer oder gleich? Setze ein: >, < oder =

a) 7 cm² > 70 mm²; 400 cm² < 40 dm²; 5 cm² = 500 mm²
b) 3 cm² > 70 mm²; 600 cm² = 6 dm²; 5 m² = 500 dm²
c) 700 cm² = 7 dm²; 400 mm² > 1 cm²; 5 m² > 500 cm²

10. Ordne nach der Größe. Beginne mit dem kleinsten Wert.

a) 4 cm², 10 mm², 1 dm², 0,5 cm²
10 mm² < 0,5 cm² < 4 cm² < 1 dm²

b) 1 m², 70 dm², 80 cm², 0,2 m²
80 cm² < 0,2 m² < 70 dm² < 1 m²

Ar, Hektar, Quadratkilometer

Video

Ein Quadrat mit 1 km Seitenlänge heißt **Quadratkilometer (1 km²)**.
Ein Quadrat mit 100 m Seitenlänge heißt **Hektar (1 ha)**.
Ein Quadrat mit 10 m Seitenlänge heißt **Ar (1 a)**.

Es gilt:	$1\,km^2 = 100\,ha$	$1\,ha = 100\,a$	$1\,a = 100\,m^2$
Beispiele:	Blausteinsee in Nordrhein-Westfalen	Innenraum des Olympia-stadions in Berlin	Hälfte eines Tennisplatzes

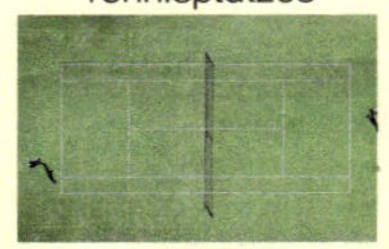

1. Ordne zu.

① 
② 
③ 
④ 

1 ha | 1 m² | 1 km² | 1 a

2. Wandle um in die nächstkleinere Einheit.

a) $3\,km^2$ = 300 ha; $6\,km^2$ = 600 ha
b) 8 ha = 800 a; 3 ha = 300 a
c) 9 a = 900 m²; 10 a = 1 000 m²

3. Schreibe ohne Komma.

a) $0{,}9\,km^2$ = 90 ha; $6{,}6\,km^2$ = 660 ha
b) 0,5 ha = 50 a; 8,2 ha = 820 a
c) 4,7 a = 470 m²; 6,25 a = 625 m²

4. Wandle um in die nächstgrößere Einheit.

a) $500\,m^2$ = 5 a; $600\,m^2$ = 6 a
b) 400 a = 4 ha; 1 000 a = 10 ha
c) 900 ha = 9 km²; 1 200 ha = 12 km²

5. Schreibe mit Komma.

a) $150\,m^2$ = 1,5 a; $40\,m^2$ = 0,4 ha
b) 350 a = 3,5 ha; 70 a = 0,7 ha
c) 90 ha = 0,9 km²; 670 ha = 6,7 km²

6. Kleiner, größer oder gleich? Setze ein: >, < oder =

a) 5 ha < 3 km²; 7 km² > 90 ha; 120 m² > 1 a
b) 2 m² < 0,1 a; 240 ha = 2,4 km²; 0,5 km² = 50 ha
c) 1,1 km² = 110 ha; 12 ha = 1 200 a; 5,7 a > 57 m²

Flächeninhalt von Rechteck und Quadrat

Video

Für den **Flächeninhalt A** eines **Rechtecks** mit der Länge a und der Breite b gilt:
A = Länge · Breite
$A = a \cdot b$

gegeben: Rechteck mit a = 5 cm und b = 3 cm
gesucht: Flächeninhalt A

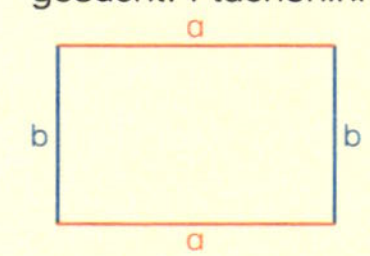

$A = a \cdot b$
$A = 5\,cm \cdot 3\,cm$
$A = 15\,cm^2$

Für den **Flächeninhalt A** eines **Quadrats** mit der Seitenlänge a gilt:
A = Seite · Seite
$A = a \cdot a$

gegeben: Quadrat mit a = 4 m
gesucht: Flächeninhalt A

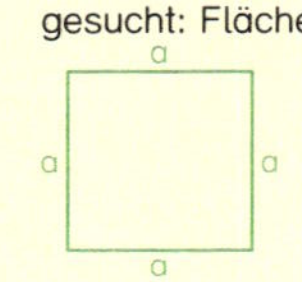

$A = a \cdot a$
$A = 4\,m \cdot 4\,m$
$A = 16\,m^2$

1. Miss die Seiten a und b. Berechne den Flächeninhalt des Rechtecks.

a)

b = 3 cm
a = 6 cm
A = a · b
A = 6 · 3
A = 18 cm²

b)

b = 4 cm
a = 5 cm
A = a · b
A = 5 · 4
A = 20 cm²

2. Zeichne das Rechteck. Berechne den Flächeninhalt.

a) a = 5 cm, b = 4 cm
b) a = 3 cm, b = 4 cm
c) a = 4 cm, b = 2,5 cm

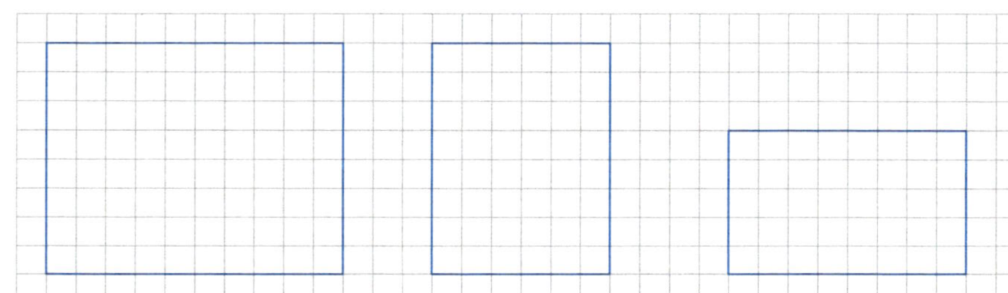

a) A = a · b; A = 5 · 4; A = 20 cm²
b) A = a · b; A = 3 · 4; A = 12 cm²
c) A = a · b; A = 4 · 2,5; A = 10 cm²

3. Berechne den Flächeninhalt.

a)

A = a · b
A = 9 · 4
A = 36 m²

b)

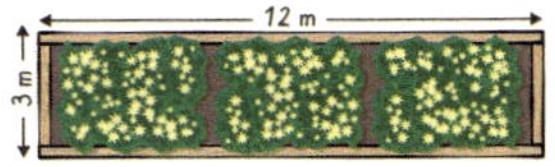

A = a · b
A = 12 · 3
A = 36 m²

c)

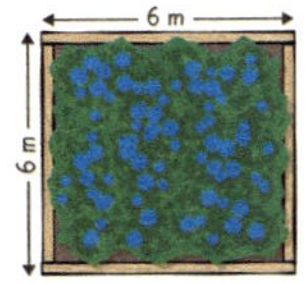

A = a · b
A = 6 · 6
A = 36 m²

4. Der Flächeninhalt und eine Seitenlänge des Rechtecks sind gegeben.
Wie lang ist die andere Seite des Rechtecks? Zeichne das Rechteck.

a) a = 5 cm, b = 2 cm
A = 10 cm²

b) a = 3 cm, b = 3 cm
A = 9 cm²

c) a = 4 cm, b = 3 cm
A = 12 cm²

5. Ergänze den fehlenden Wert für das Rechteck.

	a)	b)	c)	d)	e)
Seite a	2 cm	1,5 cm	4 cm	10 cm	8 cm
Seite b	7 cm	4 cm	7,5 cm	4 cm	2 cm
Flächeninhalt A	14 cm²	6 cm²	30 cm²	40 cm²	16 cm²

6. a) Zeichne ein Rechteck, das doppelt so lang und doppelt so breit ist.

b) Welche Aussage ist richtig? Kreuze an.

Werden die Seiten eines Rechtecks verdoppelt, dann ist der Flächeninhalt des neuen Rechtecks …

- ◯ … doppelt so groß.
- ◯ … dreimal so groß.
- ☒ … viermal so groß.

Sachaufgaben

Lösen von Sachaufgaben Video

„Ein Pferdezüchter möchte eine neue rechteckige Pferdeweide einzäunen. Sie soll 200 m lang und 400 m breit sein. Wie viel Meter Zaun benötigt er?"

① Fertige eine **Skizze** an.

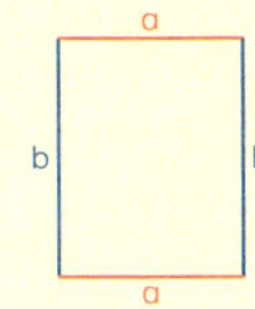

② Notiere **gegebene** und **gesuchte Größen**.

gegeben:
Länge a = 200 m
Breite b = 400 m
gesucht:
Umfang u

③ Führe die Rechnungen durch.

u = 2 · a + 2 · b
u = 2 · 200 m + 2 · 400 m
u = 1 200 m

④ Notiere eine **Antwort**.

Der Pferdezüchter benötigt insgesamt 1 200 m Zaun.

1. Ein Gehege ist 8 m lang und 6 m breit.
Welche Fragen kannst du beantworten?
Kreuze an.

- ☒ Wie groß ist der Flächeninhalt?
- ☒ Reichen 25 m Zaun?
- ◯ Wie teuer wird der Zaun?

2. Was ist gesucht, Flächeninhalt oder Umfang? Kreuze an.

	Flächeninhalt	Umfang
a) Das Kaninchengehege wird eingezäunt.		X
b) Die Hauswand wird gestrichen.	X	
c) Das Zimmer wird mit Teppichboden ausgelegt.	X	
d) Um das Grundstück wird ein Zaun errichtet.		X

3. Eine 40 m langes und 20 m breites Beet wird mit Tulpen bepflanzt.

Wie groß ist die Fläche des Beetes?

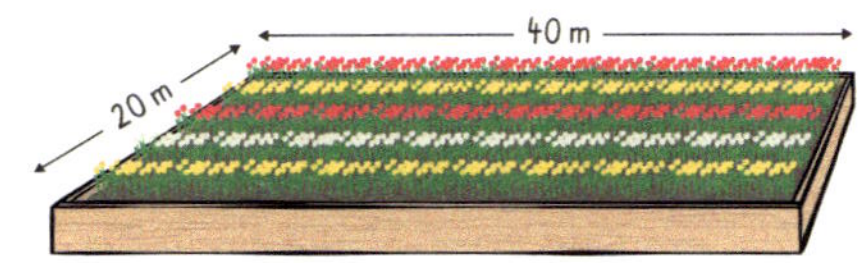

Skizze:
b = 20 m
a = 40 m

gegeben:
a = 40 m
b = 20 m

gesucht:
Flächeninhalt A

Rechnung:
A = a · b
A = 40 · 20
A = 800 m²

Antwort: Die Fläche ist 800 m² groß.

4. Eine 40 m lange und 15 m breite Baustelle wird eingezäunt
Für die Einfahrt der Baufahrzeuge bleiben 4 m frei.

Wie viel Meter Zaun werden benötigt?

Skizze: a = 40 m, b = 15 m, 4 m

gegeben:
a = 40 m
b = 15 m
Einfahrt 4 m

gesucht:
Umfang u ohne Einfahrt

Rechnung:
u = 2 · a + 2 · b
u = 2 · 40 + 2 · 15
u = 110 m
110 − 4 = 106

Antwort: Es werden 106 m Zaun benötigt.

5. Das Dach einer Scheune muss neu mit Ziegeln eingedeckt werden.

Wie viel Quadratmeter ist die Dachhälfte groß?
Wie viel Quadratmeter ist die gesamte Fläche groß?

Skizze: a = 12 m, b = 5 m

gegeben:
a = 12 m
b = 5 m

gesucht:
Flächeninhalt A der Dachhälfte
Flächeninhalt insgesamt.

Rechnung:
A = a · b
A = 12 · 5
A = 60 m²
2 · 60 = 120

Antwort: Die Dachhälfte ist 60 m² groß. Die gesamte Fläche ist 120 m² groß.

6. Ein Schwimmbecken ist 25 m lang und 8 m breit. Der Boden soll gefliest werden.
Wie groß ist die Bodenfläche des Schwimmbeckens?

Skizze: a = 25 m, b = 8 m

gegeben:
a = 25 m
b = 8 m

gesucht:
Flächeninhalt A des Bodens.

Rechnung:
A = a · b
A = 25 · 8
A = 200 m²

Antwort: Die Bodenfläche ist 200 m² groß.

Zusammengesetzte Flächen

Du kannst den **Flächeninhalt A** einer zusammengesetzten Fläche auf **zwei Arten** berechnen. Video

① **Zerlegen** und **addieren**.

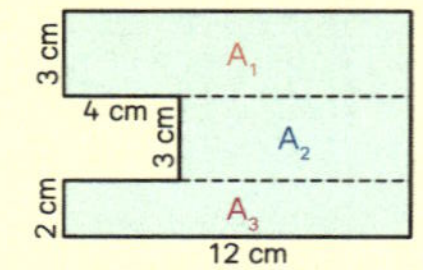

$A = A_1 + A_2 + A_3$
$A_1 = 12\,cm \cdot 3\,cm = 36\,cm^2$
$A_2 = 8\,cm \cdot 3\,cm = 24\,cm^2$
$A_3 = 12\,cm \cdot 2\,cm = 24\,cm^2$
$A = 36\,cm^2 + 24\,cm^2 + 24\,cm^2 = 84\,cm^2$

② **Ergänzen** und **subtrahieren**.

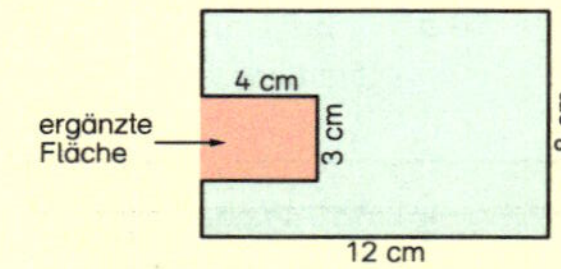

$A = A_{Rechteck} - A_{ergänzte\ Fläche}$
$A_{Rechteck} = 12\,cm \cdot 8\,cm = 96\,cm^2$
$A_{ergänzte\ Fläche} = 4\,cm \cdot 3\,cm = 12\,cm^2$
$A = 96\,cm^2 - 12\,cm^2 = 84\,cm^2$

1. Berechne den Flächeninhalt der zusammengesetzten Fläche.

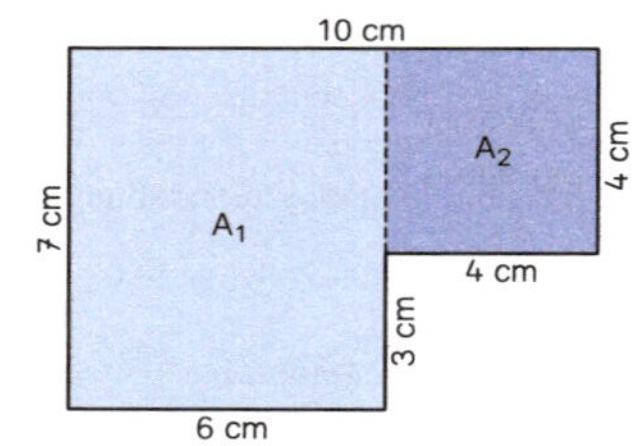

A_1 = 6 · 7
A_1 = 42 cm²
A_2 = 4 · 4
A_2 = 16 cm²

$A = A_1 + A_2$
A = 42 + 16
A = 58 cm²

2. Berechne den Flächeninhalt. Es gibt verschiedene Möglichkeiten. Das Endergebnis bleibt immer gleich.

a)

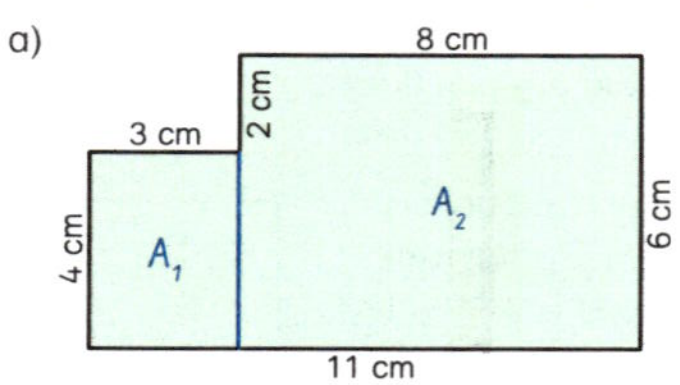

A_1 = 3 · 4
A_1 = 12 cm²
A_2 = 8 · 6
A_2 = 48 cm²

$A = A_1 + A_2$
A = 12 + 48
A = 60 cm²

b)

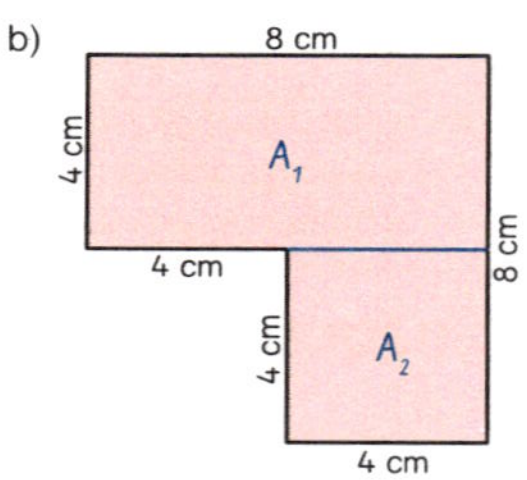

A_1 = 8 · 4
A_1 = 32 cm²
A_2 = 4 · 4
A_2 = 16 cm²

$A = A_1 + A_2$
A = 32 + 16
A = 48 cm²

1. Ist die Aussage wahr oder falsch? Kreuze an.

	wahr	falsch
a) Jedes Rechteck ist auch ein Quadrat.		X
b) Jedes Rechteck hat vier gleichlange Seiten.		X
c) Jedes Quadrat hat vier gleichlange Seiten.	X	
d) In jeder Ecke eines Rechtecks sind die Seiten senkrecht zueinander.	X	
e) In jedem Qudrat sind die gegenüberliegenden Seiten parallel.	X	

2. Miss die Seitenlängen. Ergänze zum Rechteck.

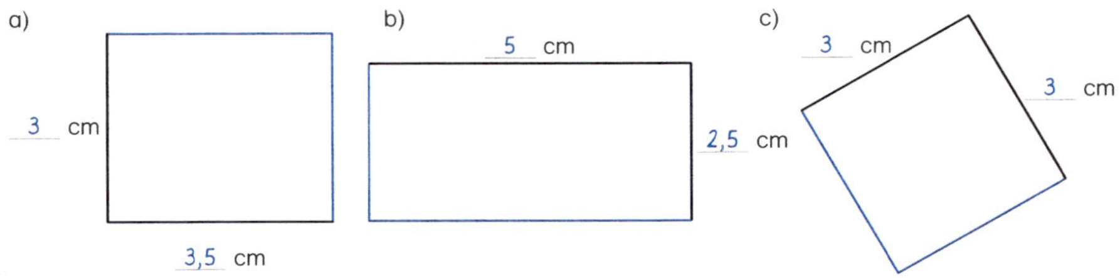

3. Welche Fläche hat den größten Umfang?

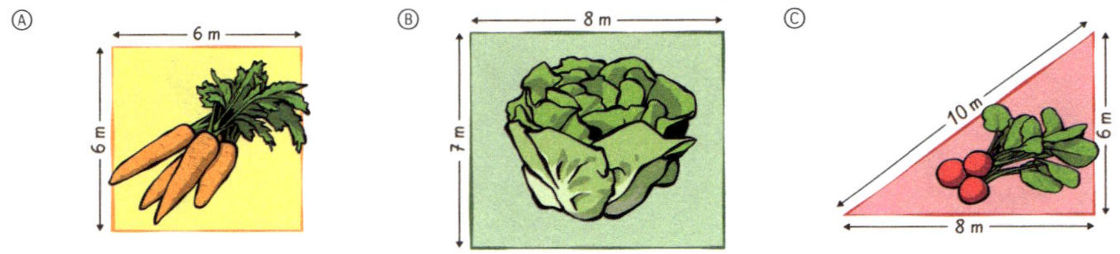

Ⓐ	Ⓑ	Ⓒ
u = 4 · a	u = 2 · a + 2 · b	u = a + b + c
u = 4 · 6	u = 2 · 8 + 2 · 7	u = 10 + 6 + 8
u = 24 m	u = 30 m	u = 24 m

A: Fläche B hat den größten Umfang.

4. Ordne die Flächen nach ihrer Größe.

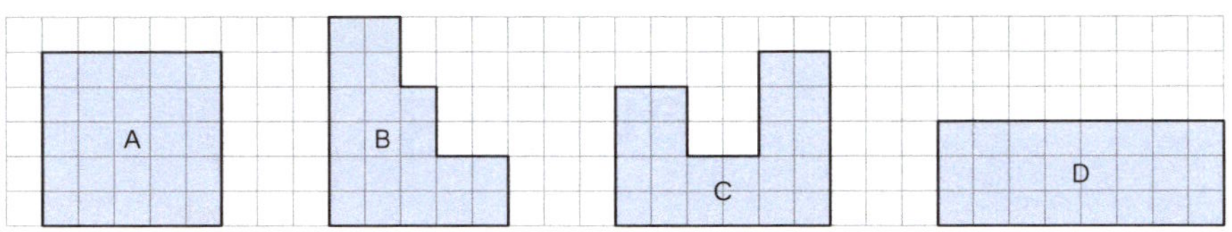

25 Karos 20 Karos 22 Karos 24 Karos

A > D > C > B

5. Kleiner, größer oder gleich? Setze ein: <, > oder =

a)	b)	c)
6 ha < 2 km²	5 km² > 400 ha	5 m² > 50 dm²
11 m² > 700 dm²	400 a > 1 ha	120 cm² < 2 dm²
200 m² = 2 a	3 km² = 300 ha	500 m² = 5 a
400 ha < 5 km²	6 dm² = 600 cm²	300 ha > 1 km²

6.

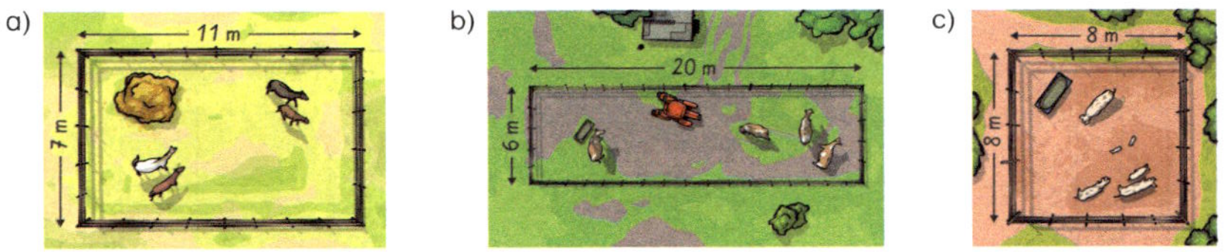

a)	b)	c)
A = a · b	A = a · b	A = a · a
A = 11 · 7	A = 20 · 6	A = 8 · 8
A = 77 m²	A = 120 m²	A = 64 m²
u = 2 · a + 2 · b	u = 2 · a + 2 · b	u = 4 · a
u = 2 · 11 + 2 · 7	u = 2 · 20 + 2 · 6	u = 4 · 8
u = 36 m	u = 52 m	u = 32 m

7. Eine 10 m lange und 8 m breite Gartenfläche wird mit Rollrasen belegt.
Wie viel Quadratmeter Rollrasen werden benötigt?

Skizze:

gegeben:
a = 10 m
b = 8 m

gesucht:
Flächeninhalt A

Rechnung:
A = a · b
A = 10 · 8
A = 80 m²

Antwort: Es werden 80 m² Rollrasen benötigt.

8. Berechne den Flächeninhalt des Tiergeheges. Es gibt verschiedene Möglichkeiten.

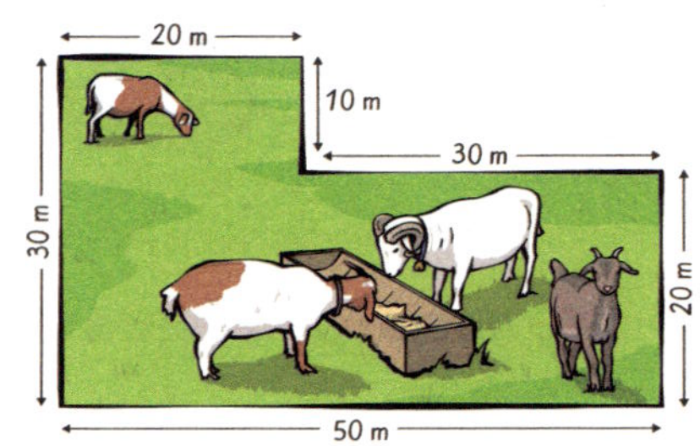

A_1 = 20 · 10
A_1 = 200 m²
A_2 = 50 · 20
A_2 = 1 000 m²

A = A_1 + A_2
A = 200 + 1 000
A = 1 200 m²

7 | Brüche

In diesem Kapitel lernst du, ...

- ... was Brüche sind.
- ... wie du Bruchteile herstellst.
- ... wie du Brüche darstellst.
- ... wie du Bruchteile von Größen berechnest.
- ... wie du einfache Brüche addierst und subtrahierst.

Bruchteile erkennen und darstellen

Tabea und Jonas teilen sich eine Pizza. Jedes Kind erhält eine halbe Pizza.

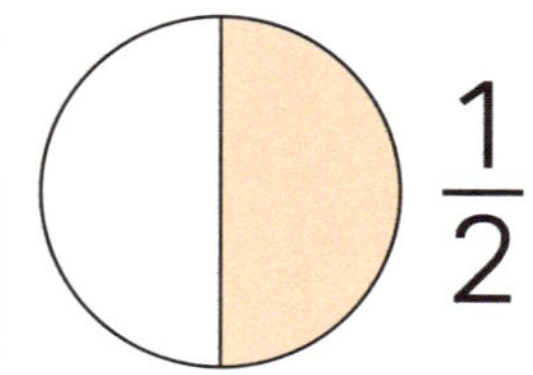

Ein **Bruchteil** ist ein Teil eines Ganzen.
Teilst du ein Ganzes in 2, 3, 4, ... gleich große Teile, so erhältst du Halbe, Drittel, Viertel, ...

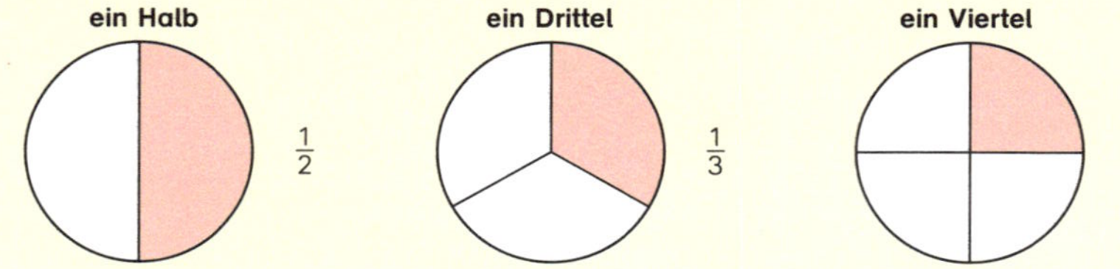

1. Welcher Bruchteil ist gefärbt?

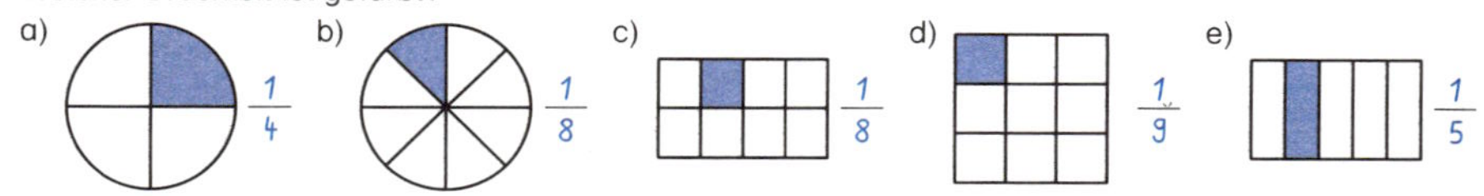

2. Färbe immer ein Feld. Gib den Bruchteil an.

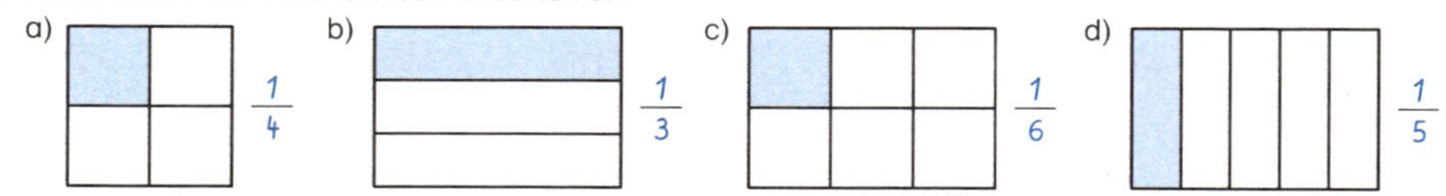

3. Zeichne gleich große Teile ein. Färbe den angegebenen Bruchteil.

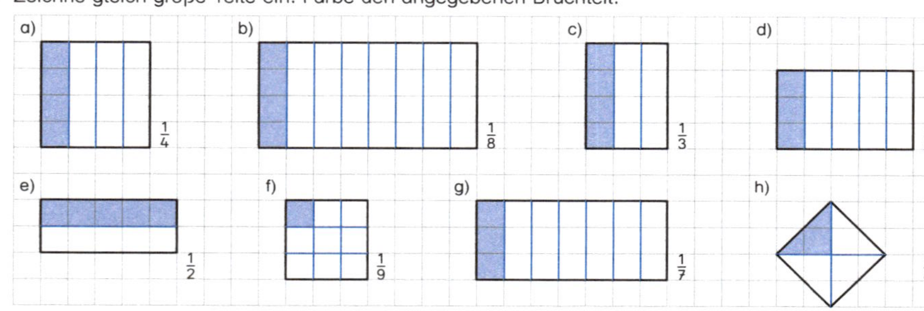

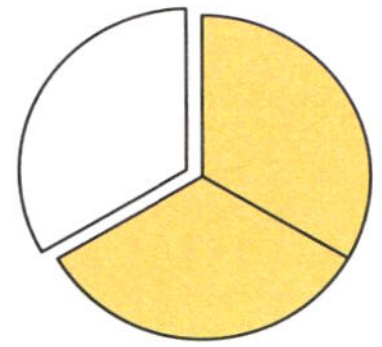

$\frac{2}{3}$

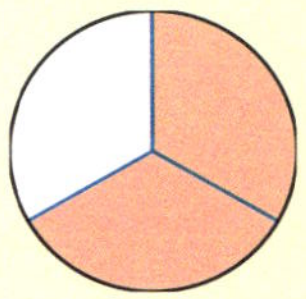

$\frac{2}{3}$ — Zähler — Bruchstrich — Nenner

Video

Der **Zähler** zählt die Teile, die vom Ganzen genommen werden.

Der **Nenner** gibt an, in wie viele Teile das Ganze geteilt wurde.

4. Welcher Bruchteil der Figur ist gefärbt?

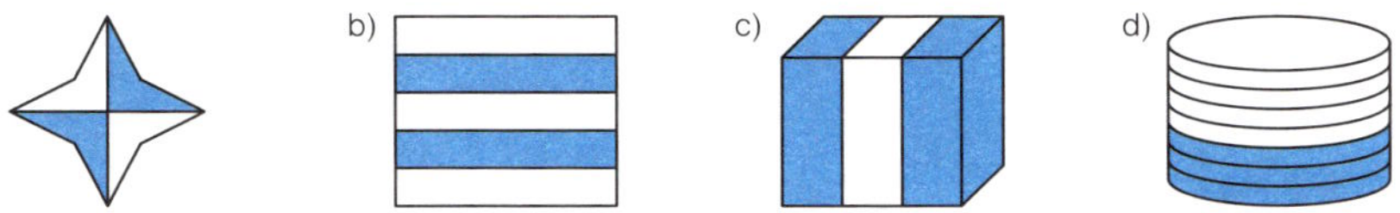

a) $\frac{2}{4}$ b) $\frac{2}{5}$ c) $\frac{2}{3}$ d) $\frac{3}{7}$

5. Färbe den angegebenen Bruchteil.

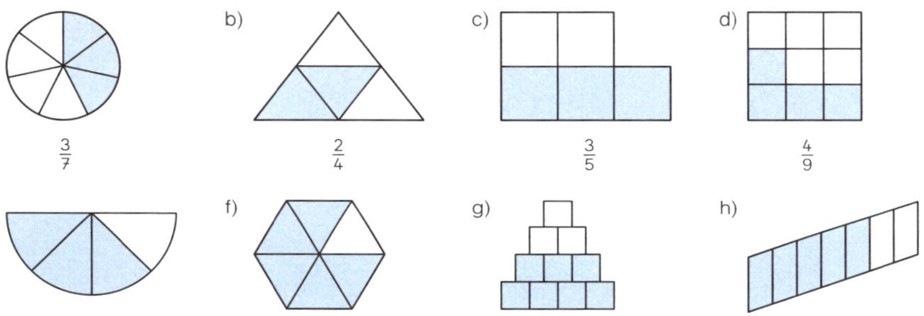

a) $\frac{3}{7}$ b) $\frac{2}{4}$ c) $\frac{3}{5}$ d) $\frac{4}{9}$

e) $\frac{3}{4}$ f) $\frac{5}{6}$ g) $\frac{7}{10}$ h) $\frac{5}{7}$

6. Welcher Bruchteil ist im Kreis gefärbt? Färbe denselben Bruchteil in jeder Figur.

$\frac{5}{8}$

7. Färbe den angegebenen Bruchteil.

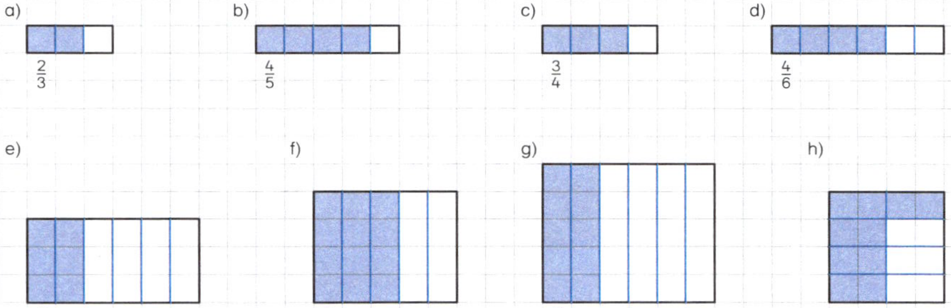

a) $\frac{2}{3}$ b) $\frac{4}{5}$ c) $\frac{3}{4}$ d) $\frac{4}{6}$

e) $\frac{2}{6}$ f) $\frac{3}{5}$ g) $\frac{2}{6}$ h) $\frac{5}{8}$

8. Immer dasselbe Rechteck. Färbe den angegebenen Bruchteil.

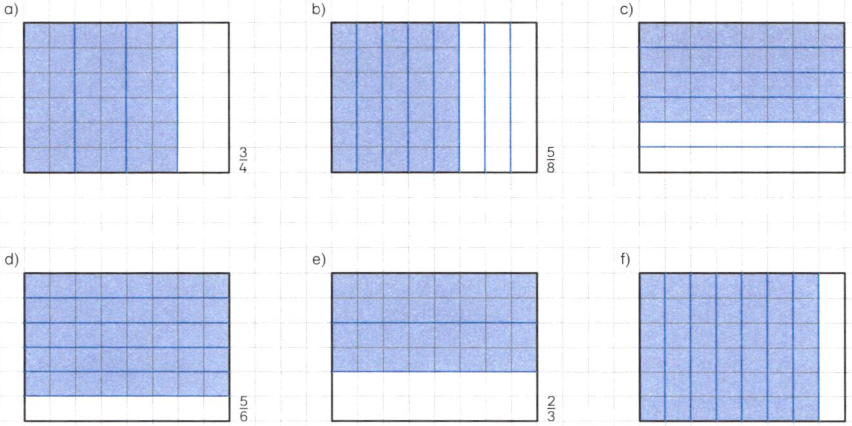

a) $\frac{3}{4}$ b) $\frac{5}{8}$ c) $\frac{4}{6}$

d) $\frac{5}{6}$ e) $\frac{2}{3}$ f) $\frac{7}{8}$

9. Welche Figuren kannst du mit 2 geraden Linien in 4 gleiche Teile zerlegen? Zeichne ein.

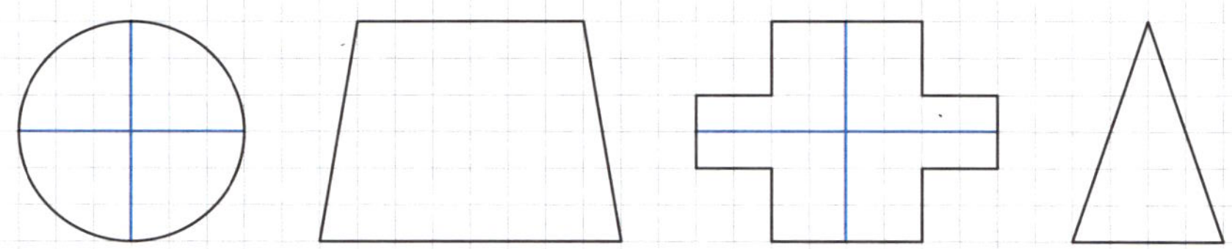

A B C D

Bruchteile von Größen bestimmen

Video

So berechnest du einen **Bruchteil** vom Ganzen.
① Dividiere das Ganze durch den **Nenner**.
② Multipliziere das Ergebnis mit dem **Zähler**.

Berechne $\frac{2}{5}$ von 10 km.
① $\frac{1}{5}$ von 10 km:
10 km : 5 = 2 km
② $\frac{2}{5}$ von 10 km:
2 km · 2 = 4 km
$\frac{2}{5}$ von 10 km sind 4 km.

1. Wie viele Punkte sind es insgesamt? Färbe den Bruchteil. Schreibe auf.

a) $\frac{1}{3}$ von 15 = 15 : 3 = 5

b) $\frac{1}{4}$ von 24 = 24 : 4 = 6

c) $\frac{1}{5}$ von 20 = 20 : 5 = 4

2.
a) $\frac{1}{3}$ von 18 € = 6 €
$\frac{1}{6}$ von 18 € = 3 €
$\frac{1}{2}$ von 18 € = 9 €
$\frac{1}{9}$ von 18 € = 2 €

b) $\frac{1}{2}$ von 18 m = 9 m
$\frac{1}{5}$ von 45 m = 9 m
$\frac{1}{6}$ von 54 m = 9 m
$\frac{1}{8}$ von 72 m = 9 m

c) $\frac{1}{4}$ von 80 g = 20 g
$\frac{1}{3}$ von 90 g = 30 g
$\frac{1}{6}$ von 120 g = 20 g
$\frac{1}{5}$ von 150 g = 30 g

3. Färbe und berechne.

a) $\frac{1}{4}$ von 20 = 5 $\frac{3}{4}$ von 20 = 15

b) $\frac{1}{5}$ von 20 = 4 $\frac{3}{5}$ von 20 = 12

4.
a) $\frac{4}{5}$ von 20 = 16

b) $\frac{5}{6}$ von 24 = 20

c) $\frac{3}{8}$ von 16 = 6

5. Berechne.

a) $\frac{1}{4}$ von 8 = 2
$\frac{3}{4}$ von 8 = 6

b) $\frac{1}{4}$ von 40 = 10
$\frac{3}{4}$ von 40 = 30

c) $\frac{1}{4}$ von 20 = 5
$\frac{3}{4}$ von 20 = 15

d) $\frac{1}{4}$ von 100 = 25
$\frac{3}{4}$ von 100 = 75

e) $\frac{1}{3}$ von 9 = 3
$\frac{2}{3}$ von 9 = 6

f) $\frac{1}{3}$ von 30 = 10
$\frac{2}{3}$ von 30 = 20

g) $\frac{1}{3}$ von 21 = 7
$\frac{2}{3}$ von 21 = 14

h) $\frac{1}{3}$ von 60 = 20
$\frac{2}{3}$ von 60 = 40

6.
a) $\frac{2}{3}$ von 24 = 16
$\frac{3}{4}$ von 16 = 12
$\frac{4}{5}$ von 25 = 20

b) $\frac{3}{4}$ von 400 = 300
$\frac{5}{8}$ von 160 = 100
$\frac{2}{7}$ von 140 = 40

c) $\frac{4}{5}$ von 2500 = 2000
$\frac{5}{6}$ von 6000 = 5000
$\frac{7}{8}$ von 4000 = 3500

7.
a) $\frac{3}{4}$ von 40 kg = 30 kg
$\frac{3}{8}$ von 72 kg = 27 kg
$\frac{5}{6}$ von 36 kg = 30 kg

b) $\frac{3}{5}$ von 350 kg = 210 kg
$\frac{2}{10}$ von 900 kg = 180 kg
$\frac{5}{8}$ von 480 kg = 300 kg

c) $\frac{2}{3}$ von 3000 m = 2000 m
$\frac{5}{7}$ von 2100 m = 1500 m
$\frac{7}{9}$ von 3600 m = 2800 m

8. Ein Fahrrad kostet 320 €.
Lena hat schon $\frac{3}{4}$ davon gespart.
Wie viel Euro hat Lena gespart?

R: $\frac{3}{4}$ von 320 € = 240 €

A: Lena hat schon 240 € gespart.

9. Die Klasse 5b hat 24 Schüler.
$\frac{1}{4}$ der Schüler kommt mit dem Fahrrad zur Schule.
$\frac{1}{3}$ der Schüler kommt zu Fuß.
Alle anderen fahren mit dem Bus.
Wie viele Schüler sind es jeweils?

Mit dem Fahrrad: $\frac{1}{4}$ von 24 = 6 Schüler

Zu Fuß: $\frac{1}{3}$ von 24 = 8 Schüler

Mit dem Bus: 10 Schüler

10. Für den Bau einer Seifenkiste benötigt Simone $\frac{1}{2}$m Rundstahl.

Wie viel Zentimeter Rundstahl muss Simone kaufen?

TIPP: 1 m = 100 cm

$\frac{1}{2}$m = $\frac{1}{2}$ von 100 cm = 50 cm

A: Simone muss 50 cm Rundstahl kaufen.

11. a) $\frac{1}{5}$ m = $\frac{1}{5}$ von 100 cm = 20 cm

$\frac{3}{5}$ m = $\frac{3}{5}$ von 100 cm = 60 cm

$\frac{4}{5}$ m = $\frac{4}{5}$ von 100 cm = 80 cm

b) $\frac{1}{4}$ m = $\frac{1}{4}$ von 100 cm = 25 cm

$\frac{3}{4}$ m = $\frac{3}{4}$ von 100 cm = 75 cm

$\frac{7}{10}$ m = $\frac{7}{10}$ von 100 cm = 70 cm

12. Kevin möchte für seine Freunde einen Kuchen backen. Dafür benötigt er $\frac{3}{4}$ kg Mehl.

Wie viel Gramm Mehl benötigt Kevin für den Kuchen?

TIPP: 1 kg = 1000 g

$\frac{3}{4}$ kg = $\frac{3}{4}$ von 1 000 g = 750 g

A: Kevin benötigt 750 g Mehl für den Kuchen.

13. a) $\frac{4}{5}$ kg = $\frac{4}{5}$ von 1 000 g = 800 g

$\frac{6}{10}$ kg = $\frac{6}{10}$ von 1 000 g = 600 g

$\frac{7}{10}$ kg = $\frac{7}{10}$ von 1 000 g = 700 g

b) $\frac{1}{4}$ kg = $\frac{1}{4}$ von 1 000 g = 250 g

$\frac{1}{8}$ kg = $\frac{1}{8}$ von 1 000 g = 125 g

$\frac{3}{8}$ kg = $\frac{3}{8}$ von 1 000 g = 375 g

14. Immer zwei Längen sind gleich. Färbe mit der gleichen Farbe.

a)

25 cm	$\frac{1}{2}$ m	50 cm
$\frac{7}{10}$ m	$\frac{1}{4}$ m	70 cm

b)

40 cm	$\frac{3}{4}$ m	80 cm
$\frac{8}{10}$ m	$\frac{2}{5}$ m	75 cm

15. Immer zwei Massen sind gleich. Färbe mit der gleichen Farbe.

a)

$\frac{1}{2}$ kg	250 g	$\frac{1}{10}$ kg
100 g	200 g	
500 g	$\frac{1}{4}$ kg	$\frac{1}{5}$ kg

b)

$\frac{3}{10}$ kg	$\frac{3}{4}$ kg	300 g
750 g	900 g	
400 g	$\frac{9}{10}$ kg	$\frac{2}{5}$ kg

Wiederholungsaufgaben

Die Lösungen ergeben die Namen von Früchten.

1.

a) 345 + 253 = 598

b) 618 + 81 = 699

c) 648 + 345 = 993

d) 763 + 48 = 811

2.

a) 675 − 234 = 441

b) 476 − 54 = 422

c) 584 − 437 = 147

d) 853 − 76 = 777

1. a)	1. b)	1. c)	1. d)	2. a)	2. b)	2. c)	2. d)
A	P	R	I	K	O	S	E

3. a) Berechne den Umfang. (Rechteck: 8 cm, 4 cm)

u = 24 cm

b) Berechne den Flächeninhalt. (Rechteck: 7 cm, 3 cm)

A = 21 cm²

4. Wandle um.

a) 3 cm = 30 mm b) 4 dm = 40 cm c) 50 mm = 5 cm

5. Trage die Punkte in das Koordinatensystem ein und verbinde sie. Welche Figur entsteht? Kreuze an.

A(1|1), B(4|1), C(4|3), D(1|3)

- ◯ Raute (22)
- ⊗ Rechteck (23)
- ◯ Quadrat (25)

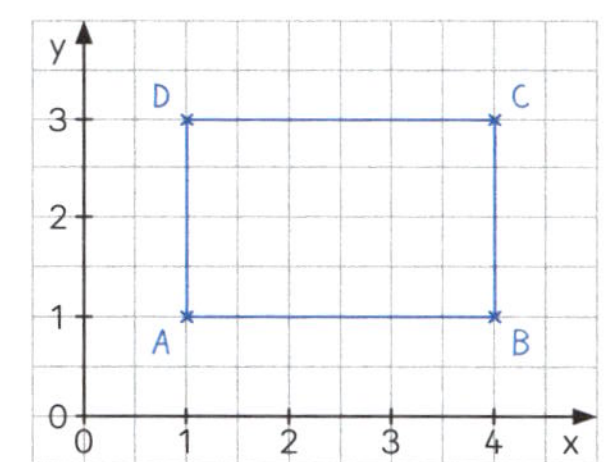

3. a)	3. b)	4. a)	4. b)	4. c)	5.
O	R	A	N	G	E

G	5
R	21
Y	22
E	23
O	24
M	25
A	30
N	40
H	127
M	137
S	147
A	153
T	300
S	400
O	422
K	441
L	500
A	598
P	699
E	777
I	811
Q	822
U	983
R	993
F	1001
Y	1992

Brüche am Zahlenstrahl

> **Brüche am Zahlenstrahl** Video
>
> Zwischen 0 und 1 gibt es fünf gleich große Teile. → Nenner 5
> Die Zahl A steht an der vierten Stelle. → Zähler 4
>
> **A = $\frac{4}{5}$**

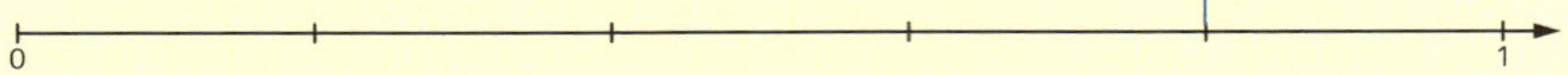

1. Wie heißen die Brüche? Trage ein.

a)

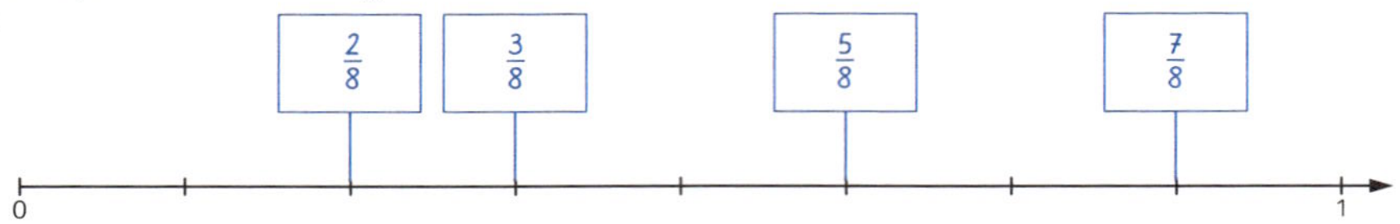

b)

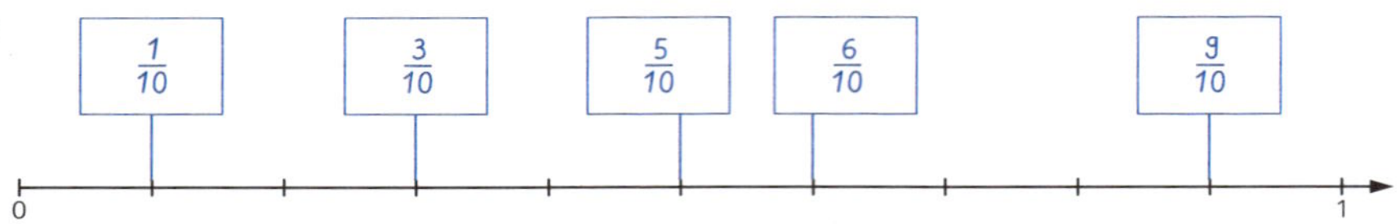

2. a) Unterteile die Strecke zwischen 0 und 1 in sechs gleich große Teile.

b) Markiere A = $\frac{2}{6}$ B = $\frac{3}{6}$ C = $\frac{5}{6}$

3. Trage die Brüche am passenden Zahlenstrahl ein.

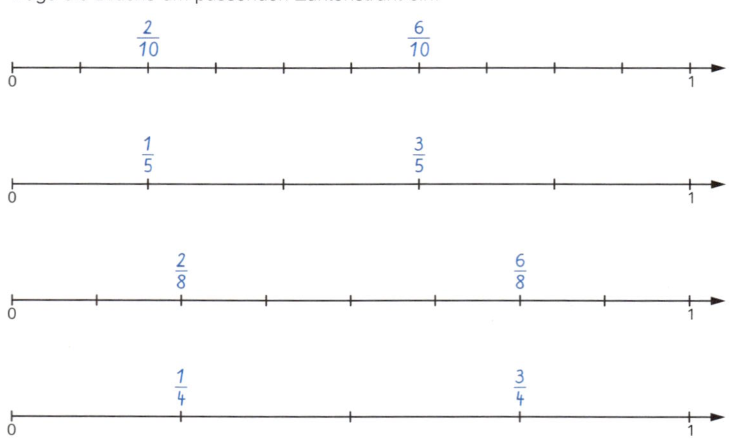

$\frac{6}{10}$ (durchgestrichen), $\frac{1}{5}$, $\frac{3}{5}$, $\frac{2}{10}$, $\frac{1}{4}$, $\frac{6}{8}$, $\frac{2}{8}$, $\frac{3}{4}$

4. Setze ein: < oder >

a) $\frac{6}{10}$ < $\frac{6}{8}$ b) $\frac{1}{5}$ < $\frac{1}{4}$ c) $\frac{3}{4}$ > $\frac{1}{5}$ d) $\frac{3}{5}$ < $\frac{3}{4}$ e) $\frac{1}{4}$ < $\frac{3}{5}$

Brüche größer als ein Ganzes

> Video
>
> Einen Bruch, der größer als ein Ganzes ist, kannst du als **gemischte Zahl** oder als **unechten Bruch** schreiben.
>
> gemischte Zahl: $1\frac{2}{5}$
>
> unechter Bruch: $\frac{7}{5}$

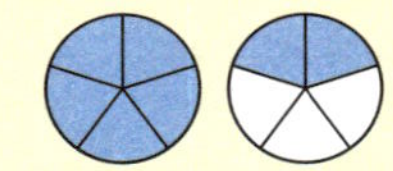

> $1\frac{2}{5} = 1 + \frac{2}{5}$
>
> $1\frac{2}{5} = \frac{5}{5} + \frac{2}{5}$
>
> $1\frac{2}{5} = \frac{7}{5}$

1. Schreibe zu jedem Bild den Bruch und die gemischte Zahl.

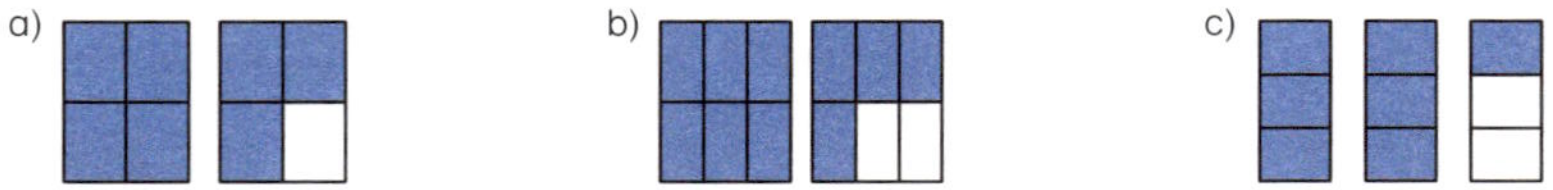

a) $1\frac{3}{4} = \frac{7}{4}$ b) $1\frac{4}{6} = \frac{10}{6}$ c) $2\frac{1}{3} = \frac{7}{3}$

2. Immer drei Karten gehören zusammen. Verbinde.

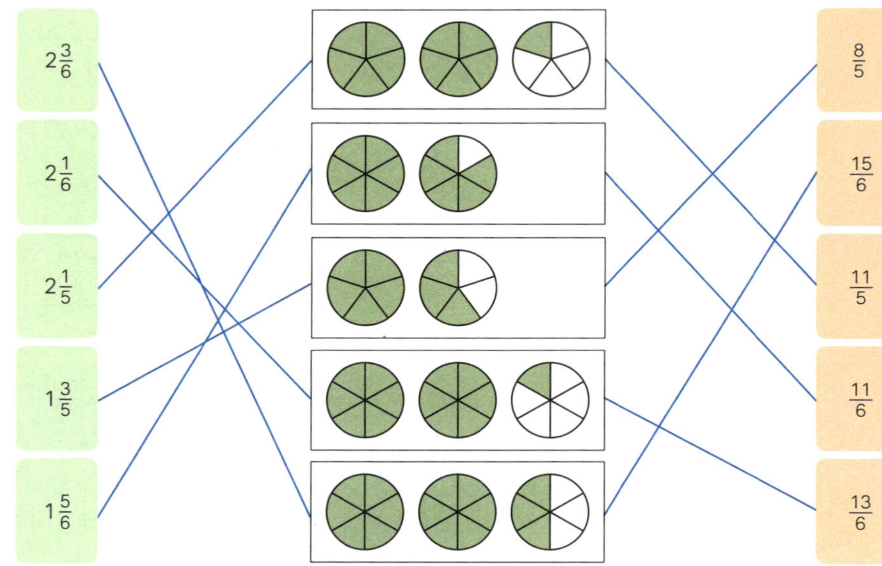

3. Schreibe die gemischte Zahl als Bruch.

a)	b)	c)	d)
$1\frac{1}{3} = \frac{4}{3}$	$1\frac{2}{5} = \frac{7}{5}$	$2\frac{3}{7} = \frac{17}{7}$	$3\frac{2}{3} = \frac{11}{3}$
$1\frac{3}{4} = \frac{7}{4}$	$1\frac{5}{6} = \frac{11}{6}$	$2\frac{3}{5} = \frac{13}{5}$	$4\frac{3}{8} = \frac{35}{8}$
$1\frac{5}{8} = \frac{13}{8}$	$1\frac{2}{7} = \frac{9}{7}$	$2\frac{1}{4} = \frac{9}{4}$	$3\frac{1}{5} = \frac{16}{5}$

Brüche mit gleichem Nenner addieren und subtrahieren

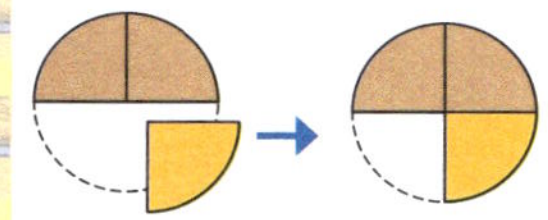

$\frac{2}{4} + \frac{1}{4}$ → $\frac{2}{4} + \frac{1}{4} = \frac{3}{4}$

Brüche mit dem gleichen Nenner addierst du so:
Addiere die **Zähler**, der **Nenner** bleibt gleich.

$\frac{2}{8} + \frac{3}{8} = \frac{2+3}{8} = \frac{5}{8}$

Video

1. Vervollständige die Zeichnung. Berechne.

a) 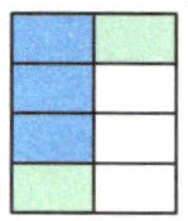 $\frac{3}{8} + \frac{2}{8} = \frac{5}{8}$

b)  $\frac{2}{8} + \frac{2}{8} = \frac{4}{8}$

c) 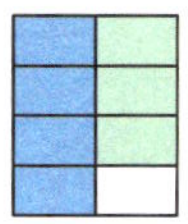 $\frac{4}{8} + \frac{3}{8} = \frac{7}{8}$

d) 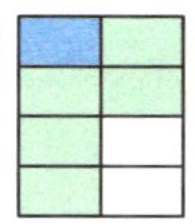 $\frac{1}{8} + \frac{5}{8} = \frac{6}{8}$

2. Notiere die Rechnung.

a) 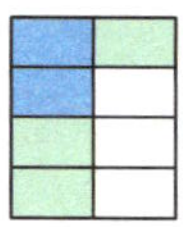 $\frac{2}{8} + \frac{3}{8} = \frac{5}{8}$

b) 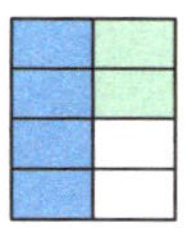 $\frac{4}{8} + \frac{2}{8} = \frac{6}{8}$

c) 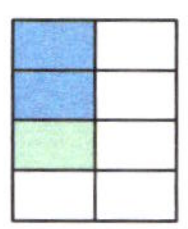 $\frac{2}{8} + \frac{1}{8} = \frac{3}{8}$

d) 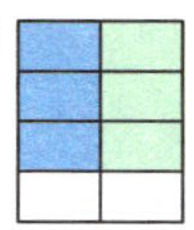 $\frac{3}{8} + \frac{3}{8} = \frac{6}{8}$

3.

a) 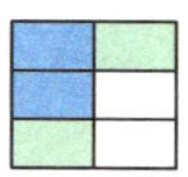 $\frac{2}{6} + \frac{2}{6} = \frac{4}{6}$

b)  $\frac{3}{6} + \frac{2}{6} = \frac{5}{6}$

c) 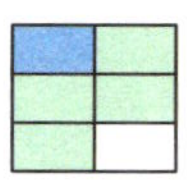 $\frac{1}{6} + \frac{4}{6} = \frac{5}{6}$

d) 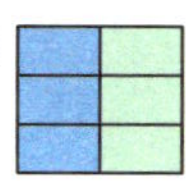 $\frac{3}{6} + \frac{3}{6} = \frac{6}{6}$

4. a) $\frac{2}{5} + \frac{2}{5} = \frac{4}{5}$
$\frac{1}{8} + \frac{4}{8} = \frac{5}{8}$
$\frac{4}{9} + \frac{1}{9} = \frac{5}{9}$

b) $\frac{2}{10} + \frac{5}{10} = \frac{7}{10}$
$\frac{3}{7} + \frac{2}{7} = \frac{5}{7}$
$\frac{3}{10} + \frac{6}{10} = \frac{9}{10}$

c) $\frac{2}{5} + \frac{1}{5} = \frac{3}{5}$
$\frac{6}{10} + \frac{3}{10} = \frac{9}{10}$
$\frac{2}{8} + \frac{5}{8} = \frac{7}{8}$

5. Asil kauft am Getränkestand $\frac{1}{8}$ ℓ Orangensaft. Ihr Bruder kauft $\frac{2}{8}$ ℓ.
Wie viel Liter Orangensaft kaufen sie zusammen?

R: $\frac{1}{8} + \frac{2}{8} = \frac{3}{8}$

A: Sie kaufen zusammen $\frac{3}{8}$ ℓ Orangensaft.

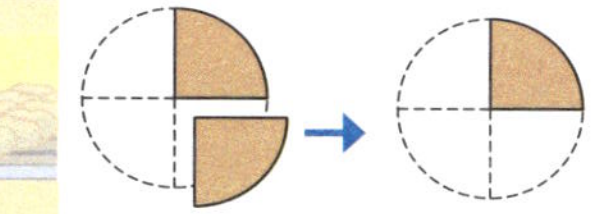

$\frac{2}{4} - \frac{1}{4}$ → $\frac{2}{4} - \frac{1}{4} = \frac{1}{4}$

Brüche mit dem gleichen Nenner subtrahierst du so:
Subtrahiere die **Zähler**, der **Nenner** bleibt gleich.

$\frac{5}{8} - \frac{2}{8} = \frac{5-2}{8} = \frac{3}{8}$

Video

6. Notiere die Rechnung.

a)  $\frac{5}{7} - \frac{1}{7} = \frac{4}{7}$

b) 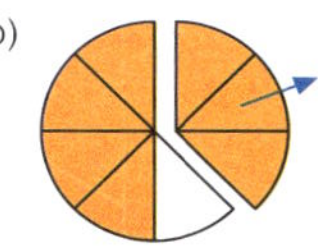 $\frac{7}{8} - \frac{3}{8} = \frac{4}{8}$

c) 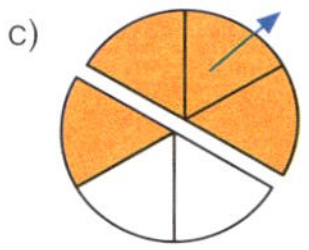 $\frac{4}{6} - \frac{3}{6} = \frac{1}{6}$

d)  $\frac{5}{8} - \frac{2}{8} = \frac{3}{8}$

e) 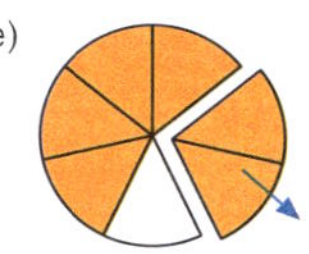 $\frac{6}{7} - \frac{2}{7} = \frac{4}{7}$

f) 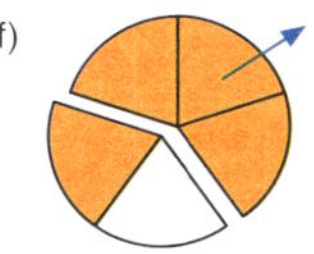 $\frac{4}{5} - \frac{3}{5} = \frac{1}{5}$

g) 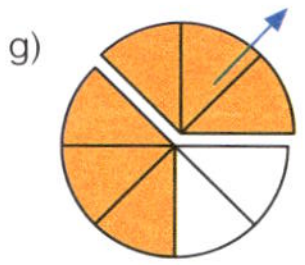 $\frac{6}{8} - \frac{3}{8} = \frac{3}{8}$

h) 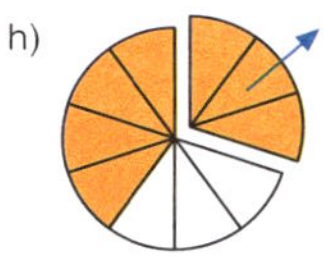 $\frac{7}{10} - \frac{3}{10} = \frac{4}{10}$

7. a) $\frac{5}{8} - \frac{3}{8} = \frac{2}{8}$
$\frac{7}{9} - \frac{3}{9} = \frac{4}{9}$
$\frac{4}{6} - \frac{3}{6} = \frac{1}{6}$

b) $\frac{6}{10} - \frac{5}{10} = \frac{1}{10}$
$\frac{8}{9} - \frac{3}{9} = \frac{5}{9}$
$\frac{6}{8} - \frac{3}{8} = \frac{3}{8}$

c) $\frac{4}{5} - \frac{1}{5} = \frac{3}{5}$
$\frac{6}{7} - \frac{3}{7} = \frac{3}{7}$
$\frac{8}{8} - \frac{3}{8} = \frac{5}{8}$

8. a) $\frac{5}{8} - \frac{4}{8} = \frac{1}{8}$
$\frac{4}{7} - \frac{2}{7} = \frac{2}{7}$

b) $\frac{7}{9} - \frac{2}{9} = \frac{5}{9}$
$\frac{4}{5} - \frac{3}{5} = \frac{1}{5}$

c) $\frac{3}{5} - \frac{2}{5} = \frac{1}{5}$
$\frac{4}{8} - \frac{3}{8} = \frac{1}{8}$

9. Im Krug waren $\frac{7}{8}$ ℓ Orangensaft.
Oskar füllt $\frac{2}{8}$ ℓ Orangensaft in ein Glas.
Wie viel Liter Saft sind danach noch im Krug?

R: $\frac{7}{8} - \frac{2}{8} = \frac{5}{8}$

A: Im Krug sind danach noch $\frac{5}{8}$ ℓ Orangensaft.

1. Welcher Bruchteil ist gefärbt?

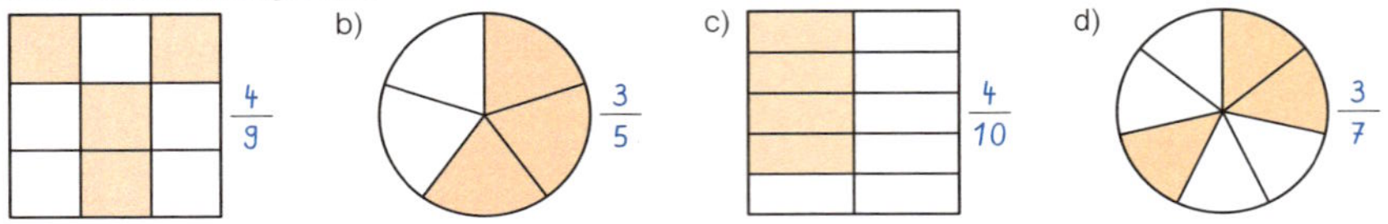

a) $\frac{4}{9}$ b) $\frac{3}{5}$ c) $\frac{4}{10}$ d) $\frac{3}{7}$

2. Färbe den angegebenen Bruchteil.

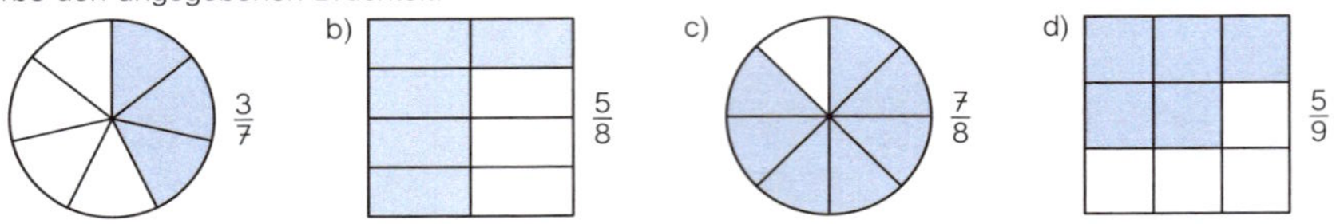

a) $\frac{3}{7}$ b) $\frac{5}{8}$ c) $\frac{7}{8}$ d) $\frac{5}{9}$

3. Färbe den Bruchteil. Ergänze die Rechnung.

a)

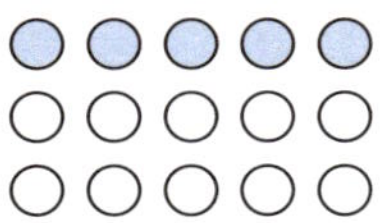

$\frac{1}{3}$ von 15 = 15 : 3 = 5

b)

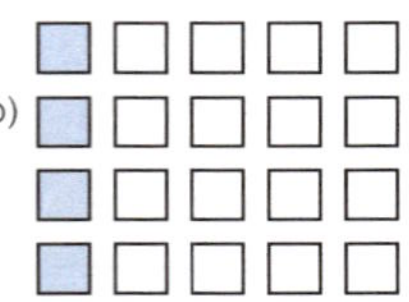

$\frac{1}{5}$ von 20 = 20 : 5 = 4

4. a) $\frac{1}{3}$ von 18 € = 18 € : 3 = 6 €
$\frac{1}{6}$ von 24 € = 24 € : 6 = 4 €
$\frac{1}{4}$ von 4 € = 4 € : 4 = 1 €

b) $\frac{1}{5}$ von 30 € = 30 € : 5 = 6 €
$\frac{1}{7}$ von 28 € = 28 € : 7 = 4 €
$\frac{1}{8}$ von 24 € = 24 € : 8 = 3 €

5. a) $\frac{1}{5}$ von 35 € = 7 €
$\frac{2}{5}$ von 35 € = 14 €

b) $\frac{1}{4}$ von 32 € = 8 €
$\frac{3}{4}$ von 32 € = 24 €

c) $\frac{1}{7}$ von 21 € = 3 €
$\frac{4}{7}$ von 21 € = 12 €

6. Berechne die Bruchteile.

a) $\frac{3}{4}$ von 20 = 15
$\frac{5}{6}$ von 36 = 30
$\frac{2}{3}$ von 27 = 18

b) $\frac{4}{5}$ von 500 = 400
$\frac{2}{3}$ von 210 = 140
$\frac{2}{6}$ von 300 = 100

c) $\frac{3}{8}$ von 4 000 = 1 500
$\frac{5}{6}$ von 6 000 = 5 000
$\frac{3}{7}$ von 5 600 = 2 400

7. Wie viel Gramm sind es?

a) $\frac{1}{2}$ kg = $\frac{1}{2}$ von 1 000 g = 500 g
$\frac{1}{4}$ kg = $\frac{1}{4}$ von 1 000 g = 250 g
$\frac{3}{4}$ kg = $\frac{3}{4}$ von 1 000 g = 750 g

b) $\frac{3}{10}$ kg = $\frac{3}{10}$ von 1 000 g = 300 g
$\frac{2}{10}$ kg = $\frac{2}{10}$ von 1 000 g = 200 g
$\frac{3}{5}$ kg = $\frac{3}{5}$ von 1 000 g = 600 g

8. Schreibe zu jedem Bild die gemischte Zahl und den unechten Bruch.

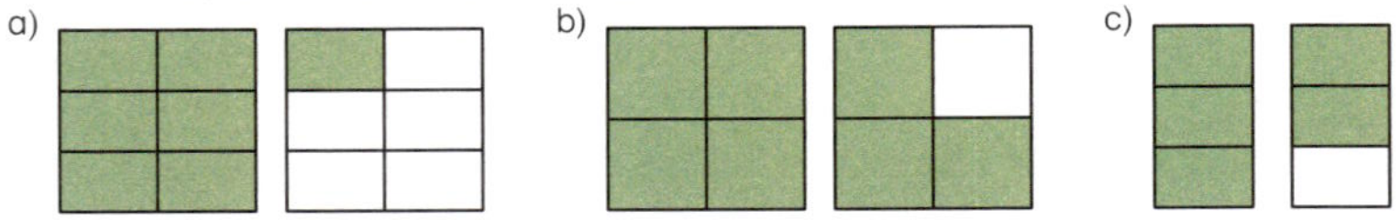

a) $1\frac{1}{6} = \frac{7}{6}$ b) $1\frac{3}{4} = \frac{7}{4}$ c) $1\frac{2}{3} = \frac{5}{3}$

9. Wie heißen die Brüche? Trage ein.

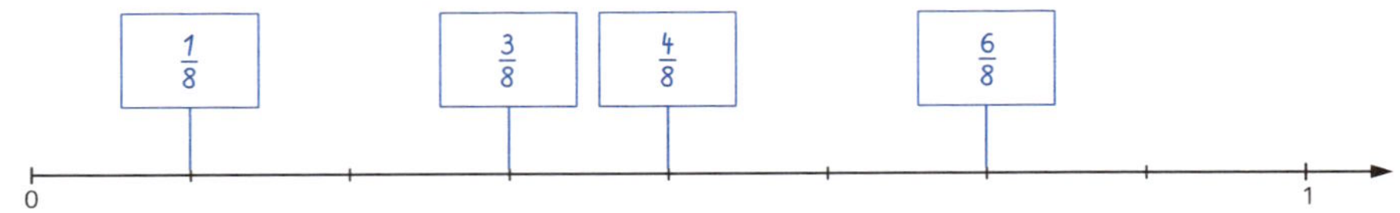

$\frac{1}{8}$ $\frac{3}{8}$ $\frac{4}{8}$ $\frac{6}{8}$

10. Zu jeder Fahne gehört ein Bruch. Färbe in der Farbe der Fahne.

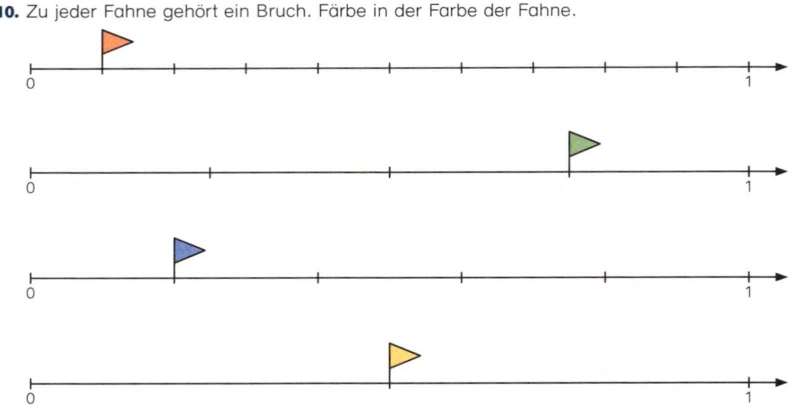

$\frac{3}{4}$ $\frac{1}{2}$ $\frac{1}{10}$ $\frac{1}{5}$

11. Berechne und vervollständige die Zeichnung.

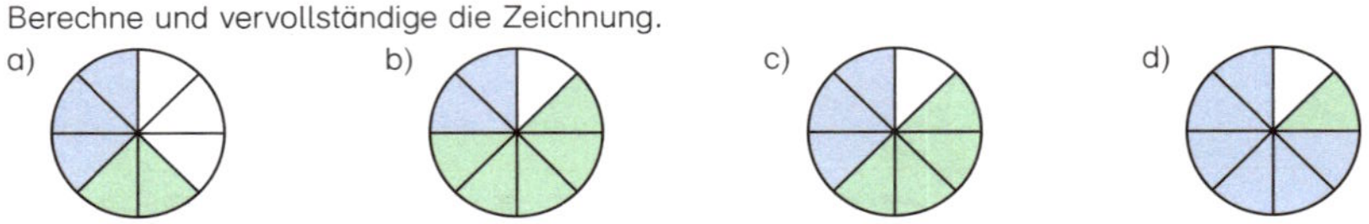

a) $\frac{3}{8} + \frac{2}{8} = \frac{5}{8}$ b) $\frac{2}{8} + \frac{5}{8} = \frac{7}{8}$ c) $\frac{3}{8} + \frac{4}{8} = \frac{7}{8}$ d) $\frac{6}{8} + \frac{1}{8} = \frac{7}{8}$

12. a) $\frac{1}{8} + \frac{6}{8} = \frac{7}{8}$
$\frac{3}{7} + \frac{2}{7} = \frac{5}{7}$
$\frac{4}{6} + \frac{1}{6} = \frac{5}{6}$

b) $\frac{2}{5} + \frac{1}{5} = \frac{3}{5}$
$\frac{3}{9} + \frac{2}{9} = \frac{5}{9}$
$\frac{2}{7} + \frac{2}{7} = \frac{4}{7}$

c) $\frac{7}{10} - \frac{3}{10} = \frac{4}{10}$
$\frac{6}{9} - \frac{5}{9} = \frac{1}{9}$
$\frac{4}{5} - \frac{2}{5} = \frac{2}{5}$

d) $\frac{10}{12} - \frac{6}{12} = \frac{4}{12}$
$\frac{5}{8} - \frac{3}{8} = \frac{2}{8}$
$\frac{7}{9} - \frac{2}{9} = \frac{5}{9}$